edition suhrkamp

Redaktion: Günther Busch

Ernst Bloch, geboren am 8. Juli 1885 in Ludwigshafen, gestorben am 4. August 1977 in Tübingen.
Dieser Band enthält den »Zweiten Kursus« aus Blochs großem Werk *Das Materialismusproblem, seine Geschichte und Substanz*. Er nimmt ein Thema auf, das – trotz Malebranche, Holbach, Moleschott etc., ja, trotz Marx und Engels und Lenin – jahrhundertelang vernachlässigt oder banalisiert worden ist, gerade auch von der Lehre, die den Materialismus zwar in ihrem Namen führte, ihn aber mechanisch verstand statt dialektisch und spekulativ. Wie kam es, daß nach Demokrit fast alle großen Philosophen Idealisten waren? Bloch begnügt sich nicht mit der vulgärmarxistischen Antwort, daß sie alle die Wahrheit ihrer Zeit und der Welt nur in idealistischer Hülle gesehen und ausgedrückt hätten. Die Lösung liegt für ihn in Lenins berühmtem Satz, der kluge Idealismus stehe dem klugen Materialismus näher als der dumme Materialismus. »Was der mechanische Materialismus verfehlt hat und als mechanischer verfehlen mußte, das hat im Idealismus vielfach eine Behandlung gefunden.« Im Mittelpunkt der Darstellung steht der Universalbegriff der Materie selbst – nicht im Sinne einer Geschichte des Materialismus, sondern durch spekulative Ergründung der wechselnden Bestimmungen von Materie seit den Anfängen der abendländischen Philosophie bis hin zur modernen Physik, der ein eigenes Kapitel gewidmet ist und der die Engelssche »Naturdialektik« gegenübergestellt wird.

Ernst Bloch
Die Lehren von der Materie

Suhrkamp Verlag

edition suhrkamp 969
Erste Auflage 1978
© Suhrkamp Verlag, Frankfurt am Main 1972. Printed in Germany. Alle Rechte vorbehalten, insbesondere das der Übersetzung, des öffentlichen Vortrags und der Übertragung durch Rundfunk und Fernsehen, auch einzelner Teile. Druck: Nomos Verlagsgesellschaft, Baden-Baden. Gesamtausstattung Willy Fleckhaus.

INHALT

DIE LEHREN VON DER MATERIE, DIE BAHNUNGEN IHRER FINALITÄT UND OFFENHEIT

Denken des Leibs	7
Vorsokratisches Stoffleben	8
Materialismus und »große Philosophie«	9
Materie als Unbestimmtheit und gärende Bestimmbarkeit *(Platon, Aristoteles)*	15
Materie als natürliche Wertbestimmtheit; untere und intelligible Materie *(Epikur, Stoa, Plotin)*	20
Materie als Schoß der Formen, als Prinzip der Individuation und Quantität, als Fundament *(Avicebron, Avicenna – Averroës, Thomas, Duns Scotus)*	27
Materie als Größe und Ausdehnung; ganz anders: als organische Weltgöttin *(Galilei, Hobbes, Descartes; Bruno)*	39
Materie, gesehen in Gott; als Ausdehnungs-Attribut Gottes *(Malebranche; Spinoza)*	47
Materie als nur mechanisches Gebilde *(La Mettrie, Holbach)*	54
Materie als vitales und als dynamisches Gebilde; Ding an sich *(Robinet, Leibniz, Kant)*	61
Nochmals Kant: Materie und Ding an sich	81
Materie als Nicht-Ich und im Aufstieg Schwere-Licht-Leben *(Fichte, Schelling)*	86

Materie im dialektischen Weltgeist (*Hegel*) . . . 105
Materie als Keim des Menschen; als Brandmauer gegen Dämonen und als zukünftiger Kristall
(*Oken, Baader*) 133
Materie als Vordergrund und Schlaf
(*Schopenhauer, Bergson, E. v. Hartmann*) 145
Sinnlichkeit als das einzig Wahre; der materielle Mensch
(*Czolbe, Feuerbach*) 163
Bürgerliche Auflösungen der mechanischen Materie
(*Mach, F. A. Lange*) 171
Übergang / Marxistisch eingeleitete Präzision der eigentlich materialistischen Crux: Aporie Sein – Bewußtsein, Antinomie Quantität – Qualität
(*Marx, Engels, Lenin*) 179

ZUM KÄLTESTROM – WÄRMESTROM IN NATURBILDERN

Offene Krise 191
»Verschwundene«, formalisierte, aber auch ernergetisch gefaßte Materie in der gegenwärtigen Physik; Formalismus und Dialektik 191
Exkurs über Engels' Versuch »Dialektik der Natur« 234
Kältestrom und Wärmestrom, doch beide zugleich . 247

DIE LEHREN VON DER MATERIE, DIE BAHNUNGEN IHRER FINALITÄT UND OFFENHEIT

> Der kluge Idealismus steht dem klugen Materialismus näher als der dumme Materialismus.
> Lenin

DENKEN DES LEIBS

Wir stoßen spürend an etwas an. Zuerst durch Tasten, durch diesen merkwürdigen Sinn. Er steckt halb im Gefühl des eigenen Leibs, halb greift er, auf besonders genaue Weise, das uns Fremde. Das Glatte, Rauhe, Kantige ist ebenso an der Spitze des tastenden Fingers wie, unverkennbar, an dem Berührten selbst. Der Tastsinn ist dumpf und scharf, inwendig und auswendig zugleich, er hat das Leibhafte sozusagen nach zwei Seiten. Mit dem eigenen Leib merkt er den fremden, und zwar immer nur dem eigenen Leib entlang; das zeigt alles Getastete als nahe, doch auch als eng. Erst das Auge weitet hier aus, gibt vor allem Farbe hinzu, macht die Dinge im Tag kenntlich. Führt freilich auch leicht in den farbigen Dunst und Schein, welchen die greifbaren Dinge optisch werfen, und worin sie sich ebenso oft verkleiden als aufschließen. Das nüchterne Denken hat daher Eindrücke des Tastsinns allemal lieber aufgenommen und verarbeitet als des Auges, gar des schwärmend und brechend gewordenen, des gefühlvoll verschleierten. Das Tastbare wirkt wirklicher; der Stab im Wasser erscheint dem Auge gebrochen, während er für den Tastsinn unverändert so gerade bleibt, wie er ist, dieser Unterschied steht für viele dergleichen. Wir glauben dem Tastsinn mehr als dem Auge; das Wahre aber, das er zeigt, ist allemal ein stoffliches. Daher wirkt der zu tastende Stoff auch als gedachter, als Begriff besonders vertrauenerweckend. Er ist jederzeit greifbar, was er gibt, gibt er in bar.

VORSOKRATISCHES STOFFLEBEN

Ziemlich spät erst wird nach dem gefragt, was bleibt. Dann aber drängt sich sogleich der zähe, dichte, breit vorhandene Stoff auf. Die Dinge waren zwar noch von Spuk bewohnt, und Thales schrieb dem Magneten eine Seele zu, doch das Allgemeinste von allem stand sogleich auf beiden Füßen ziemlich faßbar da. Ob als Wasser, Luft oder Gärstoff, als Feuerfluß oder Seinskugel, als vier Elemente, mechanische Materie, auch vernünftige. All diesen ersten Bestimmungen des »Wesens« eignet Stoffcharakter, selbst bei Anaxagoras. Verblüffend weit ist das vorsokratische Denken vom γνῶθι σεαυτόν entfernt, nicht minder aber von animistischen Vorstellungen, obwohl es hylozoistisch ist. Dichterisches Gefühl für eine schöne, faßbare Welt setzt ein; und die Frage nach dem Wesen findet allemal materielle Antwort. Auch Heraklits Fluß-Bewegung ist nicht substratlos, sondern die eines Feuerstoffs; und die Seinskugel des Xenophanes, indem sie den Olymp ersetzt, ist πλέον, dichteste Körperlichkeit. Unstoffliches spielt nur bei den Pythagoreern und bei Empedokles mit: hier ist es die Zahl (doch immer noch mit den körperlichen Gestalten der Dinge verbunden), dort trennt sich das Bewegende als Liebe und Haß vom »trägen« Stoff ab (doch immer nur in Mischung oder Trennung der Elemente wirksam). Sogar der νοῦς des Anaxagoras gehört noch zum Erklären der Welt aus sich selbst; weshalb ihn auch noch Windelband mit »Denkstoff« übersetzt. Dieser Nus ist raumerfüllend, materiell, weltimmanent, er ist der Luft des Anaximenes verwandt, dem Luftzug, der als πνεῦμα später dem Geist selber synonym wurde, er ist, wie Diogenes von Apollonia sagt, ein »großer kräftiger, ewiger, vieles wissender Körper«. Völlig reif aber, frühreif trat der Materialismus bei Demokrit vor, wenigstens in seiner mehr quantitativ-mechanischen Gestalt. »Ich möchte lieber einen einzigen ursächlichen Zusammenhang entdecken als König der Perser werden« – der naturwissenschaftliche Forscher ist geboren. »Es gibt zwei Arten der Erkenntnis, eine echte und eine unechte. Zur unechten gehört die gesamte sinnliche Wahrnehmung: Gesicht, Gehör, Geruch, Geschmack, Gefühl; die echte ist davon zu unterscheiden. Nur in der Meinung (νόμῳ) besteht das Süße, Bittere, Warme, Kalte, Farbige; in Wahrheit besteht nichts als die Atome und der leere Raum« – die Unterscheidung der quantitativ-primären und qualitativ-sekundären Eigenschaften ist geboren. »Kein Vorgang geschieht zufällig (μάτην), sondern alles aus einer Ursache und mit Notwendigkeit (ἀνάγκη, ursprünglich freilich eine Art Muttergöttin)« – das Denken der Quantität ist das der atomistisch-mechanischen Gesetzlichkeit. Nirgends allerdings haben die vorsokratischen Materialisten die Seele geleugnet, ihrer Existenz nach. Sie haben sie nur ebenfalls stofflich zu bestimmen versucht, als feinen, durch den ganzen Leib zerstreuten Körper: als Lufthauch bei Anaximenes (wodurch das Unsichtbare der Seele dennoch materiell gehalten wurde), als besonders warmes und trockenes Feuer bei Heraklit, als Überzahl von Feueratomen bei Demokrit. Denn Demokrit schrieb die Eigenbewegung sämtlichen Atomen als ursprünglich und ursachlos zu; sie ist nicht nur die Bewegung des Falls, sondern – in Pflanzen, Tieren, Menschen – die Bewegung der Feueratome, der belebenden und beseelenden. Der Stoff als das Wesen aller Dinge kann auch hier nicht umhin, hylozoistisch zu sein, trotz der quantitativen, jedoch nicht gleichartigen Atome und der mechanischen Notwendigkeit. Diesseitig durchaus, der Blick ging überwiegend nach außen, nicht so sehr erkennen wollend, was in unserem Inneren vorliegt, sondern was die Welt im Innersten zusammenhält.

MATERIALISMUS UND »GROSSE PHILOSOPHIE«

Aber seltsam, wie rasch das nach außen blickende Denken welkte. Sokrates brachte den Umschwung, von den Bäumen und Dingen draußen will er nichts lernen, wohl aber von den Menschen in der Stadt. An sie ergeht der Ruf Γνῶθι σεαυτόν, die große, seitdem nie vergessene Kehre des Erkenne dich selbst. Den Sinn des Körperhaften (und was damit zusammenhängt) mit neuem Ton erschwerend, nicht nur umstimmend. Von da ab schwächte sich der griechische Materialismus ab; er erlosch nicht, er fand noch seinen Aristipp, vor allem Epikur, er lebt verdeckt und durchkreuzt in der Stoa fort. Doch er verliert seinen schöpferischen Antrieb, auch Epikur fügt zu Demokrit (außer dem freien Fall der Atome, einer bemerkenswerten Unterbrechung der Ananke) nichts wesentlich Neues hinzu; frisches Feuer ist nur in Lukrez, dieser aber ist ein Dichter, kein Denker. Die großen Philosophen nach Demokrit: Platon, Aristoteles, Plotin – sind alles andere als Materialisten; das Denken des Stoffs wird sozusagen eine Angelegenheit zweiten Ranges. Und das nicht nur in der griechischen Philosophie: auch der Materialismus der bürgerlichen Neuzeit hat keinen Denker vom Rang Demokrits aufzuweisen. Es ist zwar wahr, der neuere Materialismus hat vor dem antiken den politischen Klassenkampfcharakter voraus, die revolutionäre Aktivität, die ideologische Entlarvung, auch Spuren eines Theorie-Praxis-Verhältnisses. Das alles fehlte noch im geistigen Griechenland, in der Gesellschaft der »Freien«, im »Epikureismus« des arbeitslosen Einkommens. Leukipp lebte so zurückgezogen, aufgrund wohl einer derart gesicherten Privatheit, daß bereits das spätere Altertum an seiner Existenz zweifelte; Epikur führte mit seinen Schülern ein ruhiges Gartenleben, mit nur geselligem, keineswegs gesellschaftlichem Interesse. Keiner dieser Männer und keine ihrer Lehren widersprach dem Interesse der Klasse, der sie angehörten oder deren musischem Denkspiel sie dienten; Diogenes ist nicht Rousseau, Demokrit nicht La Mettrie oder Holbach. Platon freilich reiste mehrere Male nach Sizilien, zuletzt unter Lebensgefahr, um dort die Sozialutopie seiner »Politeia« zu verwirklichen, doch Platon war, by Eros, kein Materialist. Selbst der Kampf gegen Religion (Demokrit erklärte den Götterglauben aus Gewitterfurcht) war in einem Land nicht eigentlich revolutionär, dessen feudale Zeit bereits keine herrschende Priesterkaste kannte, dessen stadtbürgerliche, stadtpatrizische Zeit mehr die religiös geheiligten Bräuche und Symbole schützte (Hermen und dergleichen) als den längst diskutabel gewordenen religiösen Inhalt. Und was eigentlich Gottlosigkeit anbelangt, so lebte Demokrit wie Epikur dieserhalb in Frieden, während Sokrates den Schierling trank und auch Aristoteles an seinem Ende der Religionsfeindschaft angeklagt wurde. Hier also ist der Unterschied zwischen antikem und neuerem Materialismus schneidend: der neuere war eine Brechstange der bürgerlichen Revolution, der antike – bei Demokrit wie Epikur – huldigt der Ruhe, dem Glück wunschloser Betrachtung der Dinge und ihrer Notwendigkeit. *Theoretisch* jedoch, in den Inhalten dieser Betrachtung selber, ist der bürgerlich-mechanische Materialismus über jenen Demokrits durch kein neues Prinzip hinausgekommen; Demokrit hat ihn festgelegt, mechanischer Materialismus, trotz des ausgestoßenen Hylozoismus, ist und bleibt Demokritismus. Selbst die Anwendung der Mathematik auf Mechanik ist philosophisch im Quantitätsprinzip des Demokritismus vorgezeichnet; Pythagoras und Demokrit zusammen sind die Atlanten der mathematischen Mechanik. Erst der Marxismus erneuerte hier entscheidend, durch die Aufnahme der revolutionären Aktivität, durch die ökonomisch-detektivische Geschichtsauffassung vom durchschauten materiellen Interesse her, durch Einfügung der vordem rein idealistischen Dialektik. Bis dahin aber war der Materialismus – wenigstens in seiner bekannten, mechanischen Gestalt – so an Demokrit fixiert, als wären nach ihm nur noch Epigonen möglich. Als hätten Atome und Mechanik allen künftigen Genies die Sprache verschlagen, das materialistische Pulver verschossen. Ja, als wäre der Reichtum der Philosophie (von ihrer Tiefe zu schweigen) nach Demokrit nur noch an Hand des idealistischen Irrtums auffindbar.

Nichts erspart uns, den raschen Fall des diesseitigen Denkens zu beachten. Die Zeit des ionischen Glanzes ging für den Stoff bald vorüber, er hat sie in so vielfältiger Buntheit kaum wieder erreicht. F. A. Lange bemerkt derart in seiner Geschichte des Materialismus, mit einiger Enttäuschung: daß wenig große Naturforscher und fast keine großen Denker Materialisten waren. Was freilich Naturforscher angeht, so ist deren Weltanschauung meist Privatsache; das gilt von den kleinen wie den großen unter ihnen. Der Lenard-Effekt, die Ionisierung des Wassers durch Aufschlagen auf Gestein betreffend, ist davon unabhängig, daß sein Entdecker auf den Mythos des zwanzigsten Jahrhunderts schwört. Und um in wirkliche Größe zu greifen: Newtons »Mathematische Prinzipien der Naturphilosophie« stehen mit seiner späteren Beschäftigung, den »Randnoten zur Weissagung Danielis«, in keinem Gravitationszusammenhang. Ganz anders wirkt Langes nachdenkliche Beobachtung, wenn sie auf Philosophen bezogen wird; die Geschichte der Philosophie führt, gleich hinter Demokrit, tatsächlich vom Materialismus fort. Insofern kann man den ionischen Materialismus, von Wundern selber so weit entfernt, fast ein Wunderkind nennen; er ist dies auch hinsichtlich seiner baldigen Erschlaffung, seiner geringen Fortentwicklung bei großen Denkern, in großer Philosophie. Gewiß, was sind hier große Denker, nach welchem Maß werden sie als solche gemessen? Danach etwa, daß sie aus dem niederen Dunst zu den Gefilden hoher Ahnen strebten, daß sie deshalb keine – Materialisten waren? Ja, ist der Begriff des großen Philosophen, auch abgesehen vom idealistischen Lehrinhalt, nicht von vornherein ein aristokratischer, auch mythischer? – wodurch er sich dann freilich auch besonders leicht den Idealismen zuordnet. Vor allem: Ist denn materialistische Philosophie nach Demokrit immer nur eine mechanische geblieben, immer nur Demokritismus der Denker zweiten Ranges oder der Epigonen? Lebte nicht Bruno, ist Spinozas mathematische Gott-Natur nicht ein originäres Prinzip Materialismus, mindestens ein höchst wirksam gewordener Objektivitäts-Pol? Ist die Priorität des Seins vor dem Bewußtsein, der Natur vor dem Geist ausschließlich auf mechanischen Materialismus, ja auf *ausgesprochenen* Materialismus beschränkt? – existieren keine Krypto-Materialismen in der Geschichte der Philosophie und gerade der großen? Steckt nicht im idealistischen Substanzbegriff – etwa Hegels – mancherlei, das nicht nur »Idee« ist, das – aus der idealistischen Hülle herausgeschält – Materie gerade neu erlernen läßt? Vieles an diesen Gegenfragen ist richtig, besonders im Hinblick auf Krypto-Materialismen, doch die Bedeutung des Problems wird dadurch nur gereinigt, nicht aufgelöst. Platon und Aristoteles, Leibniz und Hegel sind auch nach Abzug der bürgerlichen Heldenverehrung große Philosophen; denn sie standen auf der höchsten Höhe ihrer Zeit, sie leuchten – in vielem unabgegolten – weiter vor. Ebenso sind und bleiben diese großen Philosophen Idealisten, auch wo, nach Aristoteles, Krypto-Materialismus in sie eingesprengt ist. Und nun gar erst die so selbstverständliche wie bestürzend-bedenkenswerte Hauptsache, mit und außer dem höchst verschiedenen Größenmaß eines Philosophen: der idealistische »Irrtum« eines Leibniz erstreckt sich beunruhigend tief neben der materialistischen Maschinerie eines La Mettrie. Auch nach erlangter Einsicht in die Relativität der Größe, in die Variabilität des Begriffs Materialismus bleibt derart das am Schluß des vorigen Hauptteils bereits bedeutete, das vieltönige Problem: wieso waren fast alle großen Philosophen Idealisten, konnten sie es sein? Es mag freilich nun folgendermaßen formuliert werden: Kein großer Philosoph nach Demokrit hat die Wahrheit seiner Zeit und der Welt anders als in idealistischer *Hülle* gesehen und ausgedrückt. Das wäre die nichtbürgerliche, die materialistisch wertende Definition des gleichen Tatbestands, der vorher als Decrescendo des Materialismus erschien. Der sonst verdienstliche Lange hatte, um das Decrescendo wenigstens zu versüßen, Mittel angewandt, die eben nicht die unseren bleiben dürfen: Lange setzte die großen Denker zwischen Demokrit und – Moleschott herab, weil sie noch nicht die Weisheit des letzteren besessen hätten. Er ließ überdies – in echt neukantianischer Halbheit – vom großen Idealismus nur das »Begriffsmärchen« übrig, das Klingelspiel fürs ewig schöne, ewig reflexive Gemüt. Und mit sehr anderer, mit materialistischer Halbheit wurde das »Begriffsmärchen« selber nicht etwa, wie rechtens, als noch ideologische »Hülle«, auch als bloße Kopfbeschaffenheit einer Wahrheit gegebenenfalls verstanden, die noch auf die Füße zu stellen wäre, sondern lediglich und ausschließlich, mit Vulgärmaterialismus, als »Mäntelchen«, am liebsten als religiöses, das keinen anderen Inhalt, geschweige denn Gehalt umgab als einen mechanistisch wegzuschaffenden. Die *Lösung des Problems* ist aber eine andere, als der Neukantianer und auch als der Vulgärmaterialist sie sich vorstellt; beide betrügen die Sache des Proletariats um ein wichtiges Erbe. Die Lösung liegt in Lenins nicht genug zu kommentierendem Satz: »Der kluge Idealismus steht dem klugen Materialismus näher als der dumme Materialismus«. (Philosophischer Nachlaß, 1949, S. 212). Zweifellos drang mit Sokrates Reaktion vor (wenn zunächst auch mehr gegen die Sophisten als gegen Demokrit), zweifellos datiert von ihm ab die Entstofflichung des Begriffs, des in der Reflexion des Begriffs zu gewinnenden Wesens einer Sache. Zweifellos suchte die Ideologie der Sklavenhalterklasse von Platon bis Plotin immer wieder und immer dringender Rückverbindung mit den mythologischen, den transzendenten Mächten; so kam, wie Lange sagt, »der große Umschwung ...., der die Welt auf Jahrtausende in den Irrweg des platonischen Idealismus leitete«. Zweifellos aber auch kam mit dem γνῶθι σεαυτόν des Sokrates, mit der Dialektik Platons ein Reichtum in die Philosophie, der den mechanischen Materialismus nicht ohne Grund überbot und vielfach hinter sich zurückließ. In idealistischer Hülle wurden zum Teil Wirklichkeiten bezeichnet; so drückt beispielsweise die aristotelische Stufungslehre, trotz ihrer hierarchischen Kleidung, ein Stück Umschlag von Quantität in Qualität aus, das der dialektische Materialist am wenigsten leugnet, und das er – bei Demokrit nicht findet. Kurz: was der mechanische Materialismus verfehlt hat und als mechanischer verfehlen mußte, das hat im Idealismus vielfach eine Behandlung gefunden, seine erste und lange Zeit einzige. Ganz offenbar gingen gewisse Grundzüge des Daseins, besonders tiefliegende, viel eher in idealistischer Form auf als in materialistischer; sosehr der Idealismus allemal in der Luft schwebt. Spitzfindigkeiten des bloßen Begriffs waren die Gestehungskosten für die Entdeckung der Dialektik, Aristotelisch-Hegelsche Teleologie ging der Tendenz, Augustinisches Sabbatreich dem Reich der Freiheit voraus. Und nicht zuletzt, ganz zuletzt geht die Aristotelische Deckung des δυνάμει ὄν, des In-Möglichkeit-Seins mit der Materie als tragender Materie jeder utopischen Substraterweiterung der Materie vorher; ob auch der Aristotelische Materiebegriff in großer Philosophie rückwärts wie großen Teils auch vorwärts oft vereinsamt blieb. Derart also konnte, ja mußte das materialistische Denken nach Demokrit nachlassen oder ein kryptomaterialistisches werden; derart aber auch war der Idealismus, besonders der objektive, kein so ausgemachtes Verlustgeschäft oder pure Ideologie der Reaktion. Diese Erkenntnis hebt das Klagelied ebenso auf wie die kenntnislose Frechheit mancher Vulgärmaterialisten; die Verehrung, als Grundaffekt gegen die Platon und Aristoteles, Leibniz und Hegel, erlangt ihren materialistischen Begriff. So wird ein neuer Gang durch die Geschichte der Philosophie unumgänglich; er hat nicht die Universalien, sondern den Universalbegriff der Materie selbst als Leitfaden.

MATERIE ALS UNBESTIMMTHEIT
UND GÄRENDE BESTIMMBARKEIT
(Platon, Aristoteles)

Was erst sich selbst begreifen will, wendet sich von äußeren Fragen ab. Tritt so einen Schritt zurück, aber auf das Denken selber zu, schärft es begriffhaft. Indem Sokrates den Begriff als das Verbindende, Vernünftige in die Mitte stellte, wurde der äußere Stoff gleichsam unsichtbar. Hinzu kam freilich beim reinen Menschenfreund die Kühle gegen Naturdinge; das steckt auch in der Absicht, die Wissenschaft vom Himmel auf die Erde zu führen. Darunter war nicht der religiöse sondern eben der naturhafte Himmel gemeint, und die Erde war das Erkenne dich selbst, die innermenschliche Vernunft. Da mochte auch die Welt, als Platon in großer, wiedergewinnender Fülle zu ihr zurückkehrte, wenig mehr vom alten Stoff enthalten; desto weniger als hier der Blick und der Mann, der ihn sandte, gänzlich von oben herab kamen und die Platonische Verachtung des sogenannten Pöbels auch den Stoff nur als gleichgültig unten liegend, höchstens als störend werten mochte. Verhält sich Platon selber platonisch, also, aristokratisch gesagt, zu der Welt wie ein seliger Geist, dem es beliebt, einige Zeit auf ihr zu herbergen, so drückt diese mehrsinnige Goethische Wertung eindeutig genug den Blick von oben aus und das Verdämmern des Stoffs in ihm. Die Materie (der Ausdruck ὕλη kommt freilich erst bei Aristoteles vor, Platon drückt das Hylehafte nie positiv aus) – die Materie wurde das Unbestimmte schlechthin, der Gegensatz zum Seienden und Gestaltenden; sie ist das μὴ ὄν oder der leere Raum. Freilich war dies Nichts allem Seienden wieder beigemischt: zunächst mathematisch in der Leere geometrischer Gebilde, als dem Vorhof der Ideenwelt; sodann ursächlich, in der mechanischen Mitwirkung, als dem trübenden Gegenstück zur idealen Zwecktätigkeit, zur reinen Teilhabe an Ideen. Sonst aber hat die platonische Materie mit deren heutigem Begriff nichts gemein, sie ist – als gestaltlos – nicht einmal wahrnehmbar. Der Stoff in seiner Gleichsetzung mit dem leeren Raum ist bei Platon weder dem Denken, noch gar der Vorstellung und der Wahrnehmung unmittelbar zugänglich; er kann vielmehr nur mit Mühe durch einen λογισμὸς νόθος, einen unechten Schluß erschlossen werden. Denn eben: die dem Begriff *homogene* Welt ist ausschließlich die der Formen im Raum; der gestaltlose Leerstoff, Nichtsstoff ist ein ἄρρητον, ein Unsagbares, Unbestimmbares (ganz unvergleichbar mit dem anders Unsagbaren, dem mystisch erscheinungsfreien und unbestimmbaren letzten Einen, der höchsten Idee). Alle vorsokratischen Stoffbestimmungen, sowohl die heraklitischen der Dialektik wie die eleatischen der Ruhe, gingen auf die Formideen über, an denen die Erscheinungen nur teilhaben; der Stoff jedenfalls hat keine von beiden Bestimmungen an sich, nicht einmal die der irdischen Veränderung; denn auch diese geschieht durchs Kommen oder Gehen, Eintreten oder Austreten der Ideen. Freilich sind die Ideen selber bei Platon noch nicht geistig, sie sind vielmehr die hypostasierten Gattungen von allem und jedem irdisch Gestalteten. Von Tisch, Bett, Leib ebenso wie von Seelen und geistigen Beziehungen: nur der Stoff selber, das an sich Gestaltlose, hat keine Idee, nicht einmal die Möglichkeit, an ihr teilzuhaben, μέθεξις zu haben, gar sie zu tragen.

Alles geht hier nach außen, aber so geisthaft, daß für den Stoff nichts übrig bleibt. Der Weg von daher zu *Aristoteles* wurde welthaft, indem genau Form mit der Erscheinung vermittelt wurde, und das entwicklungsgeschichtlich, empirisch, nicht in Ideenhimmel schauend. Hier zuerst kam auch der weithin sammelnde, beobachtungsreiche, induktive Blick de plantis, de mineralibus, de constitutionibus gentium diversis hinzu, nicht zufällig Alexanders Feldzügen kosmographisch entsprechend. Der philosophische Hauptpunkt aber ist der: Stoff ist kein μὴ ὄν, kein Nicht-Sein, sondern das, was den Formen ermöglichend zugrunde liegt. Das Unbestimmte freilich ist mit dieser Bestimmung nicht aufgehoben, sondern freundlicher bedacht: das ἀόριστον, Amorphe des Stoffs ist nicht ausschließlich leer und negativ und bezieht sich ganz nur auf den ersten, noch mit keinen Formen verbundenen Stoff, die πρώτη ὕλη. Da aber Erkenntnis auch bei dem Platonschüler nach Ursprung wie Inhalt allein durch die »Form« gewährleistet wird, ist der Stoff, als das bloße Wachs für den Formstempel und selbst als Material zur Form, auch hier unerkennbar an sich, ἄγνοστον καθ' αὐτήν, besser freilich: untererkennbar. Er kann nur analog verstanden werden, nämlich aus dem Verhältnis eines bereits formhaft geprägten Stoffs, etwa Holz oder Metall, zu den weitergeformten Dingen, die aus ihm gemacht sind, etwa Boot oder Schwert, und dann ist er die vorausgesetzte Unterlage überhaupt (τὸ ὑποκείμενον) für das sinnlich Gegebene. Diese Unterlage mag vom platonischen Nichts die Passivität geerbt haben, doch der gleichsam unendliche Sinn ihrer δύναμις, als des Ermöglichenden, enthält auch den Nebensinn eines Nicht-Passiven, *zunächst des bedingenden Nach-Möglichkeit-Seins,* eines Seins κατὰ τὸ δυνατόν. Darunter sind die störenden, durchkreuzenden, aber vor allem auch helfenden materiellen Bedingungen zum Hervortreten der Form zu verstehen, sie begrenzen das »Mögliche«. Demgemäß stammt aus dem Unbestimmten der Materie gewiß auch, was aus der bestimmten »Form«, aus der Entelechie nicht erklärt werden kann: das Störende, Zufällige, Gesetz- und Zwecklose in der Natur. Aristoteles trennt demgemäß die mechanischen Ursachen von den Zweckursachen ab und nennt erstere als stoffliche, trotz ihrer ἀνάγκη, gesetzlos. Denn das Gesetz ist eben das Aussagbare oder die Ableitbarkeit des Besonderen aus der allgemeinen Form; diesem gegenüber gilt die Materie als spröde dysteleologische Störung. Nicht nur aus sittlichen oder religiösen Gründen – wie teilweise bei Platon, ausgeführt bei Plotin – sondern aus empirisch-naturphilosophischen wird derart Materie hinter das Eidos Form zurückgestellt: sie wird nach Seite ihres Störenden der Sündenbock für fehlende Teleologie. Die ionische Naturphilosophie, in welche der Mensch mit seinen Zwecksetzungen, auch seiner »Idee des Guten« noch nicht eingesprochen hatte, war mit dem Schauspiel der Notwendigkeit zufrieden: das reicht noch bis Anaxagoras, trotz seiner zweckordnenden Vernunft. Platon und Aristoteles dagegen dachten das Weltall von vornherein nach Analogie des menschlichen Eros, und zwar eines Eros nach oben, zum Schönen-Guten oder zur stofffreien Form. So bleibt die wirkliche Welt zurück, so muß der Stoff nach dieser seiner kontingenten Seite den Lückenbüßer dafür stellen, daß ein zweckvoll harmonisches Weltbild sich in der Realität leider noch nicht überall herumgesprochen hat, daß eine nur gedacht vorhandene Vollkommenheit noch keine konkrete ist. Das gilt nun allerdings keinesfalls für die andere Seite des κατὰ τὸ δυνατόν, nämlich für das angegeben Helfende darin. Das gilt erst recht nicht für die eigentliche Hauptkategorie des Möglichkeits-Stoffs, also für die Kategorie des δυνάμει ὄν, des In-Möglichkeit-Seins, worin der Stoff nicht als das Bedingende (nach Maßgabe des Möglichen), sondern als gärendes Möglichkeitssubstrat selber bestimmt ist. Bereits das Helfende noch innerhalb des Nach-Möglichkeit-Seins überbietet das Störende, indem der Stoff ja wesentlich das Tragende der Erscheinungen sein soll, ohne das auch deren Form sich nicht ausprägen könnte. Ja der Aristotelische Stoff ist nicht nur das Tragende, sondern das jeden gestaltenden Aufstieg in den Erscheinungen Begünstigende, das heißt hier begünstigend Determinierende des κατὰ τὸ δυνατόν, welches jeweils den Fahrplan der entelechetischen Verleiblichungen bestimmt, und zwar in aufsteigender Linie. Dergestalt daß sich die Formen nicht nur nach, sondern kraft Maßgabe ihrer erlangten Möglichkeit nach oben entwickeln können, die Bewegung ihrer also immer mehr der höchsten Form sich teleologisch annähern kann. Ohne dieses mithelfende, ja eigene Anliegen der Materie gäbe es keinen Fortschritt der Bewegung von der bloß mechanischen Ortsveränderung (φορά) zur aggregatshaften oder chemischen Eigenschaftsveränderung (ἀλλοίωσις), bis hin zur organischen Verwandlung mit Wachstum und Rückbildung (αὔξησις und φθίσις). Der Fahrplan indiziert zugleich, daß nicht alles zu jeder Zeit möglich ist, sondern eben eine frühere Stufe der geprägten Materie voraussetzt; statt der Aporien der Verwirklichung, der Fortschrittspannen und Torsi trägt diese Art der Materie also den Fortschritt selber, worin die Formenfolge sich real entwickelt. Wie aber erst, wenn eben die wichtigste, die *Hauptkategorie* in der Materie-Lehre des Aristoteles, das *In-Möglichkeit-Sein*, diese zentrale Erhebung über den Platonischen Stoff als Nicht-Sein, positiv in den Blick kommt. Materie ist hier nicht nur Tragendes, sondern Austragendes, sie stellt überall das Woraus, in dessen Empfänglichkeit die Form einschlägt. So jedoch, daß die Form nicht aus der Materie kommt, sondern sich ihr aufprägt. Stoff und Form stehen bei Aristoteles im Verhältnis der objektiven Anlage zur objektiven

Verwirklichung: Die Bewegung ist der Übergang vom Möglichen zum Verwirklichten. Das potentielle Sein der Materie, das aktushafte (energetische) der Form zusammen ergeben die Wirklichkeit: sie ist das Mögliche als verwirklicht. Michelangelo glaubte in einem Marmorblock die in ihm schlafenden Gestalten zu sehen; Aristoteles gibt zuweilen Anlaß, seine Möglichkeits-Materie nicht anders zu verstehen, eben als Ort der sich herausbildenden Gestaltformen im Zustand des erst Potentialen. Ja dieses In-Möglichkeit-Sein der Materie enthält bei ihm sogar ein eigenes Vermögen ihrer, derart potentiell zu sein: es ist ihr Trieb (ὁρμή) geformt zu werden, ihre Trieb-Disposition zu immer höheren Formen. Durch die Sehnsucht der Materie nach Form, durch das Sehnsucht-Erregende der höchsten Form kann überhaupt erst die Energetik der Formen verwirklichend zum Zug kommen. So tritt die Materie bei Aristoteles geradezu ein Erbe am Platonischen Eros an: genau dieses, was Aristoteles als ἐφίεσθαι καὶ ὀρέγεσθαι τοῦ θείου καὶ ἀγαθοῦ, als Begehren und Verlangen nach dem Göttlichen und Guten ausdrückt (Phys. I 9). Und ohne dieses der Materie zugewandte Erbe hätten die bei Platon transzendenten Ideen niemals zu den welthaft immanenten Entelechien des Aristoteles werden können. Geradezu darstellbar als Morphologien der seit der πρώτη ὕλη fort und fort bestimmten, aus ihrer Potentialität befreiten Materie (mit der Bewegung selber als unvollendeter Entelechie). Das δυνάμει ὄν des Aristoteles gibt damit eine der auffallendsten und großartigsten Bestimmungen der materiellen »Unbestimmtheit«, Bestimmbarkeit der Materie. Avicenna wie Averroës haben diese Seite der aristotelischen Materie nachher betont und entwickelt, die Form als bloßen Geburtshelfer gewinnend (vgl. Kap. 24 und Anhang). Als Fazit liegt jedenfalls nahe: die angebliche Gleichgültigkeit des aristotelischen Stoffs dem gegenüber, was aus ihm wird, ist nicht nur das zufällige Auch-Anders-Sein-Können, sondern ebenso das unabgeschlossene Noch-Nicht-Sein, ja Viel-Mehr-Sein-Können im Vergleich zu den bereits gewordenen Formen. Die Materie wäre danach, in heute erst spruchreif werdender Konsequenz, potentiell reicher als jede ihrer bisherigen entelechetisch bestimmten Form-Gestalten, sie ist am wenigsten auf ihre physisch-mechanischen Gestalten beschränkt. Die Interpretation der genannten arabischen Aristoteliker läßt sich beziehen auf die fortlaufenden Möglichkeiten und ihre Potentialität zu immer neuen Formen: die δύναμις der Materie sehnt sich nach der erweckenden ἐνέργεια der Form, um mittels dieser zu Entelechien entbunden zu werden. Kraft der weib-männlichen Zweiheit Stoff-Form wird die Materie als das angedeutet, was sie in ihren kühnsten wie klügsten vorsokratischen Bestimmungen noch nicht war: als Mutter des Seins. Und zwar reicht die Beimischung dieses Schoßes so weit, daß sie fast nur künstlich in der erzmännlichen Hypostase der reinen Form oder Gottheit verschwindet. Denn bezieht sich die reine Energie des höchsten Wesens auf keine Möglichkeit mehr in sich, ist das höchste Wesen als nur Wirkliches der Gegenpol zur Materie als dem nur Möglichen: so ist der Gott bei Aristoteles doch nur stofffrei, weil alle Möglichkeit in ihm nach Seite ihres Keimbodens Wirklichkeit geworden sei. Die aristotelische Materie aber, nach Seite ihres Keimbodens eben durch Averroës überliefert, wurde die »Göttin« Brunos, auf- und abwallend in Lebensfluten. Insofern hat der Idealist-Materialist Aristoteles kräftiger zum Begriff der gärenden, der – dialektischen Materie beigetragen als Demokrit; ein Paradox des Idealismus.

MATERIE
ALS NATÜRLICHE WERTBESTIMMTHEIT;
UNTERE UND INTELLIGIBLE MATERIE
(Epikur, Stoa, Plotin)

Nicht jeder Bezug des Denkens auf sich selbst führte so weit vom Tastbaren ab. Hinter Sokrates kamen auch schlichtere Weise, weniger begriffliche; und sie gaben dem demokritischen Stoff neue Ehre, sittliche. Aristippos, der Hedoniker, setzte das Diesseits der *Lust;* von hier geht es zu Epikur. Antisthenes, der Kyniker, setzte den Einklang des Menschen mit der unverfeinerten, ursprünglichen Natur; von hier geht der Weg zur Stoa. Wichtig aber auch die Belebung Demokrits durch *Epikur:* das eigentlich Griechische, das unbefangen Schuldlose, ja Befreiende der materialistischen Lehre ist nie reiner erschienen. Der Aufruhr, den sie später, in der Hand von sansculottes, bedeutete, fehlt noch ganz; eher entspricht die mäßige, geistige, zurückgezogene epikurische Lust dem Lebensideal eines feinen, Horazischen Prälaten. Neue Erkenntnisse theoretischer Art kamen zu Demokrit kaum hinzu; überraschend ist freilich, daß seither in der Übernahme Demokrits nach seiner atomistischen und mechanischen Seite sowohl die Willensfreiheit wie die ursachlose Zufälligkeit bei Epikur einen Platz bekamen. Wie die fallenden Atome willkürlich befähigt sind, von der geraden Fallinie abzuweichen, und dadurch die Wirbel der Weltentstehung ermöglicht werden: so besteht im Menschen eine Kraft der empfänglichen Wahl; erst nach getroffener Wahl werden die Atome, die Menschen Knechte. Die private Freiheit der Sklavenhalterklasse hat sich hier einen bequemeren Fluchtweg geschaffen als im Determinismus der Stoiker; wenn auch einen mit der Mechanik unvereinbaren. Das Preisen des abweichenden Zufalls erscheint jedoch weniger seltsam, sobald man es nicht nur oder nicht so sehr gegen die Kausalität als gegen die idealistische Teleologie gerichtet sieht. Hier hatten Platon und Aristoteles gleichsam eine andere Marschroute gesetzt: der Zufall war die Materie, das Gesetz die teleologische Idee; demgegenüber ergriff Epikurs Materialismus die Partei des ihm wirklich erscheinenden »Anstoßes«, des Zufalls. Davon abgesehen eröffnet die Lehre vom freien Fall der Atome nicht nur Fluchtraum, sondern auch einen Impetus gegen unterbrechungslose Notwendigkeit, worüber revolutionär-materialistisch das letzte Wort noch nicht gesprochen ist. Die Hauptsache ist dem Epikur, als einem ernsten Materialisten, die Erklärung der Welt aus sich selbst; also kann der Zufall offen bleiben, sofern er nur nicht die Eintrittsstelle transzendenter Schrecken oder Wunder ist. Denn eben: die Abschiebung der Götter, vor allem der Furcht vor ihnen, die Besitznahme eines irdischen außergöttlichen, auch außerdespotischen Raums ist ein Segen, welcher der Materie von nun ab eignet. Besonders sichtbar, ja, in strahlender Schöne ergeht dieser Segen im Lehrgedicht des Lukrez De natura rerum; hier zum ersten Mal hat auch die ausgebildete Philosophie (nicht nur die keimende des Parmenides, Empedokles) Poesie hervorgerufen und eben Poesie des Materialismus. Ruhe vor den Göttern ist das epikurische Motiv, doch nicht vor allen: gerade Lukrez beginnt sein religionsfeindliches Gedicht mit der Anrufung der Venus, als dem Ursprung des Lebens, des Glücks, des Friedens; und er beschließt es mit einer Schilderung des Todes (in seiner grausigsten Gestalt, der Pest), als welcher über den Weisen des Diesseits keine Gewalt hat. Es ist eine Rechtfertigung des Diesseits, wie sie bis Bruno nicht mehr erschienen ist, eine Rechtfertigung desto erstaunlicher, auch ergreifender, als ihr Glück auf Atomen beruht, nicht auf dem Alleinen. Felix qui potuit verum cognoscere causas: – dieser Vers von Vergil, dem Lukrez gewidmet, gilt freilich auch von den Gegenspielern des Epikur, von der äußerst naturgesetzlichen Stoa. Der Materialismus der Stoa nun hat sokratische und demokritische Wurzeln zugleich, in der Tat, er ist ein seltsames Gebilde. Nirgends hat das sokratische γνῶθι σεαυτόν den Menschen so heftig auf sich selbst zurückgetrieben, aus der Äußerlichkeit, aus dem Despotismus, aus einer argen Welt heraus. Aber die Freiheit dieser *Ethik* steckt in einer völlig deterministischen *Physik,* in Demokrits ausnahmsloser ἀνάγκη. Der Übergang zwischen beiden ist schwierig: auf der einen Seite wandelt der Weise in seinem eigenen Sonnenschein, stolz und kräftig geschlossen, von Trieben und Weltlauf unabhängig; auf der anderen Seite wird die Willensfreiheit verneint, wird Naturnotwendigkeit im Sinne eines lückenlosen Kausalnexus gelehrt, ja eines ausweglosen Fatums. Die stoische Physik kennt zum Unterschied von der aristotelischen, aber auch von der Epikurs, keinen Zufall, keine indeterministischen »Störungen« oder »Freiheiten«: nichts geschieht ohne »Ratschluß des Zeus«. Demungeachtet wird vom Weisen gefordert, ὁμολογουμένως τῇ φύσει ζῆν, also gerade in »ununterbrochener Übereinstimmung mit der Natur zu leben«; ja diese Übereinstimmung gilt paradoxerweise als sein Halt und sein Wesen. Denn die stoische »Natur« berührt sich mit der kynischen doch nur im Sinne der Bedürfnislosigkeit und der individuellen Autarkie, keineswegs aber im Sinn der Triebbejahung: konträr, sie ist Beherrschung der Triebe, Walten eines vernünftigen Gesetzes. Der stoische Doppelsinn des sowohl fatumhaften wie normativen, mechanischen wie teleologischen Naturgesetzes wiederholt sich erst recht in der Verkoppelung, welche der demokritische Materialismus nun wieder mit der Teleologie erfährt und zwar mit einer für »vernunftbegabte Wesen«. Auf diese Art hatte nicht nur die banalste Nutzenlehre, sondern auch aller Aberglaube der Winke, der Orakel, der Weissagungen im Kausalmechanismus Platz, die Karten der Vorsehung aufschlagend. Denn die Kausalität war das Marionettenspiel des Zeus, und Zeus war ebensowohl der materialistische Kraftstoff des Feuers wie das idealistische Pneuma der Weltvernunft und ihrer Vorsehung. Die stoische Physik ist derart der bedenklichste, doch auch merkwürdigste Hylozoismus aller Zeiten, mehr: sie ist Stoff-Theologie. Der Weise, der sein Recht und Maß aus der Natur holt und in ihr das einzige Gesetz findet – das möchte freilich nach anderer Seite weniger widerspruchsvoll scheinen. Denn alles »Naturrecht« der späteren Zeit hat hier seine Quelle, ebenso die Säkularisierung der Religion zur Sittlichkeit. Ist nämlich lex naturae dasselbe wie lex divina, so ist auch lex divina nichts anderes als lex naturae; ferne meldet sich damit Rousseau an, weit über antike Leibfreude hinaus. Desgleichen markiert der stoische Natur-Zeus den ersten materialistischen Pantheismus: als Kraft ist die Gottheit immerhin Feuer, als Stoff ist sie Wasser und Erde; das Feuer ist die Seele, Wasser und Erde sind Leib des Weltgottes. Aber so einheitlich-immanent dieses Wesen auch gedacht wird, und so sehr die Stoa die Lebensregungen des Pneuma und seine Hervorbringung in Wasser und Erde als σώματα, Körper definierte, nicht mehr als ideale »Entelechien«: es sind doch seltsame Körper, hervorgebracht durch einen immanenten Zeus als λόγος σπερματικός. Sie sind oft einem von oben her verhängten Ratschluß und den Zeichen seiner gemäß, dergestalt daß außer Mantik auch noch die primitive Teleologie eines überall gut vorgeordneten Wegs samt seiner Theodizee daran gedieh. Erst auf anderem Boden, ganz ohne solchen amor fati, auf einem Boden, wo das Schicksal nicht gläubig hingenommen, sondern umgekehrt ursächlich durchschaut und so um die Macht gebracht wird, die es einzig als undurchschautes besitzt, erst derart folglich, mit solch kausal vermittelter und völlig immanent bleibender Teleologie wird die Verbindung fruchtbar, welche die Stoiker zwischen Kausalität und humaner Tendenz, Mechanismus und Teleologie auf bedeutende Weise gesehen haben, zwischen gewußten, dadurch lenkbaren Ursachen also und dem so durchsetzten Zweck. Zu dieser Verbindung hat die Stoa allerdings das erste Programm aufgestellt, desto lehrreicher vor allem, als es aus ihrem Materiebegriff nicht herausfällt. Der Stoff behielt stärker als beim mechanistischen Epikur seine Unbestimmtheit, im Sinn des Aristoteles, wurde sogar, aufgrund dieser seiner Eigenschaftslosigkeit, zur Substanz ernannt, der sämtliche Eigenschaftsbestimmungen (Kategorien) inhärieren. Insofern ist die Stoa ohne Scheuklappen vor reellem Pneuma, indem sie sich nicht durch schlechthinnigen Hinauswurf alles Anthropomorphen aus dem Stoff beschränkt, auch anders als Epikur für Finalität in großem Umfang materiellen Platz hat, Platz hält. So wurde der Stoff immer weniger leer gelassen, er füllte sich gut. Die Zeit kam aber, wo das Diesseits insgesamt immer mehr schreckte, und als weise erschien nur, es ganz zu fliehen. Da wurde auch sein Stoff nicht nur als bloßer Mangel, als Leersein von allen Eigenschaften bestimmt, wie bei Platon, oder gar positiv als möglicher Glücksspender, wie bei Epikur und der Stoa. Sondern der spätantike *Plotin* machte aus dem Platonischen μὴ ὄν schlechthin τὸ κακόν, das Böse. Das ist eine mehr als asketische Bestimmung, wie sie bisher noch nicht vorkam und auch ein bisher nur »Störendes« in der Materie regelrecht zum Teuflischen hob, zum Inferno. Der ehemalige Schoß der Formen wurde deren Vernichtung, λόγοι σπερματικοί sind allein die Ideen. Die Materie ist also nicht nur der leere Raum, sondern eben auch der völlig finstere, unbeleuchtbare; sie ist die äußerste Entfernung vom Licht, das Urböse, der Gegengott. Als unbeleuchtbarer Raum ist die Materie auch mit den Körpern nicht verwechselbar (auf welche doch noch Licht fällt, ja Durchleuchtung durch Schönheit und magisches Beziehungsspiel, Analogiespiel); die Materie ist vielmehr körperlos als sozusagen (gegen jede Tastbarkeit verstanden) immateriell. Sie teilt den Körpern nur die Vielheit mit, wozu das ewig eine Licht – in den gestaltlosen Raum einstrahlend – allmählich zerspringt. Sie gibt vor allem den Ideen (die bei Platon auch Körperdinge, ja das Häßliche und Böse mitumfaßten) völlig geistig-theologischen Charakter: Ideen sind die Urgedanken Gottes. Das vom Ewig-

Einen, der Ousia, durch νοῦς und Weltseele ausgestrahlte Licht emaniert gradweise abnehmend, durch die sinnliche Welt hindurch, nicht nur in die Materie als absolute Finsternis, sondern auch in sie als völlige Vernichtung der Lichtemanation. Zum Reich des Anti-Lichts gehört bei Plotin immerhin nicht ganz die sinnliche Erscheinung, denn als relativ über dem Stoff liegende ist sie noch fern beschienen von den aus dem Intelligiblen wirkenden Lichtflüssen. Derart nennt Plotin alles Schöne in dieser Welt und seine künstlerische Gestaltung sogar (wie später Hegel) die »sinnliche Erscheinung der Idee«; zum Unterschied von Platon, der, wenn die Erscheinung bei ihm nur ein trüber Schatten der Idee ist, die Kunst und Welt des Schönen sogar zu einem bloßen, doppelt nichtigen »Schatten eines Schattens« herabgesetzt hatte. Das volle Tohuwabohu ist und bleibt bei Plotin erst im unsichtbaren Abgrund der unteren Finsternisse, die qua Urbösem das Licht nicht begriffen haben. Merkwürdigerweise aber setzt nun Plotin nicht nur in diesen Abgrund, sondern gerade auch in die Höhe noch Materie, eine völlig andere gewiß, doch immerhin eine, die mit dem Stoff-Satan den Namen teilt: er nennt sie ὕλη νοητή, die *intelligible Materie.* »Es gibt dort also eine Materie, welche die Form aufnimmt und für jede das Substrat ist. Ferner wenn es in der oberen Welt einen intelligiblen Kosmos gibt, und der irdische sein Abbild ist, dieser aber zusammengesetzt ist unter anderem aus Materie, dann muß es auch dort oben Materie geben ... Die intelligible Materie aber ist alles zugleich; es gibt also nichts, in das sie sich verwandeln könnte, denn sie hat schon alles in sich« (Enneaden II, 4). Auch Aristoteles hatte den merkwürdigen Begriff einer ὕλη νοητή gebraucht, er hatte mit ihm die geometrischen Gestalten nach ihrer sinnlichen Erscheinung bezeichnet, eine Kugel etwa, soweit sie nicht eisern oder hölzern ist, sondern eben ein Körper. Plotin dagegen legt die intelligible Materie dem Zwischenreich zwischen dieser und der höheren Welt bei, nicht nur dem »Luft«- oder »Feuerleib« der »Dämonen«, sondern – in weniger superstitiöser Weise – dem »Unbegrenzten« und »Gemeinsamen«, das durch die dem νοῦς entfließenden Kategorien näher bestimmt wird. Dies Unbegrenzte – als Moment der *oberen Sphäre* – ist eben die intelligible Materie; in ihr liegt der Grund der oberen Vielheit, welche der νοῦς zum Unterschied vom ewig Einen der οὐσία in sich hat, und vermöge derer er sich in die Ideen jeder Gattung, jedes spezifischen Einzelwesens auseinanderlegt. Die *untere* Materie widerstrebt bei Plotin jeder Form, besitzt keinerlei Sehnsucht nach Gott, die *intelligible* dagegen ist durch das Höhere geformt und belebt, ja als Materie der Ideen im νοῦς bereits selber enthalten. Das ist auch dadurch eine sehr überraschende Wendung, daß Materie unten verteufelt, doch droben sozusagen in eine heilige Familie aufgenommen ist; der Neuplatoniker Jamblichos gibt dem deutlich religiöse Weihen, lehrt ὕλην τίνα καθαρὰν καὶ θείαν, einen reinen und göttlichen Stoff. Genau wie die Verteuflung der Materie machte diese ihre intelligible Erhöhung Schule, wenn auch keine christliche. Die *Verteuflung* verband sich in der Kirchenlehre mit Parteinahme für den weißen Terror im Himmel, verschlang sich mit dem Sündenfall, Aufruhr und Sturz der Engel, Finsternis und ewigem Feuer der Hölle. Umgekehrt läßt sich mit Grund behaupten: die Funktion der Materie in den viel späteren Bewegungen des revolutionären und entzaubernden Materialismus entnahm der Verteuflung einen verwandten Charakter, wie er der unverteufelten Materie im ionischen, dann im epikureischen Materialismus noch fehlte. Kämpften Demokrit, erst recht Epikur und Lukrez auch gegen Götterfurcht, so war die Operationsbasis, von der her der Kampf geschah, eine nüchterne oder weltfreudige, war dem Aufruhr keine Wertnegation mittels des Stichworts Materie. Erst der Zusammenstoß des Materialismus mit Staat und Kirchenlehre übernahm die Herabsetzung der Materie positiv, machte mit anderen Worten aus dem Teufel des Abgrunds einen Zerstörer der falschen Höhe. Die Entzauberung benutzte die Materie des Unten als Brechstange, als Mittel der Opposition, als säkularisierten Antichrist. So etwas wie *intelligible Materie* dagegen kam dem späteren Materialismus direkt zugute, besonders auf dem Umweg der arabisch-jüdischen Philosophie, die dies Lehrstück des Neuplatonismus beibehielt und den Stoff bis in Gott hinein vortrieb. Ja noch Pantheisten wie Bruno ziehen, über Avicebron, den Glanz ihrer Materie indirekt aus der intelligiblen Plotins; auch wurde Theos via Materie besonders leicht unpersönlich.

MATERIE ALS SCHOSS DER FORMEN, ALS PRINZIP DER INDIVIDUATION UND QUANTITÄT, ALS FUNDAMENT
(Avicebron, Avicenna-Averroës, Thomas, Duns Scotus)

Das unfrei werdende Denken musterte das ihm Bleibende besonders scharf, unten wie oben. Mittelalterlich wurden Nachrichten von draußen, aus der früheren Zeit hungrig gelesen, nach allen Seiten erwogen. Die Zufuhr griechischer Bildung war, dem Mangel an tatsächlichem Wissen entsprechend, vor allem eine logische. Aber auch das Denken der verrufenen Hylē war darunter; gerade diese wurde unaufhörlich hin und her gewendet, bizarre Muster gingen auf. Die jüdisch-arabischen Denker waren von Haus aus Ärzte, selten Kleriker, und die christlichen, obwohl Mönche, hefteten ihr Formdenken, ihre Sachformen weitgehend an irdischen Stoff. Die Scholastik der Nichtchristen ist materialistisch besonders lehrreich; unter den Juden hebt sich dieser Art Avicebron vor. Glühender synagogaler Hymnendichter, war Avicebron (Salomon ibn Gabirol, 1020–1068) als Philosoph ein Ketzer. Sein Werk Fons vitae, obwohl neuplatonisch beeinflußt, ist original, konsequent und kühn. Nicht allzuweit von Bruno, der ihm viel verdankt und seinen Namen an entscheidenden Stellen hervorhebt. Avicebrons Lehre ist hier wesentlich durch das Kennwort: allgemeine Materie bezeichnet. Jegliche Form der irdischen, geistigen, himmlischen Welt ist danach mit Materie behaftet, von der der Hymnendichter nur noch Gott ausnimmt, und zwar, was entscheidend, mit der gleichen. Diese einheitlich-allgemeine Materie ist auf der ersten Stufe ihrer Erschaffung die universelle Unendlichkeit, das heißt das Vermögen, zu allem bestimmbar zu sein: wäre sie aber bloß auf die körperlichen Dinge beschränkt, also an sich schon quantitativ, dann wäre ihre Bestimmbarkeit nicht mehr eine allgemeine. Folglich liegt die materia prima vel universalis noch diesseits der Scheidung in körperliche und geistige Formen; sie trägt aber beide und fundiert dadurch, was weiterhin entscheidend ist, den einheitlichen Zusammenhang der verschiedenen Formen, sie garantiert das »Universum«. Die geistigen Wesen schließen Körperlichkeit von sich aus, jedoch eben nicht Materie; denn Körperlichkeit ist genau wie Geistigkeit eine Form der Materie und nicht etwa diese selbst. Materie ist vielmehr zu beiden Grundformen gleich fähig, mit dem einzigen Unterschied, daß Materie in der Form der Korporeität kontrahiert ist und folglich nicht mehr – wie im universellen Zustand – sämtliche Formen, auch die geistig höchsten, annehmen kann. Doch ist dieser Tribut an eine neuplatonisch-dualistische Denkart desto unerheblicher, als Avicebron die Materie auf die körperliche Form ja nicht beschränkt, noch die körperliche Materie von der spirituell-intelligiblen abtrennt. Aller Stoff im Weltall ist vielmehr derselbe, vom Lehmkloß über die Seele bis zu den himmlischen Sphären und Intelligenzen. Nur die Form der Bestimmung differenziert, die Materie der Bestimmbarkeit (die an sich unendlich unbestimmte, endlich bestimmbare Materie) ist überall die eine. Soweit Avicebron; machte seine Materialisierung vor Gott auch halt, und hat er den Schöpferbegriff durch eine veritable Theosophie des göttlichen weltschaffenden Willens, die sich bei ihm ebenfalls findet, eher verstärkt, so war der Weg von der universalen Materie zum ebenso universalen Schoß aller Formen doch nicht weit. Diese Verbindung nun gelang bei den beiden arabischen Philosophen, von denen Avicebron gleichsam flankiert ist. Sie wurde angebahnt von dem zeitlich früheren Avicenna (980–1037), ausgeführt von Averroës (1126–1198), als dem Denker der *universalen Potenz*. Dieser Begriff stand bei Avicebron wegen seines Schöpfergotts noch nicht in solcher Mitte; erst Averroës, als Aristoteliker, gab ihn dem Gesicht hinzu, das die Materie durch Avicebron erlangt hatte. Avicenna bereits hatte den Stoff als das Mögliche erinnert, das zum Hervortritt des äußeren Stoßes bedarf; Entwicklung ist bei ihm deutlich eductio formarum ex materia, mit materia wirklich als mater (vgl. in diesem Buch den Anhang: Avicenna und die Aristotelische Linke). Averroës dazu machte die universale Materie zum Schatzraum der Welt; item: in der Möglichkeit des Stoffs liegen keimartig alle Formen beschlossen und versammelt, die durch den selber nicht erschaffenen Anhauch der Gottheit, als des actus purus, entwickelt und extrahiert werden. Dadurch ist die Form insgesamt dahin gebracht, als selbständiges Prinzip verlorenzugehen; sie wird bei diesen linken Aristotelikern Eigentümlichkeit des Stoffs selber. So unterscheiden sich die Dinge also nicht nur durch ihre Form, sondern viel grundlegender durch ihre Materie; und zwar nicht nur, wie später bei Thomas, durch Materie als bloßes Quantum, sondern durch sie als eine qualitativ ausgestaltete und so differenzierte. Das ist ein weittragender, noch lange nicht eingelöster Gedanke; er fügt der abstrakt gestaltlosen, der gleichsam vorgeschichtlichen materia prima qualitative Mittelstufen aus und in der Materie hinzu; er bereitet statt der ewig allgemeinen, gar nur mechanischen Materie eine solche des qualitativen Prozesses vor als eines der Materie immanenten und von einem Gott nicht inhaltlich geführten. Was diesen Gott oder den actus purus selber angeht, so hatte Avicenna bereits seine Funktion auf die bloße Verleihung das Daseins eingeschränkt; bei Averroës, wie bemerkt, führt der actus purus des ersten Bewegers lediglich die Möglichkeiten der Materie in Wirklichkeiten über, er gibt aus seiner Einheit von Wesen (Essenz) und Existenz dem Außergöttlichen die Existenz als das einzig hier Fehlende hinzu. Auch ist diese »Schöpfung« keine einmalige aus dem Nichts, sondern eine von Augenblick zu Augenblick erneuerte, sie ist Schöpfung in Dauer, oder eigentlich »Erhaltung«; denn die Materie selber ist ungeschaffen und ihre Welt von Ewigkeit her. Es hätte nicht erst der anderen Ketzereien des Averroës bedurft (wie Leugnung der individuellen Unsterblichkeit), um die Orthodoxie dreier Religionen gegen den Lehrsatz von der unerschaffenen Materie und der Ewigkeit der Welt auf den Plan zu rufen. Maimonides etwa gibt zwar zu, die biblische Schöpfungsgeschichte sei rational nicht beweisbar, jedoch die Offenbarung ergänze ihm diese Lücke durchaus und unwidersprechbar: Gott habe auch die Materie aus dem Nichts ins Dasein gerufen. Jüdische Anhänger des Averroës, wie Gersonides, haben die der Schöpfungsgeschichte widersprechende Ungeschaffenheit der Materie dann wieder zu mildern gesucht: die Materie als das schlechthin Formlose sei »so gut wie Nichts«; also sei diese das Nichts, woraus der Bibelgott die Welt geschaffen habe. Christliche Kabbalisten, wie Robert Fludd, fügten später sogar das Paradox hinzu: Gott habe allerdings die Welt aus dem Nichts geschaffen, jedoch dies

Nichts sei er selbst; nämlich die Unbestimmtheit der ersten Materie und das Nichts der negativen Theologie zugleich. Averroës selber ordnete die biblische Schöpfungsgeschichte (die der Koran übernommen hatte) in jedem Fall dem Aristoteles unter, ebenso wurde die Transzendenz Allahs zugunsten eines neuen Materialismus gedämpft. Je umfassender die Materie als Schoß der Formen erschien, desto weniger blieb auch der Aristotelische Gott, der erste Beweger von ihr getrennt – natura naturans und natura naturata (gerade diese Termini stammen von Averroës) wurden zu zwei Seiten des materiell-göttlichen Allwesens. Das Besondere des Averroës bleibt, daß er die göttliche Existenz fast mit den Geburtskräften der Materie verschlang. Gott ist der Existenz-Verleihende, doch alle Verwirklichung ist an die Möglichkeiten des Weltstoffs gebunden – die Welt ist die Entfaltung der universalen Materie.

Daß so etwas den Frommen von oben her nicht paßte, ist ausnahmsweise leicht zu verstehen. Wir sagten, die islamischen Denker seien überwiegend Ärzte, die christlichen überwiegend Mönche gewesen. Im übrigen aber war der gesellschaftliche Bau des Mittelalters hier wie dort noch rein ständisch gegliedert, mit theokratischer Spitze. Und die islamischen Arztdenker hatten demgemäß ebenso klerikale Feinde, wie die christlichen Mönchsdenker durch naturalistische Ketzer unterbrochen waren. Den Klerikalen in beiden Lagern war dies naturalistische Denken ein Greuel, der Koran wie die Bibel widersprachen ihm. Die arabischen Denker selber hatten sich durch die ihren Lehren widersprechenden Sätze im Koran nicht bemüßigt gefühlt, sie ordneten den Glauben ohnehin der Vernunft unter. Die religiöse Bildersprache galt ihnen bestenfalls als eine noch unmündige Vorstufe des Begriffs, und wo sie der Vernunft widersprach, galt sie als Kinderei und nicht als Vorstufe. So hatte Averroës die persönliche Unsterblichkeit, den Ursprung der Welt aus dem Nichts, die göttliche Vorsehung vernunfthaft abgelehnt. Desto heftiger aber, desto antiphilosophischer war im Orient die rechtgläubige Reaktion; sie begann schon zu Lebzeiten des Avicenna, formulierte sich zwischen Avicenna und Averroës in der skeptisch-mystischen »Destructio philosophorum« des Algazel, in der Glaubenstreue der Motekallemin (das ist: der Lehrer des Kalam, des geoffenbarten Wortes). Niemals gerade wurde die Allmacht Gottes so bizarr wie hier überspannt: selbst die Feder, die hier schreibt, wird von Gott bewegt, das Papier wiederum nicht von der Feder, sondern von Gott beschrieben, und dergleichen Absurdes mehr. Hauptpunkt des Kalam war überall die Leugnung selbständiger Naturgesetze, die Ablehnung einer eigenen, außer Gott bestehenden Potenz der Materie. Wie nun bekannt, sah das Verhältnis von Glaube und Begriff im *christlichen* Mittelalter wesentlich anders aus; Rechtgläubigkeit und Vernunft blieben sozusagen in einer Hand. So war die Reaktion der christlichen Orthodoxie (einige Kriegsfälle wie den zwischen dem schlichtgläubigen Bernhard von Clairvaux und dem dialektischen Abälard ausgenommen) nicht antiphilosophisch. Galten doch gerade in der Hochscholastik die göttlichen Geheimnisse, indem sie sich der rationalen Behandlung entzogen, nicht etwa als widervernünftig, sondern einzig als übervernünftig. Erleichtert freilich wurde diese philosophisch bleibenwollende Reaktion durch das andere Verhältnis zwischen Offenbarung und Vernunft, das hier sich genau umgekehrt bestimmte wie bei den Arabern: die Philosophie ist dem Glauben untergeordnet, aber als einem auch gedanklich ausdrückbaren, und so kann sie auf sehr breitem Feld immerhin seine Magd sein. Wie schon im neunten Jahrhundert, an der Schwelle der christlichen Scholastik Scotus Erigena forderte: »verae religionis *regulas* exprimere«. Bei alldem freilich fanden auch so wenig »übervernünftige« Gegenstände wie die ungeschaffene, die universale, die alles enthaltende Materie in der Hochscholastik durchaus keinen Platz; Naturforschung blieb verdächtig, Materie insgesamt wurde bestenfalls zurückgesetzt. So bemerkt der Dominikaner Heinrich von Gent über die Forscher der Materie: »Was immer sie denken, ist ein Räumliches (Quantum) oder besitzt doch einen Ort im Raum als ein Punkt. Daher sind solche Leute melancholisch und werden die besten Mathematiker, doch die schlechtesten Metaphysiker.« Die allerdings höchst wichtige Ausnahme von Subalternisierung, gar Verteufelung der Materie war demgemäß in der Scholastik hochketzerisch; sie geschah, zur Zeit der Albigenserkriege, vermutlich unter dem Einfluß von Avicebrons Hauptgedanken de materia universali und vor allem durch Avicenna-Averroës. Die Infektion kam von der Sekte der *Amalrikaner;* im Einklang mit der Albigenserbewegung wurde hier das Ende des zweiten, der Beginn des dritten Evangeliums proklamiert oder der Anbruch des allverbindenden »Geistes«. Der Lehrinhalt dieses Geistes aber war bei den Amalrikanern völlig pantheistisch, und zwar in doppelter Gestalt: *Amalrich von Bena,* der Stifter der Pantheisten-Sekte, ging noch vom Formbegriff aus, erhöhte diesen, nicht die Materie, zum immanenten Gott; *David von Dinant* dagegen, Amalrichs Schüler, pantheisierte als erster die Materie selber. Die aristotelische Wertordnung von Stoff und Form hat David von Dinant nun völlig, radikaler als Averroës umgedreht und das, wie man gleich sehen wird, mit verblüffender Konsequenz dazu. Nämlich: Die Wirksamkeit der Formen als energetischer Kategorien ist und bleibt zwar ens in actu; da aber Gott über alle Kategorien erhaben ist, kann er nur das ens in potentia = Materie sein. Gott ist die Materie, welche den körperlichen wie den geistigen Dingen als deren einheitliche Substanz zugrunde liegt; daher sind in letzter Instanz Gott, Materie, Geist identisch. »Deus, hyle et mens una sola substantia sunt«, so gibt Albertus Magnus die Lehre der Amalrikaner an, und »stultissime posuit«, so berichtet Thomas über David von Dinant, »deum esse materiam primam«. Jedoch freilich: trotz dieser Verdammungen, trotz des offenkundig auch politischen Affekts gegen die materialistische Formen-Entwertung, Hierarchie-Entwertung ließ auch die *Orthodoxie* keinen völlig extremen Haß gegen die Materie in den Begriff. Die ausgleichende Vernunft blieb das Herrschaftsinstrument der Kirche, die Materie aber, obwohl verrufen und, wie David von Dinant gezeigt hatte, politisch-ideologisch gefährlich, blieb als Substrat der Formen so unumgänglich wie der Bauer, das Agrarische überhaupt als Fundament der ständischen Gesellschaft. Darum ging nun *Thomas von Aquin,* das Haupt der Orthodoxie, auch nirgends den naturfremden, den gottomnipotenten Weg der Motekallemin, konträr: Er ist Aristoteliker wie Avicenna und ehrt, mit Maß und Ziel, die materielle Potenz. Ja Thomas hat dem Stoff eine Bestimmung gegeben, die bei den Arabern fehlt oder nur angedeutet ist: die folgenreiche Bestimmung der *Quantität*. Auch diese stammt aus dem Aristoteles, gewiß, und Averroës hat sie nicht übersehen; doch gerade indem der Araber die Materie zum Schoß aller Formen, nicht nur der körperlichen erhoben hatte, verlor sich die Quantität in den höheren Kategorien der Entfaltung. Bei Avicebron hinderte die Universalität der Materie ganz ähnlich, daß eine körperhaftmetrische Bestimmung dem gesamten Stoffbereich zukam. Thomas dagegen kennt keine universale, sondern zunächst nur eine erste Materie und diese ist, als völlig unbestimmte, ein Sein schwächster Art (ens debile), ein bloßer Ansatz zur Gestaltung. Ferner reicht auch die bestimmtere Materie nicht weiter als bis zum menschlichen Leib, sie ist keineswegs Potenz zu allen Formen, sondern auf die körperlichen beschränkt. Dadurch aber erhielt Thomas Platz für die Bestimmung der Quantität, also Teilbarkeit der Materie; es entsteht zeiträumlich bestimmte materia signata per hic et nunc. An dieser Stelle verschränkt sich also besonders das kategoriale Vielheitsproblem mit der Materie, wenigstens eine Strecke weit. Denn nach Thomas involviert die Fähigkeit des Stoffs, raumzeitliche Differenzen anzunehmen, zugleich die Möglichkeit der Individuation, das heißt die Möglichkeit, daß dieselbe allgemeine Form (zum Beispiel Linde, Wolf, Mensch) in unterschiedenen Exemplaren sich einzeln verwirklicht. Materia signata ist also jene bestimmte, quantitativ abgegrenzte Materie, welche einem bestimmten Individuum eignet, samt all jenen individuellen Accidentien, mit welchen es in concreto behaftet ist – insofern ist die Materie kraft ihrer Teilbarkeit, das ist teilbar im quantitativen, ob gewiß auch nicht qualitativen Sinn, das Prinzip der vielheitlichen Individuation. Freilich nicht das einzige; denn da nach Thomas die geistigen Formen (Seelen, Engel) durchaus keines Stoffs bedürfen, so wäre – bei Beschränkung der Individuation auf den Stoff – die Folge, daß die abgeschiedenen Seelen und die Engel keine Individuen wären, ja Gott keine Person. In der Tat erhob sich gegen die sonst so korrekte Thomasschule wegen dieses Punktes ein Ketzergericht in Paris; der Thomismus aber umging den Widerspruch zur Kirchenlehre mit bewunderungswürdiger Spitzfindigkeit. Er unterschied die eigentliche *Individuierung*, nämlich in mehrere, quantitativ-accidentiell unter-

schiedene Exemplare, von der formalen *Differenzierung,* als
einer in Gattungen und Arten. Die Individuierung hat ihr Prinzip außerhalb der Formen, das heißt, eben in der Materie, womit die Gattungen der körperlichen Dinge, also die formae inhaerentes, verbunden sind; die Differenzierung ist aber individuiert nur durch sich selbst, nicht durch einen Stoff; den Gattungen der *geistigen* Wesen, den formae purae sive separatae sive in se subsistentes, entspricht jeweils nur ein Exemplar. Der Fall liegt noch schwieriger bei den mit dem Leib verbundenen menschlichen Seelen, sofern diese – als oberste formae inhaerentes, als unterste formae subsistentes – sowohl körperlich wie formhaft individuiert sind; der Fall liegt für Thomas ganz einfach bei den – Himmelkörpern und Engeln. Denn die Himmelkörper haben eine andere Materie als die Körper unter dem Mond, sie haben die Potenz ihrer Materie vollständig in die ihr adäquate Form gebracht, daher ist diese Potenz nur in einem einzigen Wesen verwirklicht, es gibt nur ein Individuum Mars, Venus, Saturn. Die Engel wiederum haben freilich in ihrer Darstellung auch bei Thomas eine ganz unirdisch sublimierte Materie, die immerhin in ihrem Flügelleib, ihrem Weiß, Gold, im Wehen, Hauchen ihrer Erscheinung sich kundmacht, doch ihrem Begriff nach haben sie überhaupt keine Materie, sollen sie durchaus formae separatae sein. Folglich fehlt ihnen jede Individuierbarkeit im Sinn der Vervielfältigung durch ein außerhalb ihrer liegendes Prinzip; das bedeutet aber nicht, daß sie keine Individuen wären, sondern sie sind nur zu mehreren Exemplaren individuiert – Individuum und Gattung fallen bei den Engeln zusammen. Kurz, Thomas fügt zur Individuation im eigentlichen Sinn eine der nicht-numerischen Mannigfaltigkeit hinzu, und diese soll nicht aus der Materie stammen, sondern unmittelbar von Gott. Ja bereits die Materie ist hier von Gott als Prinzip der Teilbarkeit geschaffen worden, weil nur unter dieser Bedingung, nur in der Vielzahl von Exemplaren die Formen, welche darin sich ausprägen, ihrem ganzen Umfang nach verwirklicht werden können. Erst recht stammt die Vielheit der Gattungen und Arten, also die geordnete multitudo der Universalien im Multum der sublunarischen Exemplare, aus Gottes Willen zu seiner möglichst reichen geschöpflichen

Offenbarung. Die Individuierung selber bleibt zwar ein Mangel, in der Unfähigkeit der Materie begründet, Formen ganz und mit einem Male auszuprägen (etwas vergleichbar Hegels »Ohnmacht der Natur, den Begriff in seiner Ausführung festzuhalten«). Indem die Materie aber immerhin die Fähigkeit zu immer erneuter Ausprägung der Artformen zu Exemplaren besitzt, wird die Individuierung zur Fähigkeit der Wiedergutmachung, nämlich mißlungener Form-Exemplare. Sie wird überdies, in der eigentlichen Formenfülle, zur Gnade und Ausgießung (wieder etwas vergleichbar der Hegelschen Weltergießung des absoluten Geistes, der »Wirklichkeit, Wahrheit und Gewißheit seines Throns, ohne den er das leblose Einsame wäre«). Nach Thomas liegt das Prinzip der quantitativen Individuation und des formhaften Multiversum nicht in der nach unten fortschreitenden *Entfernung* vom Ewig-Einen; konträr: es ist ein Produkt der göttlichen *Güte*, des göttlichen *Reflexes*, der breiten *Mitteilung* Gottes an die Welt. So entstehen Vielheit, kausale Selbständigkeit der Dinge, so entsteht im Menschen individuelle Willensfreiheit, kurz, Ähnlichkeit mit Gott, – ein sublimer und fröhlicher Gedanke, der trotz seiner theologischen Struktur der Quantitätslehre zugute kommt und die Teilbarkeit der Materie aus dem Notstand zum Glück erhöht, zur breiten Aktualisierung der in einem einzigen Exemplar noch nicht erschöpften Potenz. Die formae subsistentes freilich, die reinen Formen ohne Materie – das ist ebenso abergläubischer wie bodenloser Idealismus; er steht hinter den naturalistischen Aristoteles-Interpretationen der Araber weit zurück. Doch wie bemerkt: nur durch die Beschränkung der Materie auf die körperlichen Formen gewann Thomas das Prinzip der Quantität. Gerade dadurch, daß in den geistigen Formen nicht ein Tropfen Materie fließt, gerade durch diese Exklusivität des Spuks wurde für die Wirklichkeit eine wichtige Teilbestimmung vorbereitet: die quantitativ-mechanische. Die thomistische Gleichung: materia = quantitas war folgenreich; nichts überraschender, als einen *Keim* der Keplerschen Definition (»Materie ist unendliche Teilbarkeit«), ja der Descartesschen (»Materie ist teilbare, gestaltbare, bewegliche Größe«) bereits hier zu entdecken. Nur: die thomistische Gleichung mochte in der ständischen Gesellschaft ihren Sinn noch nicht entfalten; sie wurde – bei mangelnder Thematik – von den geistigen Formen und der alles überwältigenden Teleologie erdrückt. So daß im Quantitätsbereich der thomistischen Materie, selbstverständlich, keine Spur von Demokritismus steckt; so daß gerade die Einheits-Auffassung der nachmaligen Mechanik im schärfsten Kampf gegen das thomistische Stufensystem von Stoffen und Formen lag. Dennoch eben bestehen Zusammenhänge zwischen den thomistischen Definitionen der Materie und jenen des Descartes, auch Hobbes; denn die Scholastik der »Materie« versank nicht jäh wie die der »Formen«. Ja der mechanische Kampf gegen das Stufensystem war im Spätmittelalter selbst vorbereitet, nämlich durch den großen Gegner des Thomas selber, durch *Duns Scotus,* mit dem deshalb hier zu schließen ist. Griff doch das bürgerliche Leben immer näher zu dem sinnlichen Stoff, den es vor Augen hatte, woraus Mönche wie Laien gleichmäßig gemacht waren. Der franziskanische Preis des Tuns vor der Beschaulichkeit, des Willens vor dem Geist, paßte ebensogut in diese Bahnen wie die erneuerte Liebe zu den sinnlich wahrnehmbaren Einzeldingen. Das alles ist neues, europäisches Gut, wenn auch von Avicebron beeinflußt; deutlich arabisch aber ist die *Wiedergeburt der universalen und der intelligiblen Materie.* Eben dieses findet sich, in verschiedenem Ausmaß, bei den franziskanischen Scholastikern, so bereits bei Roger Baco: die Formen fließen nach der Ansicht dieses ersten Empirikers nicht aus einer transzendenten Ursache, sie sind vielmehr der Potenz nach schon in der Materie enthalten; die Tätigkeit der wirkenden Ursache erregt lediglich die Materie dazu, sich selbst durch eine in ihr liegende Kraft zu verändern und die Formen aus ihr herauszuziehen. Duns Scotus nun fügt diesem Averroismus allerhand Avicebron hinzu, vor allem in Ansehung der intelligiblen Materie; er bestreitet dem Thomas, daß die geistigen Formen stofflos seien. Das Weltbild des Duns Scotus erhellt aus einem Satz, der seiner Bildhaftigkeit nach in der gesamten Scholastik selten sein dürfte; in dem Satz kreuzen sich feudale Stammbäume mit der »organischen« Weltfreude viel späterer Zeit. Er lautet: »Und so stellt die Welt sich dar als allerschönster Baum, dessen Same und Wurzel die erste Materie, dessen Blätter die flüchtigen Accidentien, dessen Äste und Zweige die sterblichen Geschöpfe, dessen Blüte die vernünftige Seele, dessen Frucht die engelhafte Natur« (»Ex his apparet, quod mundus est arbor quaedam pulcherrima, cujus radix et seminarium est materia prima, folia fluentia sunt accidentia; frondes et remi sunt creata corruptibilia, flos anima rationalis; fructus naturae consimilis et perfectionis natura angelica«; Duns Scotus, Tractatus de rerum principio). Des näheren unterscheidet Duns Scotus die erste oder reine Materie (materia primo-prima), noch ohne Bestimmtheit und Form, sie kann bereits an sich bestehen, unabhängig von der Form, und ist das Substrat der göttlichen Wirksamkeit. Ihr folgt die zweite Materie (materia secundo-prima), diese ist bereits durch Quantität, substanzliche Formen bestimmt und das Substrat der geschöpflichen Wirksamkeit; eine dritte Materie (materia tertio-prima), das Substrat der menschlichen Kunstprodukte, schließt sich an. Als Substrat der Geschöpfe ist die zweite Materie – in bedeutsamem Unterschied zu Thomas – auch den Seelen und Engeln beigemischt, wenn auch in vollkommenerer Durchdringung und Einheit mit der Form. Daher schließen die geistigen Wesen die Quantität von sich aus und bewahren wegen ihrer Nähe zu der göttlichen Einheit gottähnliche Einfachheit und Unkörperlichkeit. Die erste Materie aber liegt allen Dingen zugrunde und ist sämtlichen Geschöpfen gemeinsam, den körperlichen wie geistigen, sie ist das zu allen Formen bereite Ur- und Grundpotential. Damit eben (und er bestätigt es ausdrücklich) kehrt Duns Scotus zur universalen Materie des Avicebron zurück; mit einer Wendung freilich, die stärker noch als die thomistische Quantität künftige Entwicklungen vorbereitet. Indem nämlich die erste oder universale Materie völlige Unbestimmtheit oder Grundpotential ist (Quantität kommt ihr ja erst auf der Stufe der materia secundo-prima zu), ist sie zugleich die völlige Einerleiheit in allem. Das principium individuationis liegt deshalb nicht im Stoff, wie bei Thomas, sondern lediglich in den Formen, welche den Stoff bestimmen, disponieren und verwirklichen. Duns Scotus ist in Ansehung der Materie kein Nominalist, im Gegenteil: hier betont er aufs stärkste die Realität, das Universale, nämlich die Einerleiheit und die

Einheit des Dingsubstrats. Er ist aber auch den Formen gegenüber nicht ganz Nominalist, obwohl er das Einzelne gerade als das Wirkliche betrachtet, obwohl er das principium individuationis zum Formprinzip selber macht und geradezu eine Wertklimax vom Genus zur Species zum Individuum aufstellt; indes: er erhebt doch das principium individuationis zum Formprinzip selber. Was Duns Scotus lehrt, ist Universalismus in Ansehung der Materie, »Formalismus« in Ansehung gerade der Einzelheiten. Das Singulare selbst rückt nun ins Reich der Formen (die in den früheren Behandlungen des Universalienproblems gerade die der Einzelheit fremden, die zur Allgemeinheit aufsteigenden waren); die Individualität (ecceitas oder haecceitas) wird nun selbst eine Form, und zwar die letzte, die höchste. Dadurch gerade soll sich hier die Universalität der Materie verstärken, und zwar eben im Sinn der Einerleiheit und Einheit – omnia univoce participent materiam. Von diesen Univoce aus gehen die Nachwirkungen des Scotismus auf den späteren Materiebegriff, und zwar in doppelter Weise, je nachdem, ob die *Einerleiheit* oder ob die *Einheit* der Materie betont wird. Einerleiheit ist dasselbe wie *Homogeneität:* die universale Materie Avicebrons verwandelt sich hier zur einförmigen, zum überall gleichen Substrat der Phänomene; es hält nicht schwer, auch bei Duns Scotus Prämissen zur Materie des Galilei, Descartes, Hobbes zu erkennen, wenn auch andere Prämissen als bei Thomas und der Quantität. Von der materiellen Einerleiheit, Homogeneität her entbrannte ja gerade der Kampf gegen das mittelalterliche Stufensystem der Welt – das All wurde früher nivelliert als die menschliche Gesellschaft. Faßt man das Univoce freilich im Sinn der *Einheit*, so ist die Materie ganz im alten Sinn des Arabismus das *Fundament des Weltzusammenhangs* und wird von Duns Scotus auch so bezeichnet (unum primum, quod est metrum et mensura omnium). Von dieser Seite her also leuchtet Avicebron fast unverändert durch den Scotismus, wie denn überhaupt die naturalistischen Elemente der arabisch-jüdischen Philosophie gegen Ende der Scholastik vordringen. Averroës war selbst im Hochmittelalter, gerade an der Sorbonne als dem Zentrum der Studien, nie erloschen; gegen Ende des Mittelalters herrschte er in Padua, wirkte von hier aus in die italienische Renaissance. Und das Ende all der vielverschlungenen, eintönig-mühevollen Kombinationen, die die Spätscholastik mit Materie und Form anstellte, war Rückkehr zur universalen Materie, zur Materie als Schoß der Formen. Methodisch ist zwischen Scholastik und neuerer Philosophie ein gewaltiger Bruch, auch die Metaphysik der Formen wurde nach kurzer Zeit – dem Niedergang der ständischen, dem Aufgang der bürgerlichen Gesellschaft entsprechend – kaum mehr verstanden. Aber die Metaphysik der Materie hat sich, wie bemerkt, in manchen ihrer scholastischen Bestimmungen erstaunlich überliefert; trotz der veränderten Gesellschaft, trotz des Abbruchs der Formen. Die immer öderen Prozent- und Kombinationsrechnungen zwischen Stoff und Form versanken, erst recht die »Wissenschaften« der reinen oder subsistenten Form. Mittels derer die Biologie der Engel, die Anatomie der Dreieinigkeit klassifiziert worden waren, als wäre hier nicht nur »gewissestes Sein«, sondern pedantisch erfahrbares. Aber wenn die Formen-Metaphysik verschwand, so die der Materie eben nicht oder nicht entfernt im gleichen Maße, wie es von einem bloßen Korrelat erwartbar gewesen wäre. Quantität, Homogeneität, Fundament des Weltzusammenhangs – diese blieben, zu sehr verschiedenem Gebrauch, Schul- und Erbbegriffe aus der Zeit der materiellen Potenz.

MATERIE ALS GRÖSSE UND AUSDEHNUNG; GANZ ANDERS: ALS ORGANISCHE WELTGÖTTIN
(Galilei, Hobbes, Descartes; Bruno)

Der bürgerliche Mensch drang durch, er dachte von der Ware her. So wird das Licht, das von hier aus auf den Stoff fällt, ein besonders bekanntes. Mindestens die naturwissenschaftliche Forschung arbeitet, seit die Formen nicht mehr spuken, lang auf rein mechanischem Wege. Gassendi hat seit 1620 Epikurs Atome erneuert, nach ihrem langen Schlaf, er nennt sie die »Kerne aller Dinge«. Sie sind unerzeugbar und unzerstörbar, sie verändern sich nicht, sondern bewegen sich nur im Raum, die Formen entstehen ausschließlich aus der wechselnden Verbindung der Atome, bestehen daraus und vergehen wieder. Völlig entschieden geht die Form bei *Galilei* unter; zugleich streift die mathematische Theorie der Bewegung den letzten Rest der pythagoreischen Qualifizierung von Zahlen ab, mit dem sie bei Kepler noch behaftet war. Galilei führt das Bewegungsmoment in die Materie ein; es tritt bei jeder Änderung im Zustand eines Körpers quantitativ-meßbar zutage. Da dies Moment bei gleichen Geschwindigkeiten von den Gewichten, bei gleichen Gewichten von den Geschwindigkeiten abhängt, so offenbart sich in ihm sowohl eine konstante als eine variable Größe. Die konstante Größe ist die Masse, die zusammen mit der variablen: der aktuellen oder virtuellen Bewegung das Wesen des bewegten oder der Bewegung fähigen Körper bildet; der materielle Körper also ist ein Produkt aus Masse und Bewegung. Aristotelisch-scholastisch war die Materie das Zufällige, weiterhin das Untererkennbare oder das nur durch Analogie Formulierbare: nun aber, wo Kalkül und Warenumlauf andere Evidenzen schaffen als die Formen, wird Materie – als mechanische – Hauptbestand des neuen Begriffssystems. Sowohl die quantitative wie die homogene Begriffsbestimmung sind uns von Thomas und Duns Scotus her vertraut; doch sie haben durch geometrische Behandlung und Totalität ein wahrhaft riesiges Gesicht erlangt. Quantität ist hier nicht mehr das Prinzip der Individuation, sondern der Gleichartigkeit, worin gerade der Zufall und die Singularitäten (mitsamt der sogenannten Formenfülle) untergehen. Der Begriff der Materie bildet nicht mehr den Gegensatz, sondern das Korrelat der gedanklichen »Notwendigkeit« als einer Notwendigkeit des mathematischen Kalküls, der mechanischen Bewegung und ihrer Dieselbigkeit. Identität und Unveränderlichkeit sind nicht nur der mathematischen Behandlung zugänglich, sie garantierten damals zugleich, daß von der Materie ein vollkommenes, dem mathematischen vergleichbares Wissen erreicht werden kann: die Physik wird so evident wie die Geometrie (vgl. dazu Cassirer, Das Erkenntnisproblem I, S. 387 f.). Die dem Mittelalter so dämonische Natur wird die allererhellbarste; Galileis Materie ist das Substrat des mathematisch-mechanischen Verstandes. So verschwanden nicht nur die

Qualitäten spurlos, alles wurde quantifiziert entsprechend dem Warenaustausch, auch von der merkwürdigen, vieldeutigen »Passivität der Materie« bei Aristoteles war in Galileis Mechanik nur die Trägheit übriggeblieben, das Trägheitsgesetz als Fundament der mechanischen Bewegungstheorie. Dialektik ist damit verriegelt; denn die dialektische Materie, als die des Prozesses, ist eben das Gegenteil von »Identität und Unveränderlichkeit«. Um diesen Preis also ist die mathematisch-mechanische Theorie der Bewegung entwickelt worden, um diesen Preis wurde Materie auch als Dynamei on, als Substrat der Möglichkeit verlassen, verriegelt. Ja, die mathematisch rein gemachte Materie kehrte immer wieder zum bloßen Synonym für Körper oder Ausdehnung zurück; so bei Hobbes, so bei Descartes. Auch nach *Hobbes* ist nur dasjenige wissenschaftlicher Gegenstand, was im Raum ist und sich darin bewegt, also der Körper; Philosophie ist Körperlehre. Kein Körper unterliegt hier anderen Veränderungen als der Bewegung seiner Teile; Materie aber wird ein bloßes Wort und eine Abstraktion vom Körper, sie hat keine Substanz. Damit hat der Nominalismus, der früher nur die selbständig wesenden Formen bestritten hatte, sogar den Stoff selber herabgesetzt; »die materia prima ist (sc. nichts als) der Körper im allgemeinen, nicht als ob er keine Form oder kein Akzidens hätte, sondern wenn und soweit an ihm Form und Akzidenzien mit Ausnahme der Quantität unberücksichtigt sind« (De corpore, cap. 8). Noch entschiedener als bei Hobbes ist bei *Descartes* die Materie bloßer Ausdehnung zugeordnet; genauer: Hobbes lehrte den Raum als bloßes phantasma rei existentis, Descartes dagegen bestimmte ihn als eigene Substanz selber, als res extensa, und das zum Unterschied von der anderen Substanz, von der res cogitans (dem Bewußtsein), machte ein Attribut der Substanz daraus (es gibt bei Descartes keinen *leeren* Raum). Dadurch freilich erlangt die Materie wieder realistische Würde; weit entfernt davon, bloße Abstraktion von Körpern zu sein, wird die körperhafte Materie eine Substanz, und die Körper sind lediglich attributive Weisen der Raummaterie, modi extensionis. Aber auch für Descartes fällt der physikalische Körper mit dem geometrischen zusammen, auch hier klingt die Hobbesche Definition der Materie als bloßer Raumerfüllung nach. Bewegung ist bei Descartes nur eine örtliche Veränderung unter den Teilen des unendlichen Raums, alles physikalische Geschehen reduziert sich auf eine Verschiebung der Korpuskeln im Lageverhältnis zueinander. Der Körper und sein Stoff bleibt so überall nichts als der von ihm eingenommene Raum; jeder Trieb, der die ausgedehnte Materie dem Geist näher brächte, selbst Schwere wird dem Körper abgesprochen. Da den Raumgrößen keine selbständige Bewegungskraft innewohnt, läßt Descartes diese nur von Gott geborgt sein: der Naturprozeß wird lediglich durch Übertragung der göttlichen Kraft von Raumteil zu Raumteil in Gang gehalten. Die Vorgänge dieser Übertragung sind ausschließlich die von Druck und Stoß, ihre Gesetze sind mechanisch-kausal und entbehren der Teleologie: der Körpermaterie selber fehlt noch jeder Kraftbegriff, sie ist noch nicht das Substrat des späteren *dynamisch*-mechanischen Materialismus. Überraschend genug, daß erst von einer ganz anderen, zwar gleichzeitigen, aber der mathematischen Naturphilosophie ferner stehenden Seite, von Henry More und Cudworth eine so wichtige, heute fast selbstverständliche energetische Bestimmung wie Widerstand des Raumfüllenden gegen Durchdringung, also Undurchdringlichkeit, Festigkeit, solidity eingeführt wurde. Und diese Bestimmung kam nicht aus naturwissenschaftlicher Forschung, sondern aus – neuplatonischer Philosophie: More und Cudworth waren Häupter der neuplatonischen Schule von Cambridge; es war noch einmal die intelligible Materie, welche dem Ausgedehnten lebendige Kraft, das ist, die Eigenschaft der »Geister« verlieh. Das pure Geometricum der Descartes'schen Materie zeigte sich aber noch an einer anderen Stelle, nämlich an dem Dualismus, in den es notwendig mit der zweiten Substanz geriet, der res cogitans, dem Bewußtsein (cogitatio). Hobbes hatte jede mögliche Wissenschaft auf Körperlehre eingeschränkt (»das Geistige muß der Offenbarung überlassen werden, es sei denn, daß Gott selber einen Körper habe«); Empfindung und Bewußtsein sind bei ihm Bewegungsarten des menschlichen Leibs, der Staat ist ein purer Zweckverband zur Niederhaltung der pöbelhaften Egoismen durch weniger pöbelhafte, die Furcht vor unsichtbaren Mächten ist Aberglaube und heißt Religion, wenn dieser Aberglaube dem Staat nützlich ist. Soweit der kaltblütige, der durchaus materialistisch entzaubernde Hobbes; Descartes dagegen hatte, obzwar rein idealistisch übertrieben, an seiner aus dem Materiellen ausscherenden Bewußtseins-Substanz ein Problem, das gerade bei jeder Erweiterung des Materialismus immer wieder übel hervortritt, das rein mechanisch nicht lösbar ist, rein idealistisch erst recht nicht. Descartes nämlich, indem er die Materie gänzlich auf Ausdehnung beschränkt, bricht ihr zur Welt des Lebens, Bewußtseins, Geistes jede denkbare Verbindung ab. Ein totaler Anspruch des Kalkül- und Maschinendenkens ließ noch die Tiere, ja Menschenleiber als Mechanismen erscheinen, doch gerade indem die Natur völlig mechanisiert wurde, trennten sich Leib und Seele, Materie und Bewußtsein bei Descartes mit einem Riß, wie er selbst im Mittelalter unerhört war. Dort hatte Thomas die Leibmaterie durchaus als »dispositio« zur Seele zu bestimmen versucht, und der Mensch lag auf dem Horizont zwischen den materiell-inhärenten, immateriell-reinen Formen. Aber Descartes leugnet, infolge seiner heterogenen Substanzlehre, jeden Einfluß der räumlichen Substanz auf die denkende und umgekehrt; nicht grundlos berühren sich daher die rein metaphysisch überbrückenden Kausalitätstheorien der Descartes'schen Schule, bei Geulincx und auch Malebranche (den influxus physicus, den Kausalzusammenhang zwischen Leib und Seele betreffend), in diesem Punkt mit den abenteuerlichen Lehren vom stetigen Einfluß Gottes. Geulincx läßt für den Körper nur eine physisch-psychische Einwirkung zu, insofern er dem göttlichen Eingreifen »Gelegenheitsursachen« liefert, okkasionalistisch, nicht urhebend. Thomas hatte umgekehrt gerade die relative Selbständigkeit und eigene Kausalität der Dinge als Willen des christlichen Gottes dargestellt, der eine selbständige Welt wünscht und ihr einen Teil seiner Kraft zum Leben gibt. Demungeachtet bezeichnet es Malebranche, der eigentümlichste Nachfolger des Descartes, geradezu als Kennzeichen christlicher Philosophie, daß sie Gott als alleinige Ursache des Geschehens in den Körpern wie Geistern habe – eben dieses aber war die Metaphysik der Motekallemin oder der extremsten islamischen Transzendenz. So viel Transzendentes also mochte sich, bei Malebranche, an eine Naturphilosophie noch anschließen, die in allen Grundzügen die mechanisch-materialistische Naturforschung ihrer Zeit aufnimmt, ja entscheidend an deren mathematischem Rüstzeug mitarbeitete. Die Ausschaltung der Kraft aus der Materie, die Gleichung Materie = Ausdehnung, die daraus resultierende Schärfe der Zwei-Substanzen-Lehre haben Physik und Metaphysik (bereits die Psychologie wird von Descartes so benannt) auseinandergerissen. Andererseits gab sich die Mechanerie La Mettries, des radikalsten mechanischen Materialisten, später als Cartesianismus aus; – L'homme machine bei Descartes wie La Mettrie gab dazu den Übergang. Gerade die Einseitigkeit, womit extensio und cogitatio ausgearbeitet sowie voneinander ferngehalten wurden, beförderte die mechanistisch-materialistische Fassung der Körperwelt (die solidity kam stillschweigend hinzu). Kann das Ausgedehnte denken? – mit dieser späteren Frage war der Cartesianismus verwandelt. Eben durch die Trennung der beiden Substanzen war diese Verbindung zwischen beiden einladend geworden, andrerseits schien die Substanz des Denkens – bei solch geschlossener Totalität der Ausdehnung – überflüssig.

Ganz anders ließ sich der Stoff immer an, wo er nicht nur gewogen und berechnet wurde. Gar wo er in Fleisch und Blut erschien und ebenso draußen, als das überall lebende Sein. Giordano *Bruno* hat den Ton dafür gefunden, der Mann aus Nola, aus der Landschaft von Vesuv und Mittelmeer. Auf allen Sätzen Brunos liegt ihr Licht; ein an sich mäßiges Sonett an Apollo zeigt trotzdem den Jubel, den die beleuchtete Welt als solche entfachte: »Dir will ich lauschen, meine holde Stimme, / Du rufest, daß dem Abgrund ich entklimme, / Dir dank ich, göttlich Licht, du meine Sonne, / Die du mich führest in das Haus der Wonne.« Bruno bekämpfte nicht etwa das Christentum, mit seinem Apollo, sondern er hatte es bereits mit der Kutte ausgezogen, das »gewisse tragische Mysterium aus Syrien«. Er fühlt sich als neuer Lukrez, und der berühmte Anruf, worin Lukrez unter dem Bild der Venus die schaffende Naturkraft feiert, ist Brunos Evangelium. Nochmals lebt sich hier die Renaissance aus, in der Diesseitigkeit des erwachenden Bürgertums, diesfalls nicht analytisch, sondern gesteigert zu einem

organisch-hymnischen Weltbild. Dem war, auf deutsche krause
Weise, auch Paracelsus vorauf gegangen, die innere Schaffenskraft der Welt suchend und betonend, den »Archeus« im Menschen, den »Vulcanus« in der Natur, beide im Gesunden (als
Vorgang wie als richtigem Sein) sich beistehend. Seit Kopernikus überhaupt springt die Weltenge samt der Himmelsdecke,
die göttliche Unendlichkeit dringt als völlig leibhafte des Weltraums an, das Universum überwältigt den geistlichen Himmel
und setzt sich selbst als Gott. Und hier unten erscheint Natur
als Mutter – der alte vorchristliche Gaiamythos kehrt wieder,
Demeter-Isis säkularisiert sich zur irdischen Materie. So hatte
bereits Paracelsus die materiellen Elemente als die »Mütter« zu
allen Dingen bezeichnet und die Urmaterie, worin die Keime zu
allen liegen, als limbus mundi, als Vorraum der Welt. Aber
auch der patriarchalische oder himmlische Astralmythos erneuert sich in diesem Materialismus; denn das Auge der Materie ist
eben Apollo oder die im Unendlichen schwebende Sonne. Die
reinen Formen verschwinden nun völlig zugunsten der einzig
realen Substanz, der materiellen; das Materialprinzip, besonders in der Gestalt, die es bei Avicebron und Averroës gefunden hat, bleibt als einziges, und jede Autarkie der Formprinzipien neben der Materie wird von Bruno abgelehnt. »Wir sehen
alle Formen der Natur aus der Materie schwinden, und wieder
in die Materie eingehen; daher scheint in Wirklichkeit nichts
beständig, fest oder ewig und der Geltung eines Prinzips wert
als die Materie. Überdies haben die Formen kein Sein ohne die
Materie, in welcher sie entstehen und vergehen, aus deren
Schoß sie entspringen, und in deren Schoß sie zurückgenommen
werden. Deshalb muß die Materie, die immer dieselbe und immer fruchtbar bleibt, das bedeutsame Vorrecht haben, als einziges substantielles Prinzip und als das, was ist und bleibt, anerkannt zu werden, während alle Formen zusammen nur als
verschiedene Bestimmungen der Materie anzuerkennen sind,
welche gehen und kommen, aufhören und sich erneuern, und
deshalb nicht alle das Ansehen eines Prinzips haben können.
Deshalb haben einige, da sie das Verhältnis der Formen in der
Natur wohl erwogen hatten, soweit man es aus Aristoteles und
anderen von ähnlicher Richtung erkennen konnte, zuletzt ge-

schlossen, es seien die Formen nur Akzidenzien und Bestimmungen an der Materie, und das Vorrecht, als Aktus und Entelechie zu gelten, müsse daher der Materie angehören, nicht solchen Dingen, von denen wir in Wahrheit nur sagen können, daß sie nicht Substanz noch Natur, sondern Dinge an der Substanz und an der Natur sind. Diese aber, behaupten sie, ist die Materie, die nach ihnen ein notwendiges, ewiges und göttliches Prinzip ist, wie bei jenem Mauren, dem Avicebron, welcher sie den allgegenwärtigen Gott nennt« (Von der Ursache, dem Prinzip und dem Einen, 3. Dialog). Freilich stimmt Bruno selber dieser völligen Absetzung des Formalprinzips an einigen Stellen nicht ganz zu; Teofilo, der Sprecher des Nolaners, ergänzt daher im gleichen Dialog, daß neben dem Materialprinzip allerdings noch ein formales bestünde, wenn auch in inniger Vereinigung mit der Materie, das er Weltkraft, Weltseele nennt, universale Form. Die Weltseele sprengt aber Brunos Materialismus nicht durch irgendeinen neuen, gleichsam innerweltlichen Dualismus, sondern sie ist in der Welt, wie »der Steuermann im Schiff«, sie garantiert der Materie ihre immanente Lebendigkeit. Die Materie erhält hier ihre Abmessung und Gestalt nicht von außen, sondern es ist ihr eigener Schoß, aus dem die mannigfaltigen Bildungen steigen, und zwar, wie Bruno ausdrücklich bemerkt, die quantitativen ebenso wie die der sogenannten Formen. Indem er eine unkörperliche Materie lehrt, der keine Ausdehnung zukommt, und auch die körperliche Materie fast als Spezialfall der allgemein intelligiblen begreift, nämlich als bloß kontrahierte, als eine, »welche die Art ihrer Ausdehnung erst entsprechend der Art von Form erhält, welche sie annimmt« (l. c., 4. Dialog). Erst recht sind diese Formen selber von innen her in der Materie enthalten, als in der materiellen Weltseele oder beseelten Materie: der Stoff allein strebt zur Gestaltung auf, ohne Verursachung durch ein ihm jenseitiges Form- und Zweckprinzip, – die Materie ist hier die einzige Quelle der Formwirkung. Bruno will also nicht (wie die Physiker seiner Zeit) Materie auf ein mechanisches Fixum beschränken, sondern umgekehrt: er unterlegte ihr außer der unendlichen Entfaltbarkeit und der Entfaltbarkeit zu unendlich-qualitativen Formen auch die Kraft (den Aktus) zu dieser Entfaltung. Dabei allerdings lehnt Bruno zusammen mit einer bloßen passiven Potentialität erstaunlicherweise auch den Aristotelischen appetitus der Materie ab; obwohl dieser appetitus als Streben, Verlangen, Sehnsucht, Trieb in Brunos materieller »Weltseele« Platz gehabt hätte. »Die Materie begehrt nicht jene Formen, die sich täglich auf ihrem Rücken ändern... Überdies haben wir nicht besseren Grund zu sagen, daß die Materie die Formen begehre, als im Gegenteil, daß sie sie hasse; ... denn mit ebenso gutem Grunde, wie man sagt, daß sie das begehrt, was sie manchmal empfängt und hervorbringt, kann man auch sagen, wenn sie abwirft und beseitigt, daß sie verabscheut, ja viel mächtiger verabscheut als begehrt, da sie doch die einzelne Form, die sie für kurze Zeit festgehalten hat, für ewig abwirft« (l. c., 4. Dialog). Der Tenor dieses Satzes wäre offenbar sehr weitgreifend, denn er könnte zuletzt nichts geringeres besagen, als daß die Materie ein Ungenügen an den bereits gewordenen Gestalten hätte und ebenso gerade jene sehr unabgeschlossene Möglichkeit fundierte, welche immer neue Gestalten, geradezu Auszugsgestalten aus sich gebiert. Indes kommt dem leider Brunos letzthin statisch bleibende Weltfrömmigkeit in die Quere, wonach im *Universum* der Materie alles Seinkönnende schon da ist. »Also ist diese Welt, dieses Wesen, das wahre, universale, unendliche, unermeßliche, in jedem seiner Teile ganz, mithin das Ubique, die Allgegenwart selber« (l. c., 5. Dialog). Doch war der Pantheismus (die Säkularisierung Gottes) endlich durchgebrochen, und die Materie, nicht eine davon abgetrennte Weltseele oder ein Weltgeist, hat die Substanz zu diesem Pantheismus abgegeben.

MATERIE, GESEHEN IN GOTT;
ALS AUSDEHNUNGS-ATTRIBUT GOTTES
(Malebranche; Spinoza)

Zweifelnd, nüchtern, von vorn an hatte das neuere Denken eingesetzt. Aber die Männer, die es weiter betrieben, hatten noch sehr viel gläubigen Saft oder Blume in sich. Das verflog vor dem Zweifel schon deshalb nicht leicht, weil dieser noch nicht so sehr das Unsichtbare bezweifelte als das Undeutliche. Deutlich waren die geometrischen Verhältnisse der Körper, deutlich aber auch war die Vorstellung Gottes. Gott also blieb im Hintergrund ständig erhalten, ja er gewann in neu aufgetauchten Zweifelsfragen, wie denen des Verhältnisses von Körper und Seele, eine nützliche methodische Bedeutung. Er wurde gleichsam das, als was der Staat in der gleichzeitigen bürgerlichen Ideologie erschien: übergeordneter Ausgleich zwischen widerstreitenden Gruppen. Descartes hatte Ausdehnung und Denken, Körper und Geist völlig voneinander getrennt; wie muß also der »Schein« eines influxus physicus, einer Einwirkung des Körpers auf den Geist, aber auch des Geistes auf den Körper gedeutet werden? Dazu eben bot sich das Tertium des Gottesbegriffs als Vermittler an. Es hinderte zunächst materialistische Folgerungen, freilich auch seelisch-spiritualistische; da aber Gott Geist ist, stand er der seelischen Gruppe ohnehin näher. Derart wird bei Geulincx jede Wechselwirkung zwischen Körper und Seele geopfert, ja jede Wirkung von Körpern und Seelen aufeinander. Leib und Seele stehen ausschließlich durch ihren Urheber in kausaler Beziehung; sie sind – nach einem damals eingänglichen (immerhin maschinellen) Bild – Uhren, die gleich, sozusagen parallel gehen, weil sie vom selben Meister gearbeitet worden sind. Noch viel frenetischer wurde der influxus physicus von *Malebranche* auf Gott zurückgeschoben: hier kann der Körper auf den Geist, der Geist auf den Körper nicht nur nicht wirken, der Geist kann auch nichts nur Körperhaftes erkennen. Der Körper hat nur die Fähigkeit, bewegt zu werden, keine zu bewegen; Malebranche nennt die Annahme, daß Körper aufeinander wirken können, sogar »heidnisch« oder den »Grundirrtum der antiken Philosophie«. (Er wußte eben nicht, daß die »Grundwahrheit« von der alleinigen Kausalität Gottes dafür islamistisch ist, wurde sie doch von den orthodoxesten Kismet-Philosophen, den Motekallemin, zuerst und mit aller Ausführlichkeit gelehrt). Relative Selbständigkeit der Verursachung (Motivation) gibt es danach nur in der Seele; stammte nämlich auch diese Motivation nur von Gott, dann wäre er auch die Ursache der Sünde und des Irrtums, so aber stamme diese Ausnahme lediglich aus dem Sündenfall und sei überhaupt ein »Mysterium«. Regulär geschieht alles in der Welt einzig durch Gott, und alles ist von ihm umfangen. So ist Gott der auch den Raum umfassende Ort der Geister; alle Erkenntnis folglich geschehe so, »que nous voyons toutes choses en Dieu« (De la recherche de la vérité, 1675). Es gibt eine ideale Körperwelt in Gott, ihre »idée primordiale« ist die der intelligiblen Ausdehnung, nach dieser Idee wurden von Gott erst die einzelnen materiellen Körper geschaffen, in ihr allein werden sie vom menschlichen Geist mathematisch erkannt. Deshalb zweifelte Malebranche nicht daran, daß die Physik einmal dieselbe Evidenz haben werde wie die Geometrie; deshalb wiederum wird der Erkenntnis der materiellen Körper (und ihrer von Gott mitgeteilten Bewegungen) eine größere, bis auf den Grund gehende Deutlichkeit zuteil, als die der Seelen hat (mit deren »Freiheits-Mysterium«). Denn in der intuitiv-rationalen Erkenntnis eben (als der einzig deutlichen) geht das Allgemeine dem Besonderen zuvor; die Körperwelt der mathematischen Mechanik aber enthält mehr »Allgemeines« als die Seelenreihe. Verblüffend derart, wie nahe sich der tollste Spiritualismus mit der Mechanik im mechanischen Materialismus vermittels dieser Allgemeinheit berühren kann; das Bindeglied heißt ausnahmslos gesetzte Notwendigkeit. Das primordial Allgemeine bleibt aber trotz Sündenfall und Freiheitsmysterium auch der Deduktionsort für alle Regungen der Seelen, der Geister, auch ihnen, ja letzthin ihnen erst recht ist Gott ihr Ort; denn alle Dinge eben sind bei Malebranche nur in Gott zu sehen, aus ihm folgend, durch ihn zusammenhängend. Wie erstaunlich dann, daß sich hier Berührungen nicht nur mit der Mechanik der Welt, sondern sogar höchst ungewollt mit einer Vergottung der Welt ergaben, wie sie gerade bei dem doch so äußerst untranszendenten Spinoza Durchbruch fanden. Malebranche nannte zwar den gleichzeitigen Spinoza »le misérable« und definierte ihn als äußersten Gegensatz; denn dieser habe Gott in der Welt, er dagegen die Welt in Gott – »der Gott« selber freilich ist höchst verschieden. Das Pathos der »Ausdehnung« aber, als einer idée primordiale, ist auch bei Malebranche; Gott als Ort der Geister steht geradezu in definitorischer Nähe zum Raum als Ort der Körper. Malebranche ist die versuchte spiritualistische Gegenbewegung gegen einen unaufhaltsamen pantheistischen Materialismus. Dieser war das Thema in der geistigen Frühgeschichte des Bürgertums; die Flucht vor dem Thema geriet deshalb nur als eine andere, vertrackte Art seiner Abwandlung.

Daher der doppelt gereizte Haß, als die Sache aufkam. Als Spinoza beim Namen nannte, was manchen Frommen nur so auf der Zunge lag. Nämlich das ausgedehnte Diesseits und seinen Sieg – nicht über Gott, aber in Gott, in einem völlig verwandelten. *Spinoza* übertraf sämtliche Patres aus Malebranches Orden an religiöser Glut, aber er übertraf sie auch an naturwissenschaftlichen Kenntnissen. Ungebrochen und materialistisch ragen einige ihrer bis ins Psychologische und Staatstheoretische herein. So das Bestreben der Körper, in ihrem Zustand zu verharren: es kehrt im Bestreben, »sein Sein zu erhalten«, überall wieder. Das Suum esse conservare als wirkliches Wesen aller Dinge (Ethik III, Lehrsatz 6 und 7), dieser anerkannte Grundtrieb des Egoismus ermöglicht die erste Kritik vieler Beschönigungen und Verhüllungen. Zugleich wird mit einer Nüchternheit, die der des Hobbes ebenbürtig ist, der bürgerliche Staat als purer Ausgleich streitender Egoismen definiert; es gibt nur eine in diesem Sinn mehr oder minder funktionierende Staatsmaschine, es gibt keine eigene Staatsmoral. Auch die Sittlichkeit beruht auf dem Naturgesetz des Suum esse conservare und ist dessen Krönung: nämlich als Trieb, sein Sein zu mehren. Nun aber besteht hier diese Vervollkommnung durchaus nicht nur in der des Geistes, sondern, da alle Modi des Seins Körper und Geist parallel darstellen, so geht der Körper mit der theoretischen Vervollkommnung im gleichen Gang zur Stärke. »Es kann in unserem Geist keine Idee geben, welche das Dasein unseres Körpers ausschließt« (Ethik III, Lehrsatz 10): diese Ethik ist also keine spirituelle. Das Baconsche Prinzip »Wissen ist Macht« kehrt bei alldem mit völlig neuem Glanz wieder, mit einem nicht utilitaristischen, wohl aber mit einem römisch-stoischen, mit dem leibhaftiger virtus. Entscheidender noch als alle diese Naturalismen ist die grundlegende Rolle, welche das Attribut der *Ausdehnung* im Verhältnis zu dem des Denkens, ja in der göttlichen Substanz selber erhält. Ganz und gar irdisch ist bereits der Satz: »Geist und Körper sind ein und dasselbe Ding, welches bald unter dem Attribut des Denkens, bald unter dem der Ausdehnung begriffen wird« (Ethik III, Lehrsatz 2, Anm.). Und das Attribut der Ausdehnung hat den Vorrang im Begreifen, die Begriffe corpora und res werden durchgehend synonym gebraucht, Körperlichkeit und Realität fallen darin zusammen. Spinoza will die menschlichen Handlungen nicht bloß betrachten, als wären sie Linien, Flächen oder Körper, sie entfalten sich vielmehr selber nach geometrischer Gesetzmäßigkeit, nach der Logik der Ausdehnung, reflektiert in der Bewußtseinsreihe (cogitatio). Weshalb der berühmte Satz: »Die Ordnung und der Zusammenhang der Ideen ist dieselbe wie die Ordnung und der Zusammenhang der Dinge« statt des unterschobenen idealistischen Sinns das genaue Gegenteil davon enthält, nämlich einen objekthaft-materialistischen. Die Ordnung der Ideen ist deshalb dieselbe wie die der Dinge, weil das Attribut der Ausdehnung (Körperlichkeit, Materie) die Anweisung für den Vorstellungsverlauf und Vorstellungsinhalt im menschlichen Denken abgibt. Wie wenig Spinoza einer umgekehrten Prävalenz, das heißt einer Abhängigkeit der Ausdehnungs-Modi von denen des Denkens geneigt war, ist aus seiner Ablehnung der Willensfreiheit: des Zweckbegriffs (als eines reinen Denkmodus) ersichtlich. Nur die geometrische Notwendigkeit und der mechanische Kausalnexus in Form geometrischer Notwendigkeit beherrschten nach Spinoza den Ablauf der Natur; Geister, aber auch Wunder (aus einer prävalierenden Zweck-Logik der Idee allein) haben hier keinen Raum. Lehrreich ist hier der unverhohlene Hinweis auf Demokrit und andere Anti-Spiritualisten, bei Gelegenheit einer Anfrage, Geister und Gespenster betreffend: »Ich gebe nicht viel auf die Autorität eines Platon, Aristoteles und Sokrates. Ich hätte mich gewundert, wenn sie den Epikur, Demokrit, Lukrez oder einen von den Atomisten und Verteidigern der Atome angeführt hätten. Man darf sich nicht darüber wundern, daß die, welche verborgene Eigenschaften, intentionale Species, substantielle Formen und tausend andere Narrheiten vorgebracht haben, Gespenster- und Geistererscheinungen angenommen und alten Weibern geglaubt haben, um die Autorität des Demokrit zu schwächen, dessen guten Namen sie so sehr beneideten, daß sie alle seine, mit so großem Ruhm herausgegebenen Schriften verbrannten« (Spinoza, Briefwechsel, 56. Brief, Meiner, 1914). Die Prävalenz der Körperlichkeit vor aller Spiritualität reicht aber noch weit über Attribute und ihre einzelnen Modifikationen, die Modi, Einzeldinge hinaus; sie hat ihre Garantie in der *göttlichen Substanz selbst*. Wäre doch die Darstellung der Welt more geometrico völlig undenkbar, wenn die »Ausdehnung« in Gott selber nicht das Attribut aller Attribute wäre, wodurch erkannt wird. Ebenso ist nur kraft dieser Geometrisierung Gottes und der »aus ihm folgenden« Welt Spinozas seltsame Vermischung des Realgrunds mit dem Erkenntnisgrund verständlich, die Vermischung der *geometrischen* Notwendigkeit des sequi ex mit der *kausalen* des propter, des logischen Zusammenhangs: Grund-Folge mit dem realen: Ursache-Wirkung. Gewiß schließt Spinoza (in Übereinstimmung mit Maimonides) jede Analogie mit dem menschlichen Leib von Gott aus, erst recht Verstand und Willen; aber nicht, um, wie Maimonides, die Transzendenz Gottes zu akzentuieren, sondern umgekehrt: um ihn der Geometrie und Mechanik eines gänzlich nicht-anthropomorphen Diesseits zu verbinden. Leidenschaften fehlen der göttlichen Natur, aber nicht körperliche oder ausgedehnte Substanz: »Weshalb man auf keine Art sagen kann, daß ... die Materie der göttlichen Natur unwürdig sei, selbst als teilbare; wenn anders ihr nur Ewigkeit und Unendlichkeit zugeschrieben wird« (Ethik I, Lehrsatz 15). Spinoza lehnt also Anthropomorphismen nur um der Geometrismen willen ab; er denkt Gott durchaus in Analogie, aber in Analogie des Weltraums und seiner Materie. »Gott ist die innewohnende, nicht aber die von außen her übergehende Ursache aller Dinge« (Ethik I, Lehrsatz 18); er ist das unendliche Raumsubstrat, aus dem ebenso alle Attribute und Modi folgen wie aus der Definition des Dreiecks dessen Eigenschaften. Die unendlich vielen Attribute sind die unendlich vielen Richtungen der Substanz, »von denen jede ein ewiges und unendliches Wesen ausdrückt«, und die einheitliche Seelenruhe, womit der Philosoph dies ewige und unendliche Wesen erfaßt, geschieht im »Bewußtsein jener ewigen Notwendigkeit der Dinge«, die eben eine geometrische ist, eine begriffene expressio des metaphysischen Raums. Bruno hatte die Substanz als gebärende Mutter, dergestalt »daß alle Unterschiede, die man an Formen, Komplexionen, Gestaltungen, Farben und sonstigen Eigentümlichkeiten der Körper sieht, nichts anderes sind als ein wechselndes Angesicht derselben Substanz, ein schwankendes, bewegliches, vergängliches Antlitz eines unbeweglichen, beharrlichen und ewigen Seins, worin alle Formen, Figuren und Glieder sind, aber unterschiedlich und gleichsam noch in keimhafter Mischung« (Von der Ursache, dem Prinzip und dem Einen, 5. Dialog). Spinoza, in der Erhabenheit des amor dei intellectualis, hat die Substanz nicht als diesen mütterlich gebärenden, ob auch von der hellen Sonne beschienenen Mischgrund; er hat sie als Klarheit katexochen, als Kristallgott. In diesem mathematischen Sinn erneuerte er die Lehre des Averroës von der natura naturans und der natura naturata: »Unter natura naturans ist zu verstehen, was in sich ist und begriffen wird oder die Attribute der Substanz, sofern sie ewiges und unendliches Wesen ausdrücken, Gott, indem er als freie Ursache begriffen wird. Unter natura naturata aber ist alles zu verstehen, was aus der Notwendigkeit der Natur Gottes oder jedes göttlichen Attributs folgt; das heißt, alle Daseinsweisen der Attribute Gottes, sofern sie als Dinge betrachtet werden, welche in Gott sind und ohne Gott weder sein noch begriffen werden können« (Ethik I, Lehrsatz 29, Anm.). Zum Unterschied von der teleologischen Naturkraft ist Spinozas natura naturans eine der Gelassenheit und der mathematisch-zweckfreien Entlassungen. Was Bruno angeht, so kennt er ferner (hierin ein Vorläufer des Leibniz) in seinem maximalen Universum auch das Gegenteil, sogenannte Minima oder Monaden, als kleinste Spiegel des All; Spinoza dagegen legt die Welt ganz ohne elementaren und individuellen Rest ins All-Eine. Bei beiden aber haben die eigenen Angelegenheiten des Menschen keinen Platz im Weltall; bei beiden ist deus sive natura in sich selber ruhend und fertig. Alter Astralmythos mit Schicksalglauben klingt an, bei Spinoza ergriffen und mehr als stoisch in seinem amor fati; so haben weder humanistischer noch dialektischer Materialismus hier unmittelbaren Platz. Dafür freilich mittelbaren, nämlich in dem ageometrischen »Mißverständnis«, welches Spinoza bei Goethe, Schelling, Hegel gefunden hat. Hier hatte die »immanent waltende Substanz« echte Nachreife; sie wirkte als kosmisches Subjekt-Objekt, sie gab sogar Prämissen zur revolutionären Gleichung: Substanz = Subjekt. Nicht also amor fati, Frieden mit der Notwendigkeit, sondern Notwendigkeit des Unfriedens, das heißt des Übergangs von der Geometrie zum Prozeß, vom gewordenen Raum zum sausenden Webstuhl der Zeit. Damals wurden die organischen Renaissance-Elemente nicht nur in Bruno, auch in Spinoza neu ergriffen, der *organische* Naturgedanke wurde zum letzten Mal *bürgerlich-revolutionär* erfaßt. Das Dasein der bewegten Materie (Erdgeist, Substanz) war *Leben,* nicht Tod; und es war im Spinozismus Goethes, sogar Schellings immer noch Dasein der – *Materie.* Es ist der völlig transzendenzfreie Blick auf die Welt, der seit Bruno und Spinoza das Diesseits geladen hat und es nicht etwa verarmen mußte, im Gegenteil. Die Einführung der vormals göttlich hypostasierten Formkräfte in die Materie, das ist die erhaltene Wahrheit des Spinozismus; wie immer auch diese Formkräfte noch statisch, sogar astralmythisch bestimmt waren.

MATERIE ALS NUR MECHANISCHES GEBILDE
(La Mettrie, Holbach)

Von hier ab beginnt es mit dem Stoff weniger hoch herzugehen. Das mechanische Denken seiner hat das Leben auf Stoß und Gegenstoß vereinfacht, auf berechenbare Bewegung verdinglichter Teile. Aber es hat ebenso – gemäß seiner revolutionären Rolle in der französischen Aufklärung und während dieser – die Welt von jenseitigem Spuk entzaubert. Das Denken der Aufklärung war Analyse auf den Stoff als auf den Kern hin; war dieser Kern auch etwas dünn und der Stoff nicht mehr der reichste. *La Mettrie*s »L'homme machine« (1748) spricht schon im Titel die radikal-mechanische Lust des Zeitalters aus; dem Räderwerk schien keine Grenze gesetzt. Nicht grundlos paradierte das achtzehnte Jahrhundert mit künstlichen Tieren und Menschen, mit automatischen »Schachspielern«, »Flötenbläsern« und dergleichen. Das Homunkulus- oder Golem-Grauen war verschwunden (es wirkte später nur noch an der Puppe Olympia in »Hoffmanns Erzählungen« nach); statt der alchymistischen oder magischen Belebung suchte man Entzauberung des Lebens durch sinnfälligste »Physik«. So lehrt La Mettrie, der Mensch sei eine Maschine, die selber ihr Triebwerk aufzieht; oder: der Mensch verhalte sich zu den Tieren wie der aus sich rollende Planetengang zu einem gemeinen Uhrwerk. Materialistisch wichtig an diesem Satz ist nicht seine Mechanistik (womit Materialismus so oft noch verwechselt wird), sondern der dringende Wille zur Erklärung der Welt ohne fremden Eingriff. Ähnlich hatte auch Diderot die Natur das große Instrument genannt, das sich selbst spielt, das wahre Perpetuum mobile. Freilich hatte gerade das Maschinengleichnis die Zweideutigkeit in sich, auf einen Konstrukteur hinzuweisen; Boyle wie Newton, der Chemiker wie der Physiker zogen aus ihren Beweisen des Mechanismus diesen Beweis fürs – Dasein Gottes. Je vollkommener die Weltuhr, im Ganzen wie in ihren Teilen, eingerichtet war, desto einleuchtender schien einem Deismus in der Aufklärung der Rückschluß auf einen intelligenten Urheber. Aber wenn Diderot als Deist noch bemerkt hatte: die Flügel eines Schmetterlings, die Augen einer Mücke würden hinreichen, den Atheisten zu zermalmen, so entgegnete ihm La Mettrie treffend: die natürlich wirkenden Ursachen seien nicht vollständig genug bekannt, als daß man leugnen könne, die Natur bringe alles aus sich selbst hervor. Kurz, die Materie ist nach La Mettrie immanent bewegt, sie ist der »Sitz« der Kraft, der Ausgang wie der Angriffspunkt aller Bewegung. Leben und Bewußtsein seien keine Zutaten zur Materie von oben her, sondern lediglich Produkt der Stoffteilchen in besonders verwickelter Zusammensetzung: *es ist die Ausdehnung, welche denkt*. Und nicht nur die Ausdehnung, sondern die Undurchdringlichkeit, ja mit Maßen auch das Trägheitsgesetz (ein eigenes Suum esse conservare) machen jede übermaterielle Erklärung der Welt danach unzuständig. So sagt *Holbach*, der Systematiker des gesamten mechanischen Materialismus: »Der Stein leistet der Zerstörung Widerstand durch das bloße Zusammenhalten seiner Teile; die organisierten Wesen durch kompliziertere Mittel. Den Trieb der Erhaltung nennt die Physik Beharrungsvermögen, die Moral Selbstliebe.« In der Auswirkung dieses Satzes tritt nun gerade auch der mechanische Materialismus als Entlarvung auf: die Triebfeder der vorliegenden Welt, von unten an bis oben hinauf, ist der materielle Egoismus; das »Ideale« ist seine Verschleierung oder bestenfalls seine Verfeinerung. Jedoch hatte die damalige Auswirkung auch noch andere Elemente der »Natürlichkeit«, »Naturgemäßheit« nicht als solche des immanenten Gesetzes, sondern einer immanenten normativen Regelgebung; es sei nur an den Kampf des damaligen Naturrechts gegen jede feudale Künstlichkeit erinnert, ja auch – obzwar ziemlich gegen Holbachs eigene Intentionen – an die sentimentalisch-poetischen Affinitäten großer Naturschwärmerei, wo nicht Naturreligion. Nicht nur der Deismus mitten in der Aufklärung, sondern vor allem ihr Rousseauismus gaben damals Akzente, welche im mechanischen Materialismus La Mettries wie vor allem Holbachs fremd waren oder ihm erst aufgesetzt wurden. Holbach selber, in seinem »Système de la nature« (1770), hatte nur die allgemeine Gesetzlichkeit gefeiert; erst Diderot gab mit seinem »Abrégé du code de la nature« zu Holbachs »Système« ein dithyrambisches Amen aus naturhaftem Einklang hinzu: »la vertu, la raison, la vérité sont les filles de la nature«. Wie aber Leben und Bewußtsein, so schien dergestalt der Einklang aller Egoismen im »grand tout« eine Funktion der mechanischen Materie, einer dadurch idealisierbaren. Antike Atomistik, Newtons Weltsystem, Descartes' radikalisierte Quantitäts- und Maschinenlehre schienen dieses Ende zu gewährleisten – der Mechanismus schloß als *beflaggte Weltfabrik*.

Ungelöst blieb freilich, wie es von hier zu Leben und Empfindung weitergehe. Wie der Schein der Seele überhaupt zustande komme, wenn sie nichts als Hirnschwingung sei. Auch die erkenntnistheoretischen Zweifel, welche nicht nur Berkeley, vor allem Hume dem Kausal- und Dingbegriff angedeihen ließen, blieben an dieser Stelle unbeantwortet. Nur in bezug auf Berkeleys esse = percipi, Sein = Wahrgenommenwerden erklärt Holbach, daß diese extravagante Lehre auch am schwersten zu bekämpfen sei. Der Materialismus hatte damals noch keinen Lenin gefunden, der hier erkenntniskritisch objektivieren wollte; so stand er dem Zusammenstoß von tollstem Berkeley und echter Schwierigkeit hilflos gegenüber. Bekannt ist dieserart Schopenhauers Spott, die materielle Entstehung des Bewußtseins betreffend: »Wären wir nun dem Materialismus ... bis dahin gefolgt, so würden wir, auf seinem Gipfel mit ihm angelangt, eine plötzliche Anwandlung des unauslöschlichen Lachens der Olympier spüren, indem wir, wie aus einem Traum erwachend, mit einem Male inne würden, daß sein letztes, so mühsam herbeigeführtes Resultat, das Erkennen, schon beim allerersten Ausgangspunkt, der Materie, als unumgängliche Bedingung vorausgesetzt war... So enthüllte sich unerwartet die enorme petitio principii: denn plötzlich zeigte sich das letzte Glied als den Anhaltspunkt, an welchem schon das erste hing, die Kette als Kreis; und der Materialist gliche dem Freiherrn von Münchhausen, der, zu Pferde im Wasser schwimmend, mit den Beinen das Pferd, sich selbst aber an seinem nach vorne übergeschlagenen Zopf in die Höhe zieht« (Die Welt als Wille und Vorstellung I, § 7). Schopenhauer kritisiert hier expressis verbis nur vom erkenntnistheoretischen Idealismus her (»›Kein Objekt ohne Subjekt‹ ist der Satz, welcher auf immer allen Materialismus unmöglich macht«); doch jenseits dieser – dem Materialismus ganz fremden und falschen – Voraussetzung ist mit Schopenhauers Kritik eben die Entstehbarkeit des Bewußtseins aus der Materie La Mettries, aus der undialektischen Materie mit betroffen. In eine verwandte Reihe gehört das Urteil Goethes über den französischen Materialismus; nur: es richtet sich nicht so sehr gegen die Schwierigkeit, aus mechanischer Materie die Entstehung von Bewußtseinslicht begreiflich zu machen, als gegen die totale Mechanik selber, wie sie Holbach darbot (selbst Diderot hatte sie, in der Ekstase der Befreiung, nicht gefühlt). Dem unscharfen Klassengefühl, dem brausenden Naturgefühl des jungen Goethe erschien das »Système de la nature« nicht als Befreiung: »Es kam uns so grau, so kimmerisch, so totenhaft vor, daß wir Mühe hatten, seine Gegenwart auszuhalten, daß wir davor wie vor einem Gespenste schauderten... Wie hohl und leer ward uns in dieser tristen atheistischen Halbnacht zumute, in welcher die Erde mit allen ihren Gebilden, der Himmel mit allen seinen Gestirnen verschwand. Eine Materie sollte sein, von Ewigkeit her bewegt, und sollte nun mit dieser Bewegung rechts und links nach allen Seiten, ohne weiteres, die unendlichen Phänomene des Daseins hervorbringen. Dies alles wären wir sogar zufrieden gewesen, wenn der Verfasser wirklich aus seiner bewegten Materie die Welt vor unseren Augen aufgebaut hätte. Aber er mochte von der Natur so wenig wissen als wir; denn indem er einige allgemeine Begriffe hingepfahlt, verläßt er sie sogleich, um dasjenige, was höher als die Natur oder als höhere Natur in der Natur erscheint, zur materiellen, schweren, zwar bewegten, aber doch richtungs- und gestaltlosen Natur zu verwandeln« (Dichtung und Wahrheit, 11. Buch). Das sind Reaktionen gegen die Weltfabrik, die dem französischen Materialismus mitten in seiner ungeheuren Praxis, als Vorbereitung der Revolution, gleichgültig sein konnten. Doch sie sind denen wichtig, die daran interessiert sind, daß das nicht-mechanische, das organische Denken nicht der Reaktion zugetrieben wird oder dem Denken der Nicht-Materie. Indes man vergleiche mit dem Urteil Goethes über die französische materialistische Philosophie dasjenige Hegels, ein Urteil ebenfalls aus dem Rückblick und ebenfalls aus einer organisch-konservativen Welt: »Der französische Atheismus, Materialismus und Naturalismus ist einerseits mit dem tiefsten und empörtesten Gefühl gegen die begriffslosen Voraussetzungen und Gültigkeiten des Positiven in der Religion, den rechtlichen und moralischen Bestimmungen und der bürgerlichen Existenz vergesellschaftet und mit dem gesunden Menschenverstand und einem geistreichen Ernst, nicht frivolen Deklamationen, dagegen gekehrt; andererseits entsteht er aus dem Streben, das Absolute als ein Gegenwärtiges, als Gedachtes zugleich und als absolute Einheit zu erfassen – ein Bestreben, welches, mit Leugnung des Zweckbegriffs sowohl im Natürlichen (also des Begriffs vom Leben) als im Geistigen (des Begriffs vom Geiste und von Freiheit) nur zum Abstraktum einer in sich unbestimmten Natur, des Empfindens, des Mechanismus, der Eigensucht und Nützlichkeit gelangt« (Hegel, Werke, 1832–45, XV, S. 510 f.). Hegel also ist gegen die Abstraktheit und Kahlheit der mechanistischen Materie, doch – klassenbewußter als der junge Goethe – nicht gegen ihren politisch-philosophischen Rang. Ja Hegel findet sogar, im Zeitalter des Goethisch-poetischen Spinozismus, zur Materie das pikante Wort: »Es vollbringt sich hier eigentlich in diesem Gegenstand die spinozistische Substanz« (l. c., S. 509). So sehr also auch Schopenhauer, Goethe und teilweise Hegel, jeder in anderer Weise, über die mechanistische Fragwürdigkeit sich mokierten, so wenig ist doch die philosophisch-politische Durchschlagskraft des erneuten Demokritismus betroffen worden; Hegel selber wendet sich nur gegen das »Abstraktum einer in sich unbestimmten Natur«, das heißt gegen die Partikularität und Ungegliedertheit der mechanistischen Materie. Hierzu mögen noch, nach dem großen Dichter und großen Philosophen, die Bonmots eines modernen Paradoxisten Platz finden, desto eher, als wenige Materialisten sie kennen. Wir meinen die Kritik Chestertons an La Mettrie, die Kritik eines Mannes, der, hätte er im achtzehnten Jahrhundert gelebt, sicher der witzigste Vorkämpfer der Materie gewesen wäre (und zwar, da er Paradoxist ist, mittels der Geheimnisse der Kirche). Heute jedoch, da der mechanische Materialismus kein Werk mehr tut, stellt der große Konvertit den Witz in den Dienst des Mystizismus und argumentiert gegen La Mettrie mit Problem-Aperçus, die in einer Geschichte der Materie (an ihrer mechanischsten Stelle) nicht übergangen werden dürfen. Chesterton bringt den mechanischen Materialismus (einen anderen kennt er nicht) in die Nähe des – Irrsinns: wie der Kranke, so befindet sich der Materialist »in der leeren und grellen Zelle einer einzelnen Idee, und auf diese ist sein Geist mit peinvoller Schärfe gerichtet. Es ist dieselbe Art von Geschlossenheit und Unzulänglichkeit, alles ist hier zusammengeschrumpft, das Leben als Ganzes betrachtet etwas viel tristeres, engeres, trivialeres, als manche seiner Seiten, ja der Kosmos wird so klein, daß er kaum Raum genug bietet, den Kopf eines Menschen zu bergen. Kurz: Der Materialismus als Erklärung des Weltalls trägt den Stempel einer gewissen wahnwitzigen Einfachheit, genau wie die Argumente eines Irrsinnigen; man gewinnt sofort den Eindruck, daß hier alles gesagt und zugleich alles ausgelassen ist« (Orthodoxie, 1909, S. 18f.). Hier wäre also »etwas wie eine inferiore Unendlichkeit, eine niedere und sklavische Ewigkeit«, die Ewigkeit eines fatalistischen Rings, dem nichts Neues entspringt;

weshalb auch die Schlange, die sich in den Schwanz beißt, dies »Gleichnis einer höchst unbefriedigenden Mahlzeit«, zum Religionssymbol der Freidenkerei erhoben worden sei. Soweit Chesterton, mit Kindermärchen im Herzen, nach den »fröhlichen Unbelauschtheiten auf Erden«, nach den »Christlichen Exzentrizitäten der Welt« begierig; Kipling fügt noch den historischen Irrtum hinzu, der Materialismus sei »in der Stadt geboren, worin es nichts gibt als Maschinen, Asphalt und steinerne Bauten. Natürlich kommt da der Mensch zur Überzeugung, daß es neben ihm nichts Höheres gibt, und daß das Stadtbauamt die Welt erschaffen hat«. Von Chesterton gilt, was (nach Goethe) von Lichtenberg: wo er einen Witz macht, liegt ein Problem verborgen; dennoch trifft Chestertons Kritik nur das Partikular-Abstrakte des *mechanischen* Materialismus, und auch das nur partikular-abstrakt. Obzwar der Vordertreppenwitz Chestertons durchaus bohrt und mit Heiterkeit säuert, er trifft nur die überalterte Mechanik, nicht den *Materialismus* an dieser Mechanik. Und so richtig auch unsere bisherige Feststellung ist, daß man bei großen Idealisten, mindestens Halb-Idealisten wichtigere Beiträge zur Biographie des Begriffs Materie finden kann als bei den mechanischen Materialisten der Vergangenheit, so muß man doch sagen: Was dem Materialismus La Mettries an Durchdachtheit und Tiefe abgeht, das ersetzt er durch Wirkungen und Eigenschaften, worum ihn alle bisherige Philosophie beneiden kann. Denn erstens hat der mechanische Materialismus das bis dahin größte Ereignis der Geschichte ideologisch vorbereitet: die Französische Revolution. Gerade die Beschränkung der Materie auf ihren partial-mechanischen Teil hat entlarvt oder den Wolf aus kirchlichem Agnus-Dei-Fell herausgeschält. War hier Bornement, ist die Materie nicht nur unten, nicht nur Egoismus, so rechtfertigt der menschlichste Erfolg die außermenschliche Theorie – und: sie ist ergänzbar. Zweitens eignet dem französischen Materialismus, dadurch daß er ausgebrochen und offenbar geworden ist, ein Charakter, der allen größeren und großen Philosophien noch fehlt: der des – sit venia verbo – Weltanschauungs-Plakats. Auch das ist erkauft durch reichlich bedenkliche Züge, durch die Enge rein quantitativer Generalität, durch Wegwerfung alles dessen, was

Mechanistik nicht erklären kann. Jedenfalls: für eine Liebesnacht, die Schlacht bei Marathon, das Gastmahl des Lukullus, Mozarts Klavierspiel, die Oktoberrevolution und für anderes historisch-qualitatives Surplus ist eine Erklärung aus Atombewegungen und sonst nichts »letzten Endes« und »durch die Bank« schwerlich erschöpfend. Weshalb ja gerade Engels zum Atom oder Molekül den Sprung zu neuen »starting points« setzte, zur organischen Zelle, zum arbeitenden Menschen, zu Subjekten des Bewußtseins insgesamt und dadurch gewiß nicht aufhörte, materialistisch zu sein. Der dialektische Materialismus hat in dieser Beziehung den mechanischen in Fluß gebracht und um ganz andere, auch dämmernde Inhalte vermehrt; die Immanenz, die Erklärung der Welt aus sich selbst hat er dabei nicht verlassen. Auch der dialektische Materialismus bleibt darum in erster Linie – Materialismus, steht auf den Schultern der großen Enzyklopädisten und dem Original Demokrit; das Dialektische widerlegt nur die Mechanistik, doch nicht die beständige Heftung der Erscheinungen an die oder in die Materie. La Mettrie-Holbach haben, trotz aller Plattitüden und Unzulänglichkeiten, auf die Wahrheit gesetzt, wenn sie radikal auf die Materie gesetzt haben. Daß es noch nicht die rechte oder die ganze Materie war, ist korrigierbar, des weiteren ultraviolett korrigierbar; hingegen der kühne Irrtum eines Berkeley oder anderer Spiritualisten, wenn sie, den Materialismus formal kopierend und kontrastierend – alles auf den Geist gesetzt haben, ist nicht korrigierbar.

MATERIE ALS VITALES UND ALS DYNAMISCHES GEBILDE; DING AN SICH
(Robinet, Leibniz, Kant)

Sehr bald begann der Stoff ohnehin wieder blühender zu werden. Seine Traube blieb länger hängen, bis sie sogar wie eine seelenhafte reifte. *Robinet* war solch ein interessanter Gärtner unter den französischen Materialisten, zuweilen auch tat er Zucker in das kräftig-saure Wesen. Seine Schrift De la nature (1761) setzt die Atome als seelisch belebte, sie empfinden, haben Bewußtsein, wenn auch noch keines ihrer selbst. Die große Schwierigkeit, aus mechanischen Bewegungen, gar aus bloßen Lagerungen der Stoffteile ein so völlig Nicht-Äußeres wie Bewußtsein zu erklären, ist hier auch gleichsam neu-animistisch umgangen. Damit freilich ebenso zeitgemäß; schon Voltaire hatte behauptet, Körper und Seele seien beide Ureigenschaften des Stoffs, mit jeder Bewegung seien Leben und Empfindung zugleich gegeben. Ebenso sprach der Naturforscher Buffon von »organischen Molekülen« als einer keineswegs zusammengesetzten Urtatsache. Robinet nahm all das auf, seine Lehre aber ersparte sich die mechanistische Seite nicht. Sind auch Körper und Seele überall gekoppelt, sogar im Stein, und verhalten sich wechselwirkend, so ist der erste Anstoß zur Wechselwirkung doch stets mechanisch (ebenso wandelt sich das seelische Leben wieder in die mechanische Grundtätigkeit zurück). Nur: der mechanische Anstoß bleibt nicht der einzige noch die einzige Kraft der Materie. Gleichmäßig und einheitlich steigen Körper und Seele vielmehr hier auf; im Stein ist bereits die erste vollgedoppelte Erscheinung von Körper und Seele. Das tierischmenschliche Bewußtsein entspringt also nicht einer besonders komplizierten Maschine, sondern wächst mit ihr; dem einfachen Steinkörper entspringt dumpfes Bewußtsein, dem höchst zusammengesetzten Menschenleib reiches. Beide aber, Leib wie Seele sind nach Robinet in einer dritten, unbekannten Eigenschaft der Materie geeint. Seine Lehre spielt also sowohl auf den Spinoza der parallelen Attribute wie auf den Leibniz der Monaden als psychischer Kraftpunkte an, doch sie ist auch in sich selbst merkwürdig. Ihre Umgehung der mechanistischen Schwierigkeiten hat bei aller Scheinhaftigkeit auch ein sehr ernstes Moment: das einer verlorenen Eingängigkeit. Denn erstmals erscheint hier mitten im mechanischen Kalkül das Mechanische doch nicht eingängiger, gar selbstverständlicher als das Organische. Das Leben, das Seelische wirkt ebenso gegeben und ursprünglich wie die mechanische Bewegung, es wirkt gleich dieser als Urtatsache und natürlicher Zustand der Materie. Gewiß war diese Urtatsache nicht berechenbar, also dem Kalkül fremd; weshalb auch Robinet das Mechanische überall als ersten Anstoß setzte. Aber das Leben, das Seelische zeigt demungeachtet eine andere Evidenz (neben der ursprünglichen Gegebenheit, psycho-physischen Überallheit). Mitten aus dem quantitativen Denken der Materie erhebt sich ihr qualitativ-organisches; das mag Robinet nicht vergessen bleiben. Hier am nächsten spielt er auf Leibniz an, Robinet ist der einzige französische Materialist, auf den dessen körperliches Sowohl wie physisches Alsauch eingewirkt hat.

Wird der Stoff dermaßen strebend, so könnte er auch leicht zu schwinden scheinen. Bei *Leibniz* werden seine Teilchen, weit davon entfernt, körperhaft zu sein, von vornherein als Kraftpunkte gesetzt. Nicht die Ausdehnung macht ihr Wesen aus, sondern das Undurchdringliche, Widerstand Leistende; dieses ist primär, alle anderen Eigenschaften des Körpers folgen daraus. Leibniz begnügt sich also nicht damit, daß der Ausdehnung das Undurchdringliche hinzugefügt werde, sondern zuvor ist Kraft, dann erst Raum und fester Stoff. Nur insofern entsprechen den harten, sozusagen autarken Atomen die fensterlosen Monaden; im übrigen zeigen die Monaden phantastische Züge, die dem nüchternen Stoffatom völlig gefehlt haben. Die Kraftpunkte sind ebenso *seelische,* ihr Tun ist Vorstellen, und zwar, je nach der Intensität, dunkleres oder helleres, verworrenes oder klares. Zweitens unterscheidet, daß die Monaden nicht gleichartig untereinander sind, wie die Atome, sondern durch die verschiedenen Intensitätsgrade ihrer Vorstellung auch *qualitativ* voneinander abgehoben: es gibt nicht zwei gleiche Dinge in der Welt. Drittens aber fühlte sich Leibniz, in Ansehung der Atomistik, »gezwungen, die heute so verschrieenen substantiellen Formen zurückzurufen und wieder zu Ehren zu bringen«. Und hier erhellt: das bürgerlich-fortschrittliche Denken, das in Leibniz sich so reichhaltig zeigt, ja das er als erster in Breite gesetzt hat, ist ebenso feudal gesprenkelt. Die Lichtfunken, welche der große Philosoph in der Methoden- und Kategorienlehre ausgeschüttet hat, sind in der Monadologie leicht verstaubt, in der Theodizee verkapselt und verschüttet. So geht es höchst krypto-materialistisch hier wieder her (und das Krypton heißt nicht einmal Stoff als Schoß der Formen, sondern Kraft); statt der Materie steht die alte forma Pate bei dieser Aufklärung. Bürgerlich ungesprenkelt ist nun wieder, daß die ganze

Welt als einzige »Aufklärung« erscheint, daß sie zum Geschlecht zählt, das vom Dunkeln ins Helle strebt; doch das Licht kommt von der Form. Das konzilianteste aller Genies ist ein deutsches, sowohl in der Anpassung an die feudalen Gewalten wie in der Bewahrung von Überbauten (Scholastizismen), die fortgeschrittenere Länder längst abgebrochen hatten; die Leibnizsche Philosophie ist aber auch deutsch, nämlich ans mittelalterliche Reich erinnernd, in ihrer Universalität. Leibniz lehrt durchgehend kausal-mechanische Natur, doch er verband sie ebenso durchgehend mit Teleologie und Theologie. »Vermöge dieser Überlegung läßt sich die mechanische Philosophie der Modernen mit der Behutsamkeit mancher verständiger und von den besten Absichten beseelter Männer wohl vereinen, die, nicht ganz ohne Grund, fürchten, man möchte sich zum Schaden der Religiosität von den immateriellen Wesen allzuweit entfernen« (Leibniz, Hauptschriften II, Meiner, S. 161, Metaphysische Abhandlung). Die Monaden sind also nicht nur qualitativ sondern hierarchisch voneinander verschieden: jeder zusammengesetzte Körper (vor allem der der Pflanzen, Tiere, Menschen) enthält neben den niederen eine herrschende Monade, welche die ihr untergebenen mit einer größeren Klarheit vorstellt, als diese selbst es vermögen. Die klarer perzipierende Monade verhält sich eben darum zur Masse des ganzen Aggregats als substanziale Form, als Entelechie im aristotelisch-scholastischen Sinn. Um den Preis dieses hierarchischen und vom Stoff abgetrennten Begriffs erlangte Leibniz allerdings ein *organisches* Weltbild: »Jedes Stück Materie kann als ein Garten voller Pflanzen oder als Teich voller Fische aufgefaßt werden. Es gibt demnach im Universum nichts Ödes, Unfruchtbares, Totes, kein Chaos und keine Verwirrung außer dem Anschein nach; etwa im selben Sinn, wie in einem Teich, den man aus der Entfernung erblickte, und in dem man nur eine verworrene Bewegung und ein Durcheinander von Fischen erblickte, ohne die Fische selbst voneinander unterscheiden zu können. Aus dem Gesagten begreift man, daß jeder lebende Körper eine herrschende Entelechie hat, die in dem Tiere die Seele ausmacht, die Glieder dieses lebenden Körpers aber sind wieder erfüllt von anderen Lebewesen, Pflanzen, Tieren, deren jedes wieder seine

Entelechie oder seine herrschende Seele besitzt« (l. c. II., S. 451 f. [Monadologie]). Zusammengesetzte Körper sind deshalb für Leibniz stets Organismen, deren tätiges Leben sich in ihrer entelechetischen Zentralmonade konzentriert. Aber auch die unteren, mehr materiellen als substanziellen Elemente zusammengesetzter Körper sind Organismen; nicht nur als vitalpsychische Kraftpunkte, sondern als lebende Spiegel des Universums. Spiegelt und repräsentiert die höhere Monade sowohl nach unten, wie nach oben, so spiegeln und repräsentieren die unteren wenigstens nach oben, nämlich das Weltganze, seinen allemal übermechanischen Zusammenhang. Hier ergänzt sich zugleich die Fensterlosigkeit der Monaden durch die sogenannte prästabilierte Harmonie: gerade indem die Monaden nur sich selbst ausleben, stimmen sie sämtlich, in jedem Moment, vermöge der Gleichheit des repräsentierten Inhalts miteinander überein. Historisch-materialistisch entspricht die fensterlose Monade der Einsamkeit des individuell wirtschaftenden Individuums, die prästabilierte Harmonie dem optimistischen Glauben an die Harmonie der Interessen, noch gestützt durch Restbestände der feudalen Ständestaats-Ideologie. Rein naturphilosophisch aber bildet diese Zusammenspannung ein außerordentliches Paradox; desto auffallender, als es gegen Newton gerichtet ist. Newton hatte die alte direkte Wirkung materieller Substanzen durch Stoß um das Novum der Fernwirkung vermehrt: letztere erscheint in der durchgehenden materiellen Eigenschaft der Schwere. Leibniz nun setzt statt dieser beiden Wirkungsarten gar keine, eben nämlich die Fensterlosigkeit, gemildert durch prästabilierte Harmonie. Diese erklärte – im Stoffgefüge der Einsamkeiten – wenigstens den Schein einer Wirkung durch die innere Korrespondenz parallel laufender Substanzen.

Soviel über den Rahmen, in dem stofflich-Bewegtes vor sich gehen kann und überhaupt bewegt ist. Näher nun zur *eigentlichen Konstitution der Materie,* so analysiert sie Leibniz folgendermaßen: In jedem Teilchen lebt außer der tätigen zunächst eine leidende Kraft, eine durch ihre eigene Schranke gehemmte. Eben vermöge dieser leidenden Kraft verschließt sich die Monade, macht sich undurchdringlich, und es entsteht der

Schein des ausgedehnt-harten Stoffs. Leidendes Widerstreben konstituiert somit den Raum wie die Materie, die ihn einnimmt, im gleichen Zug: Raum ist die sichtbare continuatio resistentis, Materie die greifbare. Da weiterhin Kraft dasselbe ist wie Vorstellung, und leidende Kraft dasselbe wie beschränkte, verworrene Vorstellung, so ist Materie sowohl das phaenomenon bene fundatum der Passivität (das heißt des geringeren Grades von Aktivität) wie der Verworrenheit. Leibniz unterscheidet hier eine materia prima, als objektive, in der Sache selbst fundierte Verworrenheit, von der materia secunda oder erscheinenden Masse des Körpers, die lediglich in der verworrenen Vorstellung des Betrachters selbst besteht. Hinzu tritt aber zur leidenden Kraft die tätige: und diese aber konstituiert, wie bemerkt, die aristotelisch-scholastische Form, die Entelechie über der Materie. Entelechie ist als zweckmäßig führende Kraft, als ἐνέργεια im erneuerten Sinn, der eigentliche Hort der Leibnizschen Teleologie und freilich auch seiner Entwicklungsdynamik; – die passive Kraft fundiert die mechanische, die aktive die finale Kausalität. Die Materie selber freilich, als objektive Erscheinung passiver Kräfte, liegt ganz unten, sie ist der dunkelste Monadenzustand und so wenig Substanz wie eine Herde von Schafen. Doch ist Leibniz, gerade als Denker der prästabilierten Harmonie und durchgängigen Kontinuität, nicht geneigt, die Materie etwa abzutrennen und Dualismen zu setzen. Umgekehrt: der Unterschied von dunklen und klaren Vorstellungen, von Materie und Entelechie wird durch eine auch den dunklen Vorstellungen wesentliche, ja besonders wesentliche Eigenschaft überbrückt: durch die »tendence«, zu immer helleren überzugehen. Diese Tendenz – ein Bewegungs- und zugleich Aufklärungsbegriff erster Ordnung – wird von Leibniz, mit bezeichnender Erinnerung, auch appétition genannt. Darin klingt die alte ὁρμή des Aristoteles, der appetitus der Materie nach der Form an, jedoch mit der Modifikation, daß die appétition der dunklen Materie keine Transzendenz ist, sondern die Aufklärung ihres eigenen Inhalts. Hier also kehrt sich ein Moment im Leibnizschen Materie-Entelechie-Verhältnis um, wenn nicht nach der materialistischen, doch nach der *immanenten* Seite. Denn was die Monaden repräsentieren, ist allenthalben, auch im Höchsten ihrer Aufleuchtungen, das Diesseits, selbst die göttliche Zentralmonade ist einzig die stärkste, klarste Vorstellung des Universum-Inhalts. Von hier gesehen zahlte bereits die Aufhebung des Stoffs in immaterielle Kräfte der Immanenz Tribut, und zwar gerade mit der Unterwühlung des Stoffs durch die Kraft. Noch bei Descartes ist alle Kraft, welche die Körper entwickeln, vom Jenseits übertragen, als ein Teil des göttlichen Anstoßes. Die Wissenschaft der Körper war bei Descartes lediglich – Geometrie, die Energetik gehörte Gott; bei Spinoza fehlt der Kraftbegriff überhaupt. Indem jedoch Leibniz allerimmanenteste Energie dem Stoff supponierte und diesen von der bloßen Ausdehnung, vom Charakter eines toten Maschinenbestandteils befreite, kam – in unerwarteter Konsequenz – etwas vom »Schoß der Formen« in die Materie trotzdem zurück, ja das Novum eines aus sich selbst bewegten, eines gleichsam parthenogenetischen Schoßes. Das ist das Positive an dem idealistisch Negativen, die Materie als ein bloßes Scheinprodukt immaterieller Kräfte anzusehen. Die Kraft ist seitdem von der Materie untrennbar; auf dem Weg (Umweg) über Leibniz konnte sich erst der dialektisch-materialistische Grundsatz bilden: Die Bewegung (als Äußerung der Kraft) ist die Daseinsweise der Materie. Feuerbach stellt zwar bei Leibniz durchaus auch eine mehr negative Bewertung der Materie fest: »Der Begriff der Materie entsteht uns da, wo wir an die Grenze unsrer freien Selbsttätigkeit kommen, auf etwas stoßen, was nicht in unserer Gewalt ist... Selbst unsere gemeinen sinnlichen Vorstellungen von der Materie reduzieren sich auf Gewalt, Zwang, Widerstand. Aber eine verworrne, unklare Vorstellung ist eben eine solche, die nicht in der Macht unseres Verstandes und Willens ist. Zum Begriffe der Materie gehört weiter nichts als der Begriff der Unklarheit und Unfreiheit, denn Unfreiheit ist, wo keine Klarheit des Geistes. Steinblöcke und Klötze sind nicht die wahren Typen zu dem Begriffe der Materie. Das wahre Wesen der Materie, die Idee derselben, existiert im Tier, im Menschen als Sinnlichkeit, Trieb, Begierde, Leidenschaft, als Unfreiheit und Verworrenheit« (Feuerbach, Darstellung, Entwicklung und Kritik der Leibnizschen Philosophie, Berlin, 1969, S. 68 u. 69). Doch eben diese noch asketische Bewertung der Materie wird zuletzt ergänzt und aufgehoben durch nichts Geringeres als die prästabilierte Harmonie selber, wobei deren Effekt nach Leibniz nicht nur von der Gleichheit des abgespiegelten Weltinhalts herkommt, sondern von der Materie als verworrener Vorstellung, lebendigen Leib und Seele derart verbindend, wozu wieder Feuerbach: »Die Monade selbst ist, ihrer ursprünglichen Idee nach, die prästabilierte Harmonie, die Seele und Leib verbindet. Sowenig die Vorstellung durch eine äußerliche prästabilierte Harmonie mit der Monade verknüpft ist, sondern ihre selbsteigenste, mit ihrem Begriff und Sein identische Kraft ist, sowenig ist es die Materie als eine verworrene Vorstellung... Die Materie ist nichts anderes als das Phänomen, die Erscheinung dieser inneren Beschränkung. Die (gleichen) verworrenen Vorstellungen sind es aber, die Leib und Seele verbinden. ›Durch die unmerklichen oder konfusen Vorstellungen‹, sagt Leibniz, ›erkläre ich die bewunderungswürdige, vorherbestimmte Harmonie des Leibes und der Seele und aller Monaden oder einfachen Substanzen‹. ›Diese kleinen Vorstellungen bilden das Band, das jedes Wesen mit dem ganzen übrigen Universum verbindet‹. Die Materie ist daher in der Leibnizischen Philosophie *zugleich* mit der Seele gesetzt« (Feuerbach, l. c., S. 71). Es ist den Zeitgenossen des Leibniz bereits verwunderlich erschienen, daß einer solch immanent-tätigen Welt noch ein äußerer *Schöpfer* hinzugefügt wurde, und daß dieser Schöpfer dasselbe wieder wie die höchste Monade sei. Gott allein soll hierbei die von der Materie wahrhaft abgesonderte Substanz sein; das jedoch wesentlich nur kraft der »grandeur« seiner Realität, kraft seines völlig reinen actus, seiner völlig distinkten perceptio. Nur insofern ist er von den Weltmonaden verschieden; »natura non facit saltus«, sagt Leibniz, aber auch zwischen Welt und Leibnizschem Gott ist hier kein Sprung. F. A. Lange bemerkt hier mit Recht: »Die Monaden entwickeln sich nach den in ihnen liegenden Kräften mit strenger Notwendigkeit. Keine derselben kann, weder im Sinn der gewöhnlichen Kausalität noch im Sinn der ›prästabilierten Harmonie‹ hervorbringende Ursache der übrigen sein. Die prästabilierte Harmonie selbst bringt ebenfalls nicht die Monade hervor, sondern sie bestimmt nur ihren Zustand, und zwar in durchaus gleicher Weise wie im System des Materialismus die allgemeinen Bewegungsgesetze den Zustand (bzw. das räumliche Verhalten) der Atome bestimmen.« Es ist also überflüssig, »noch einen ›zureichenden Grund‹ der Monaden und der prästabilierten Harmonie aufzustellen, welcher weiter nichts zu tun hat als eben dieser zureichende Grund zu sein« (Geschichte des Materialismus I, Anm. 93 zum 4. Abschnitt). Ein Gott, der in der Welt nichts zu tun hat, als Grund des letzten Grundes der Welt zu sein: »welch ein Abstand«, sagt Engels, »welch ein Abstand vom alten Gott-Schöpfer des Himmels und der Erden, Erhalter aller Dinge, ohne den kein Haar vom Haupte fallen kann!« Nur in einem Punkt verbindet Leibniz seinen Schöpfer in weniger künstlicher Weise mit den Dingen: beim alten *Möglichkeitsbegriff* der Materie. Wir meinen die Lehre der Wahl, der Schöpfung als realisierter Wahl zwischen unendlich viel möglichen Welten. Das Aristotelische δυνάμει ὄν wird hier von der Materie ins Übernatürliche, fast ins Übergöttliche verkehrt. An seine materielle Stelle tritt das Entgegengesetzte, nämlich die »Region der ewigen Wahrheiten«, der logischen, mathematischen, moralischen, metaphysischen; diese, deren Gegenteil nicht denkbar ist, wurden aus ihrer rein logischen Geltung hypostasiert und über die Welt gedreht. Die Welt scheint nun als bloße zufällige Tatsache, und zwar nicht nur ihrer Faktizität, sondern ebenso ihren – die Faktizität ordnenden – Naturgesetzen nach; all das könnte in der Welt auch anders sein. Daß die Welt ist und nicht ihr Gegenteil, dazu bedarf sie des zureichenden Grundes der Schöpfung, das heißt eben der realisierenden Wahl Gottes zwischen den unendlich vielen möglichen Welten ohne Widerspruch, die seine Weisheit vor ihm ausgebreitet hat, und deren bestmögliche er ins Dasein rief. »Da die Ideen Gottes eine unendliche Anzahl von möglichen Welten enthalten und nur eine einzige existieren kann, so muß es wohl einen zureichenden Grund für die Wahl Gottes geben, der ihn zu der einen eher als zu der anderen determiniert. Diesen Grund kann man aber in nichts anderem mehr finden als in der inneren Angemessenheit oder in den Graden der Vollkommenheit, die diese Welten enthalten, da jede das Recht hat, Existenz gemäß dem Grade der Vollkommenheit, die sie einbegreift, zu beanspruchen. Hierin liegt die Ursache für die Existenz des Besten, das von Gott vermöge seiner Weisheit erkannt, vermöge seiner Güte erwählt, vermöge seiner Macht erschaffen wird« (l. c. II, S. 447 f. [Monadologie]). Die bestehende Welt also bedarf zum ursächlichen Verständnis ihrer zufälligen Tatsachen-Wahrheiten (mitsamt den Wahrheiten der Mechanik) eines zureichenden Grundes, der sie zweckhaft, aus den Absichten des Schöpfers erklärt; nur die »ewigen Wahrheiten« haben ihren Grund in sich selbst, nämlich im Prinzip der Widerspruchslosigkeit, der Unmöglichkeit des Gegenteils. Läßt man die theologische Mythologie beiseite, so bleibt das höchst merkwürdige, daß die Möglichkeit, wenn auch als rein logisch-hypostasierte, einen Primat vor der Wirklichkeit erlangt und letztere als zufällige Tatsache auf dem Hintergrund der vor ihr bestehenden Möglichkeiten erscheint; die faktische Wirklichkeit erscheint somit enger als alles, was hätte sein können. Ein nur der Materie zukommender Begriff ist derart, in ungeheurem Bogen, um die gegebene Welt gelegt; sogar die Determinierungen der Materie erscheinen als Determinierungen durch den Logos der einmal erwählten Planmöglichkeit der Welt. Leibniz selber ist sich der Herkunft seiner transzendenten Schatzkammerlehre aus dem alten Materiebegriff bewußt: »c'est la région des vérités éternelles, qu'il faut mettre à la place de la matière«. Das Chaos der Kosmogonien, die Hylē des Aristoteles, der Schoß der Formen des Averroës – alle diese Stoffbegriffe sind hier von der région des vérités éternelles usurpiert; als der bindenden Möglichkeit der Weltschöpfung. Das ist kein Positives der Immanenz wie bei der Kraftauflösung des Stoffs (die zur Kraftbegabung wurde), dafür ein möglich Positives in der Geschichte der – Materie selbst; auf dem Umweg des extremsten Idealismus. Es sind lauter Hypostasen in dieser Möglichkeitslehre, lauter Usurpationen dessen, was ehemals der Materie zukam und nicht dem Abstraktum der logischen Möglichkeit. Es fehlt sogar jeder Bezug zum Leibnizschen Tendenz- und zum Entwicklungsgedanken; denn die unendlich vielen unrealisierten Möglichkeiten anderer Welten liegen ja gänzlich vor und außerhalb unserer gegebenen Welt. Auch ist die Leibnizsche Möglichkeitslehre inhaltlich durchaus keine Schatzkammerlehre; denn die anderen Welten sind noch unvollkommener als die vorliegend beste unter ihnen. Trotzdem ist unverkennbar: die Gewalt der prima possibilitas fällt mit den Bestimmungen nicht dahin, die Leibniz für seine Theodizee verwandte. Das empirisch Unvollkommene wie auch das bloß Formal-Rationalistische (eines logischen Fatums) kann dem nach vorn gedrehten Möglichkeitsbegriff, das heißt seiner über die *gegebene* Wirklichkeit gesetzten Geltung nichts anhaben. Die erweiterte possibilitas ist fruchtbar, sobald das Transzendente von ihr abgestreift ist, sobald sie aus der bodenlosgöttlichen Mythologie in einen Thesauros der Materie eingebracht werden kann. Der nicht untergeordneten Materie, sondern utopisch-konkreten Möglichkeit des Seins, des noch-Seinkönnens. Dann ist hier ein wirklicher Hilfsbegriff zum Problem der materiell-immanenten *Latenz* oder dessen, was in der Materie, von ihr unverwirklicht, noch steckt.

Seit der Stoff sich durchkraftete, ist er immer dünner geworden. Doch dadurch auch geeignet, recht anfänglich zu sein, als Nebel oder Dunst. Weiterhin stellte sich auch ein *ruhender* physischer Körper als kraftbegabt dar, nicht nur ein bewegter: tote und lebendige Kräfte gehen dauernd ineinander über. *Kant* setzte in seiner ersten Schrift bereits, unter anderem, diesen Übergang auseinander, Ruhe ist Sprung zur Bewegung. So daß der Weg zu einer vollkommen diesseitigen Naturgeschichte frei wurde oder zu einer *Theorie des Himmels* (1755), nach Newtonschen Grundsätzen abgehandelt. Auch der primäre Anstoß ist im Urstoff oder Urnebel bereits enthalten, in dem verschiedenen spezifischen Gewicht seiner verschieden dichten Elemente. »Bei einem auf solche Weise erfüllten Raume dauert die allgemeine Ruhe nur einen Augenblick«; und sie bricht nicht nur zum Stoß der Teilchen aufeinander aus. Sondern die Kräfte der Stoffbewegung sind doppelt, neben die Abstoßung tritt die *Anziehung*, beide zusammen machen die sozusagen kreißende Materie sogleich auch zu einer kreisenden. Die beiden Kräfte äußern sich vornehmlich, »wenn die Materie in feine Teilchen aufgelöst ist, als wodurch selbige einander zurückstoßen und durch ihren *Streit mit der Anziehung* diejenige Bewegung hervorbringen, die gleichsam ein dauerhaftes Leben in der Natur ist ... der senkrechte Fall schlägt in Kreisbewegungen aus, die den Mittelpunkt der Senkung umfassen« (Werke, Hartenstein, I, S. 249). Zu dem Weltnebel mit Elementen verschiedener Dichte treten also die Urkräfte der Anziehung und Abstoßung; vorzüglich erstere Kraftart ist das Novum, das Kant, im Anschluß an Newton, der Theorie der Materie mitteilt. Abstoßung (Undurchdringlichkeit) und Anziehung (die Fernwirkung der Newtonschen Physik): der Streit dieser Urkräfte im Schoß des Weltnebels bildet und erhält die physische Welt. Damit ist die Gravitation endlich neben die Undurchdringlichkeit als materielle Haupteigenschaft getreten; die Dialektik der beiden Grundkräfte nimmt auch, nach zweitausendjähriger Pause, das Problem der mechanischen Schöpfungsgeschichte wieder auf. Das Chaos Anaximanders wird neu bedacht (hundert Jahre vor Kant hatte der Alchymist van Helmont aus dem Wort Chaos das Wort Cas gebildet); vor allem aber bekennt Kant, in der Vorrede seines Werks, unverblümt, »daß die Theorie des Lukrez oder dessen Vorgängers, des Epikur, Leukipp und Demokrit mit der meinigen viel Ähnlichkeit habe«. Freilich auch viele Unterschiede und selbstverständlich solche theologischer Art; die Grenzen der mechanischen Erklärung, welche die Kritik der Urteilskraft nachdem setzte, figurieren bereits hier. So in Ansehung des Organischen; ohne Vermessenheit läßt sich sagen: »Gebt mir Materie, ich will eine Welt daraus bauen!«, doch nicht: »Gebt mir Materie, ich will euch zeigen, wie eine Raupe erzeugt werden könne«. Auch die höchste Intelligenz will Kant durchaus nicht missen, trotz oder wegen der schon ausreichenden Mechanik: »es ist ein Gott eben deswegen, weil die Natur selbst im Chaos nicht anders als regelmäßig und ordentlich verfahren kann« (l. c., S. 217 ff.). Doch man vergleiche die Kantische Kosmogonie mit immer noch magischen Spielen der Welterschaffung, die in Deutschland damals üblich oder noch im Schwange waren. Diese setzten nicht etwa Intelligenz voraus, materiebildende, lebenbildende, sondern, um aus Materie die Welt zu bauen, schlankweg – die alchymistische Tinktur. So in Wellings Opus mago-cabalisticum (1735) (demselben, das der junge Goethe mit Susanne Klettenberg und dem philosophischen Ärzte las): »bringt man nacheinander sechs Tropfen der Tinktur auf Wasser, dann sieht man nacheinander die sechs Schöpfungstage und ihre Bildungen über dem Wasser geschehen; schmilzt man aber je ein Stück Gold, Silber, Zinn, Eisen, Kupfer, Quecksilber und Blei, jedes mit seinem Planetenzeichen versehen, und gießt diesen Urstoff in die Tinktur, so kreisen in der Stube Sonne, Mond und die fünf Planeten«. An dem Unterschied dieses zeitgenössischen Kunststücks zu dem »mechanischen Ursprung des Weltgebäudes« erhellt, wie abseitig auch der Materialismus in Deutschland reiten konnte. Seine eigentliche Kodifizierung (gewiß auch seine Isolierstelle) fand er in dem transzendentallogischen Determinismus und Mechanismus der *Kritik der reinen Vernunft*. Die »Metaphysik der Dinge«, in der Kosmogonie noch so kräftig-realistisch, war durch eine »Metaphysik des Wissens« ersetzt. Natur bleibt nun, beim Kant des Kritizismus, kein unabhängig von Erkenntnis Gegebenes, sondern wird die begriffene Newtonsche Naturwissenschaft oder der Ausdruck einer erreichten Sicherheit des Kalküls; »Natur«, sagen die Prolegomena, »ist das Dasein der Dinge, sofern es nach allgemeinen Gesetzen bestimmt ist«. Demgemäß erscheint auch Materie nicht mehr, wie in der Kosmogonie, als Urnebel im Raum, völlig unabhängig von einem Bewußtsein überhaupt. Sondern Materie im *chaotischen* Sinn ist nur noch jene ganz andere, die Kant auch »Stoff der Empfindung« nennt, also gerade die erkenntnishaft noch unbestimmte, vortheoretische. Materie im *physikalisch-theoretischen* Sinn dagegen ist ein höchst kompliziertes Produkt aus der »transzendentalen Deduktion der reinen Verstandesbegriffe«, das heißt aus der Beziehung der Kategorie auf Anschauungen, um aus letzteren Erfahrungsgegenstände zu machen. Entscheidend dafür sind vor allem die Kategorien aus der Urteilstafel der Relation, nämlich Substanz, Kausalität und Wechselwirkung; diese lassen die Erscheinungen, nach Analogie zur logischen Einheit der Kategorien, als mechanische Erfahrung lesen. Erster Grundsatz der »Analogien der Erfahrung« ist: »bei allem Wechsel der Erscheinungen beharrt die Substanz, und das Quantum derselben wird in der Natur weder vermehrt noch vermindert« (Werke III, S. 169); die Grundsätze der Kausalität und Wechselwirkung schließen sich an. Deutlicher auf Materie bezogen als die Relations-Kategorien der Vernunftkritik sind die ihres naturphilosophischen Ergänzungswerks, der *Metaphysischen Anfangsgründe der Naturwissenschaft* (1787). Die Kritik der reinen Vernunft hatte die allgemeinen Gesetze a priori untersucht, denen die geordnete Naturwelt der beweglichen Materie unterliegt; das Ergänzungswerk untersucht die transzendentalen Prinzipien in ihrer Anwendung auf die (empirisch gegebene) bewegliche Materie. Hier nun wird Materie deutlich zunächst auf »das Etwas« beschränkt, »das ein Gegenstand äußerer Sinne sein soll«; denn nur die Gegenstände des äußeren, nicht des inneren Sinns sind mathematisch, also wissenschaftlich und mechanisch behandelbar. Weiter wird der Materie als wesentlichste Bestimmtheit wieder Bewegung eingeschrieben: »Die Grundbestimmung eines Etwas, das ein Gegenstand äußerer Sinne sein soll, mußte Bewegung sein; denn dadurch allein können diese Sinne affiziert werden« (Werke IV, S. 366). Indem auch hier der Begriff der Materie gänzlich nach der vierklassigen Kategorientafel aus der Kritik der reinen Vernunft zergliedert und zurechtgeschnitten wird, ergeben sich vier Hauptstücke in »der Konstruktion der Begriffe, welche zur Möglichkeit der Materie überhaupt gehören«. Nämlich nach dem Gesichtspunkt der Quantität, Qualität, Relation und Modalität; hier aber ist der zweite Gesichtspunkt, der der dynamischen Qualitätsbestimmung, der wichtigste, während der dritte Gesichtspunkt, der der Relation, die entsprechenden »Analogien der Erfahrung« aus der Kritik der reinen Vernunft wiederholt – mit der freilich höchst angenehmen Bestimmtheit, daß für Substanz jederzeit Materie steht. Wichtig aber vor allem eben ist das zweite Hauptstück der *Metaphysischen Anfangsgründe*, die Dynamik betreffend, und zwar wegen der wahrhaft dialektischen Entschiedenheit, womit Attraktion und Repulsion, die aus der Kantischen Kosmogonie bereits bekannten Grundeigenschaften der beweglichen Materie, abgehandelt und einander entgegengesetzt werden. In der merkwürdigen vorkritischen Schrift »Versuch, den Begriff der negativen Größen in die Weltweisheit einzuführen« hatte Kant bereits Attraktion und Repulsion dialektisch, nämlich als beständig spannende

»Realentgegensetzung« (Werke II, S. 103) interpretiert, ja aus dem »conflictus der entgegengesetzten Realgründe« geradezu Dialektik der Natur prophezeit: »die negative und positive Wirksamkeit der Materien, vornehmlich bei der Elektrizität, verbergen allem Anschein nach wichtige Einsichten, und eine glücklichere Nachkommenschaft ... wird hoffentlich davon allgemeine Gesetze erkennen« (Werke II, S. 90 f.). Die Dynamik der *Metaphysischen Anfangsgründe* beschränkt sich, solcher Auswertung der Polarität gegenüber, auf Attraktion und Repulsion als auf die Grundkräfte des Zusammenhangs und der Undurchdringlichkeit. Dialektischer Anklang ist aber auch hier: »Es kann nur eine ursprüngliche Anziehung im Konflikt mit der ursprünglichen Zurückstoßung einen bestimmten Grad der Erfüllung des Raums, mithin Materie möglich machen«; werden Konflikt und Vereinigung nicht gesetzt, so zeigt sich, daß »der Raum allemal leer bleibe und keine Materie in demselben angetroffen werde« (Werke IV, S. 703). Kant nennt diese Bestimmung der Materie eben die dynamische, zum Unterschied von der mechanischen der Atomistik; denn letztere erklärt, wie Kant sagt, »die Kräfte aus der Materie, statt umgekehrt«. Die Lehre von der Attraktion und Repulsion als den beiden Grundkräften der Materie hat sich von Kant bis Fichte, Schelling, Hegel erhalten, und zwar jedesmal im Sinn erwünschter Polarität. Wie die moderne, der Dialektik entfallene Physik darüber urteilt, ist auf alle Fälle nicht unwichtig zu wissen; Hermann Weyl berichtet darüber soviel: »Gegenüber Kant ist zu bemerken, daß eine Zerlegung der einheitlichen Zentralkraft in zwei Teilkräfte nur dann nicht willkürlich wäre, wenn das Entfernungsgesetz der einen und der anderen je einen konstanten Parameter enthielte (›anziehende‹ und ›abstoßende‹ Masse), welche von Körper zu Körper unabhängig variieren; so scheiden sich elektrische und Schwerkraft voneinander, weil die Ladung durch die Masse nicht bestimmt ist. Da Kant aber nur von einer einzigen ›Massendichte‹ spricht, die als intensive Raumerfüllung durch das Gleichgewicht von abstoßender und anziehender Kraft determiniert sein soll, hängt seine Theorie in der Luft« (Weyl, Philos. der Mathematik und Naturwissenschaft, 1927, S. 128 Anm.). Die moderne Physik will immer noch, in ihrer mehr statischen, heißt hier jeden Konflikt abweisenden Denkweise, Dialektik nicht wahr haben, selbst wenn diese Mechanik Kant nicht überspringt. Wie wenig wiederum Kant selber diese Mechanismen überspringt, zeigt diesesfalls gerade das dritte Hauptstück der nämlichen *Metaphysischen Anfangsgründe*, die Betrachtung der Materie unter dem Gesichtspunkt der Relation; daraus ergibt sich der entschiedenste Kampf der Mechanik gegen jede Art von Belebung, von Hylozoismus. Nach Kant fließt hier aus dem Kausalitätsgesetz (»alle Veränderung der Materie hat eine äußere Ursache«) unweigerlich die Fortsetzung: »diese Ursache ... kann nicht innerlich sein, denn die Materie« (als bloßer Gegenstand äußerer Sinne) »hat keine schlechthin inneren Bestimmungen und Bestimmungsgründe« (Werke IV, S. 439). Das ist die Trägheit der Materie oder: »nichts anderes als ihre Leblosigkeit, als Materie an sich selbst. Leben heißt das Vermögen einer Substanz, sich aus einem inneren Prinzip zum Handeln, einer endlichen Substanz sich zur Veränderung und einer materiellen Substanz sich zur Bewegung oder Ruhe, als Veränderung ihres Zustandes, zu bestimmen. Nun kennen wir kein anderes inneres Prinzip einer Substanz, ihren Zustand zu verändern, als das Begehren, und überhaupt keine andere innere Tätigkeit als Denken, mit dem, was davon abhängt, Gefühl der Lust und Unlust und Begierde oder Willen. Diese Bestimmungsgründe aber und Handlungen gehören gar nicht zu den Vorstellungen äußerer Sinne und also auch nicht zu den Bestimmungen der Materie als Materie ... Auf dem Gesetz der Trägheit (neben dem der Beharrlichkeit der Substanz) beruht die Möglichkeit einer eigentlichen Naturwissenschaft ganz und gar. Das Gegenteil des ersteren, und daher auch der Tod aller Naturphilosophie, wäre der Hylozoismus« (Werke IV, S. 439 f.). So siegt Mechanismus der Äußerlichkeit durchaus, gemäß den Bedürfnissen des Kalküls und des beharrenden, überraschungsfreien Substrats, das er seit Galilei voraussetzt. Der Kalkül siegt gegen den energetischen Vitalismus und die Folgerungen, welche zwar nicht Leibniz, wohl aber Buffon und Robinet aus ihm gezogen haben; keineswegs ist das Organische bei Kant ein ursprünglicher Zustand der Materie, keineswegs verwandelt sich physische Kraft in psychische und umgekehrt. Vielmehr: wie die Lehre von der Attraktion und Repulsion, so deckt auch die Absage an den Hylozoismus sich mit – Holbachs *Système de la nature;* der mechanische Materialismus Kants ist in diesem Punkt vollkommen.

Freilich, wieso ist er, mit welchen Opfern ist sein Stoff so vollkommen? Um diese Frage zu beantworten, dazu muß der Blick von den Metaphysischen Anfangsgründen wieder zur *Kritik der reinen Vernunft* zurück, zur *Kritik der Urteilskraft* voraus, – als dem Schlußwerk gerade gegen den Mechanismus. Denn die Allmacht der Newtonschen Natur ist, wie bemerkt, vernunftkritisch isoliert; weder ist das Ding an sich der Materie uns erkennbar, noch ist der Materialismus in Totalität haltbar. Die Materie ist immer nur in der Relation zum äußeren Sinn gegeben, sie selbst in ihrer Erscheinung ist ein bloßer Inbegriff von Relationen, von Wirkungen, die sie ausübt, von Raumteilen, die sie erfüllt. Das Intelligible der Materie (als Korrelat der Erscheinungen des äußeren Sinns) ist noch verschlossener als der intelligible Charakter (das Korrelat der Erscheinungen des inneren Sinns). Beide sind nach Kant lediglich Denkbarkeiten (Noumena), keine Erfahrbarkeiten (Phänomena), doch eher noch liege der Welt intelligible Freiheit zugrunde als ausnahmsloser Mechanismus. Die Kritik der reinen Vernunft hat aber jeden Anspruch auf Totalität einer Weltanschauung dadurch ad absurdum zu führen gesucht, daß sie, in den »Antinomien der reinen Vernunft«, gänzlich entgegengesetzte Behauptungen rationaliter gleich gut beweist. Kant läßt durchblicken, daß in jenen Antinomien, welche Freiheit oder Mechanismus, Gott oder Nicht-Gott betreffen, die mechanistische These sehr wohl für die Erscheinungswelt, die idealistische für das Ding an sich gelten kann; es meldet sich der Primat der praktischen Vernunft. Ohnehin ist der mechanische Materialismus im Nachteil gegen die Glaubensinhalte, wenn Kant beiden gegenüber die gleiche agnostische Grundhaltung einnimmt. Denn sind die Aussagen über Sterblichkeit oder Unsterblichkeit der Seele, über das Dasein oder Nicht-Dasein Gottes auch gleichmäßig unbeweisbar, so nimmt diese agnostische Neutralität doch dem mechanischen Materialismus den Stachel, während der Glaube agnostisch gedeiht. »Die Metaphysik hat zum eigentlichen Zwecke ihrer Naturforschung nur drei Ideen: Gott, Freiheit und Unsterblichkeit..., sie bedarf sie nicht zum Behuf der Naturwissenschaft, sondern *um über die Natur hinauszukommen*« (Werke III, S. 271). Daher verschlägt es diesen Ideen wenig, wenn ihnen im Reich des mechanischen Materialismus nicht der mindeste Raum bleibt; denn dies Reich selber ist begrenzt oder Kosmos auf einer Insel. Zwar ist nach Kant auch die Materie insgesamt nur ein »regulatives Prinzip« gleich den »Ideen«, aber »da jede Bestimmung der Materie... ihre Ursache haben muß und daher immer noch abgeleitet ist, so schickt sich die Materie doch nicht zur Idee eines notwendigen Wesens;... so folgt: daß die Materie und überhaupt, was zur Welt gehörig ist, zu der Idee eines notwendigen Urwesens als eines bloßen Prinzips der größten empirischen Einheit nicht schicklich sei, sondern daß es außerhalb der Welt gesetzt werden müsse« (Werke III, S. 420 f.). So bleibt hier zwar Neutralität, aber die gegen den Glauben ist die wohlwollendere, und sie gibt – im agnostischen Dualismus der beiden regulativen Prinzipien – dem Als Ob des Glaubens den Vorzug. Nicht aus irgendwelchen kommoden Gründen (so einfach und unmittelbar war der Einfluß der deutschen Misere auf einen so scharfen und geheimnishaltigen Denker nicht); Kant schränkte das Wissen nicht ein, um dem preußischen Kultusminister Platz zu machen, der ihm die Vorlesungen über Religion verbot. Sondern wie immer die Misere und mehr noch die zutage getretene Unkraft des Kalküls zu Dualismen zwang: philosophisch wichtig bleibt die Art, gleichsam *der Rang des Auswegs*. Er hat neben den politischen und abstrakt-agnostischen Gründen auch sehr moralisch und final bestimmte, wenn Kant seinen allzu vollkommen statuierten Mechanismus verläßt. Gerade deshalb verläßt, weil die »Postulate der praktischen Vernunft«, die »regulativen Ideen der Urteilskraft« auf der Landkarte jener Wirklichkeit ausfielen, die Kant nach Maßgabe der mathematischen Naturwissenschaft in seiner ersten Kritik ausgemessen hatte. Die Beschränkung der objektiven Erkenntnis auf den reinen Kalkül, durch den als mathematisch-mechanischen die Anschauungen allein formulierbar sein sollten, zwang der Kantischen Philosophie Dualismus, ja Trialismus auf. Doch der Riß gab ebenso den erstaunlichsten Restbeständen Raum, ja die Obdachlosigkeiten Kants hängen – im Sollen und in den Dämmerungen des homo noumenon – über gewisse restaurierte Einwohnungen Hegels weit hinaus, trotz aller Abstraktheit, Unvermittelbarkeit und Inhaltslosigkeit. Der Mechanismus-Ring sprang, weil Kant weder die menschliche Freiheit (als Bedingung des moralischen Handelns) in ihm unterbrachte, noch die vérités de fait (den besonderen Inhalt der allgemeinen Naturgesetze), noch das Organische (die immanenten Naturzwecke). In letzterer Beziehung knüpft die Kritik der (teleologischen) Urteilskraft genau an die Grenzbestimmungen an, welche schon die »Theorie des Himmels« vor den Lebensphänomenen gezogen hatte. Leben und Freiheit bleiben für Kant freilich zunächst »... ein Schlagbaum für die forschende Vernunft, damit entweder Erdichtung ihre Stelle einnehme, oder sie auf dem Polster dunkler Qualitäten zur Ruhe gebracht werde« (Werke IV, S. 427). Wie es Kants Kosmogonie ablehnte, aus mechanisch bewegter Materie eine Raupe zu bauen, so erscheint es der *Kritik der Urteilskraft* ungereimt, »zu hoffen, daß noch dereinst ein Newton aufstehen könne, der auch nur die Erzeugung eines Grashalms nach Naturgesetzen, die keine Absicht geordnet hat, begreiflich machen werde« (Werke V, S. 413). Desto mehr aber erkennt Kant einen teleologischen Gesichtspunkt für die Natur an, wenn auch nur als »heuristisches Prinzip«, als Maxime der Betrachtung, mit causa finalis: »es soll dadurch nur eine Art der Kausalität der Natur, nach einer Analogie mit der unsrigen im technischen Gebrauche der Vernunft, bezeichnet werden, um die Regel, wonach gewissen Produkten der Natur nachgeforscht werden muß, vor Augen zu haben« (Werke V, S. 396). Wobei übrigens zwischen der zweckfeindlichen »Erklärungsart Epikurs«, auch Spinozas und der teleologischen des Hylozoismus wie Theismus in Ansehung ihres *objektiven* Erkenntniswerts wiederum kein Unterschied besteht. Alle Kritik der Urteilskraft betrifft lediglich Maximen: »Die erste Maxime derselben ist der Satz: alle Erzeugung materieller Dinge und ihrer Formen muß als nach bloß mechanischen Gesetzen möglich beurteilt werden. Die zweite Maxime ist der Gegensatz: Einige Produkte der materiellen Natur können nicht, als nach bloß mechanischen Gesetzen möglich, beurteilt werden (ihre Beurteilung erfordert ein ganz anderes Gesetz der Kausalität, nämlich das der Endursachen).« Beide Maximen des Möglichen oder Unmöglichen aber bleiben regulativ, die erstere wegen ihrer Totalität, die letztere wegen ihrer Schwärmerei und alle insgesamt, »weil wir von der Möglichkeit der Dinge nach bloß empirischen Gesetzen der Natur kein bestimmendes a priori haben können« (Werke V, S. 399). Und nicht nur die Organismen als immanente Naturzwecke, auch der erhabenste aller denkbaren Endzwecke selbst, der Mensch als Subjekt der Moralität fordert die Maxime teleologischer Betrachtung. Kants moralischer Rigorismus wird an folgender Stelle sogar allzu konträr, nämlich fast transzendent als antimechanischer Faktor eingesetzt: »Es wäre möglich, daß *Glückseligkeit* der vernünftigen Wesen in der Welt ein Zweck der Natur wäre, und alsdann wäre sie auch ihr letzter Zweck. Wenigstens kann man a priori nicht einsehen, warum die Natur nicht so eingerichtet sein sollte, *weil durch ihren Mechanismus diese Wirkung, wenigstens soviel wir einsehen, wohl möglich wäre.* Aber *Moralität* und eine ihr untergeordnete Kausalität nach Zwecken ist schlechterdings durch Naturursachen unmöglich; denn das Prinzip ihrer Bestimmungen zum Handeln ist übersinnlich, ist also das einzig Mögliche in der Ordnung der Zwecke, das in Ansehung der Natur schlechthin unbedingt ist, und ihr Subjekt dadurch zum Endzweck der Schöpfung, dem die ganze Natur untergeordnet ist, allein qualifiziert« (Werke V, S. 499). Der Verehrer des Lukrez, als den Kant in der Kosmogonie sich bezeichnet hatte, ist in der Kritik der Urteilskraft zwar soweit noch vorhanden, daß er Glückseligkeit hypothetisch als mechanische Folge zuläßt und nicht nur als Folge der Tugend, die uns des Glücks erst würdig macht. Doch letzthin entfernt Kant den materialistischen Hedonismus wie aus der Ethik, so auch aus den Veranstaltungen der Welt; weder fürs Leben noch für die Moralität als strengst gefaßte soll es eine generatio aequivoca aus der (strengst gefaßten) mechanischen Materie geben. Nur zuallerletzt gelangt Kants Dualismus zwischen Mechanik und Teleologie zu einer entlegenen Versöhnung; nicht im beschränkten, diskursiven Verstand des Menschen, sondern im unendlichen, intuitiven Verstand eines umfassenden Realgrunds, der mit den Formen zugleich die Inhalte sprengen, dessen »intellektuelle Anschauung« mithin dem Ding an sich korrespondieren würde. Es wäre ein Realgrund, der den Mechanismus im Dienst seines höchsten Vernunftzwecks: des Sittengesetzes besäße; ein (denkbarer) Gott, der zählt, indem er lenkt, lenkt, indem er zählt. Aber die Attraktion und Repulsion der Materie bliebe auch dann noch, für unseren Verstand, von den Zweckverbindungen abgeriegelt. Das wissenschaftlich Wahre (die mechanische Materie mit ihren Gesetzen) erscheint danach nicht zugleich als das Wertvolle (die Verwirklichung des Reichs der Freiheit); die dialektisch-objektive Brücke zwischen beiden fehlt. Indes bleibt Kant bei allen Veranstaltungsproblemen seines Freiheits- wie Zweckwesens, trotz einiges transzendent Anklingenden oder Nachklingenden, immanent. Die Materie faßt er zwar überwiegend als mechanische und so von Leben wie Geschichte wissenstheoretisch abgetrennte, doch Leben wie vor allem menschliche Geschichte selber sind dem großen Aufklärer immanente Vehikel fürs verändernde, ja durchschlagende Postulat einer Vervollkommnung der vorhandenen Welt. Die Kosmogonie zeigte, was die mechanische »Auswicklung der Natur« vermag; die Kritik der Urteilskraft, was die nicht-mechanische Auswicklung vermöchte, – wenn sie noch zur Materie und Natur gehörte.

NOCHMALS KANT:
MATERIE UND DING AN SICH

Weiter noch, was von außen sich aufdrängt und nicht gemacht werden kann, wird hier anders Stoff genannt. Gerade als nicht kategorial erzeugt, nämlich als *Ding an sich;* dieser Begriff durchzieht, in den verschiedensten Bedeutungen, Kants Werk. Mindestens drei Grundarten oder Grundfunktionen des Dings an sich sind bei Kant unterscheidbar; und die Materie im materiellen Sinn ist nicht darunter. Am meisten kommt ihr die *erste* Fassung des Dings an sich nahe: als des Stoffs der *Empfindung,* der das rezeptive Vermögen der Sinnlichkeit affiziert. Das Denken der Erzeugung, indem es durchaus bei den Sinnen anhebt, führt mit diesem seinem Anfang einen Fremdkörper mit sich; man hat ihn, auf Seite der Idealisten, stets lebhaft beklagt. Ganz anders aber stellt sich der *zweite* Sinn des Dings an sich dar, der der *Gegebenheit* oder »Materie« (des Begriffsinhalts) zum Unterschied von der logischen Form. Dieser Sinn ist desto verwirrender, als er sich unmittelbar in der Nähe des ersten, sensualistischen befindet und die »data zur möglichen Erfahrung«, welche die Sinne liefern, mit dem ganz und gar nicht sensualistischen Begriff des Form-Inhalts mischt. Auch diese Art Gegebenheit gehört zur transzendentalen Ästhetik: »In der Erscheinung nenne ich das, was der Empfindung korrespondiert, die *Materie* derselben, dasjenige aber, welches macht, daß das Mannigfaltige der Erscheinung in gewissen Verhältnissen geordnet werden kann, nenne ich die *Form* der Erscheinung« (Werke III, S. 56). Offensichtlich ist die solchergestalt der Form kontrastierende Materie von mindestens viel weiterem Umfang als die sinnlich affizierende und selber materielle. Gerade die ärgsten Idealisten belieben, was den Gegensatz zur Form und zum kritischen Formalismus angeht, hier am großzügigsten von »Materie« zu sprechen, etwa von »Materie des logischen, des juristischen Urteils«, gleich wie geistig oder körperlich diese beschaffen sei. Erst der Kantische transzendentale Idealismus (im Verein mit seinen Vorgängern Tetens und Lambert) hat die Unterscheidungen zwischen Stoff und Form des *Erkennens* getroffen, dergestalt getroffen, daß der Stoff oder das die Ordnungsformen anschaulich Erfüllende noch in den idealistischen Kreis fällt. Kannte auch Thomas bereits eine »materia enunciationis«, eine »materia syllogismi«, so regiert dort als eigentlicher Stoff die physische Materie, – in ganz anderer »Formbeziehung«. Kant dagegen setzt als Materie der Gegebenheit sämtliche Forminhalte, die idealen so gut wie die empirischen, ja sogar Begriffe als Inhalte eines Begriffs. Die Kritik der praktischen Vernunft setzt zwar auch eine »Materie des Begehrungsvermögens«; diese steht, ihrem bloß »empirischen Bestimmungsgrund des Willens« gemäß, dem äußerlich affizierenden Ding an sich wenigstens nicht fern. Dagegen die Prolegomena zeichnen sogar die allerbegrifflichsten Begriffsinhalte als Materie aus, nämlich »die Begriffe a priori, welche die Materie der

Metaphysik und ihr Bauzeug ausmachen« (Werke IV, S. 21). Solch vielseitiger Wortgebrauch lehrt, daß es nicht unbedingt die andrängende äußere Materie, das matter of fact der Äußerlichkeit war, welches als Inhaltsproblem bei Kant auftauchte und den Kalkül gesprengt hat. Große Teile des Gegebenheitscharakters am Ding an sich sprengen den Kalkül durchaus nicht so, nämlich wie Lukács meint, von dem gegebenen Inhalt, von der letzten Substanz der Erkenntnis her (vgl. Lukács, Geschichte und Klassenbewußtsein, 1923, S. 126 ff.). Selbst die rationelle Unauflösbarkeit des Begriffsinhalts bedeutet bei Kant nicht notwendig, daß hier reale Gegebenheit andringe und die Gleichsetzung von »Erzeugnis« und »Erfahrung« aufhebe. Sondern der Forminhalt selber gehört bei Kant – in wesentlichem Ausmaß – zur Form; ja er teilt sogar dem Ding an sich, der affizierenden Gegebenheit Momente idealer Gegebenheit oder logischer »Materie« mit. Der Fall ist lehrreich, weil Idealismus, durch das bloße Pathos seines (ganz unbestimmten oder unkonkreten) »Inhalts«, kurz durch eine Äquivokation des Begriffs »Materie« sich fast materialistisch mißverstehen kann (wie das in Lasks »Logik des Urteils« konsequent erscheint); das Wort Materie, selbst als Begriffs-material, ist aber noch nicht diese selbst. Zurück zu Kant, so hat gerade seine *physikalische Materie* mit dem Ding an sich kaum etwas gemein; weder mit dem des ersten und zweiten, noch mit dem eines letzten, dritten Sinns (wovon im nächsten Absatz). Zwar zeigt auch der Stoff des affizierenden Dings an sich gewisse – physisch-materielle – Bestimmtheiten, doch solche vorkantischer Art. Der Stoff der Empfindung gilt als blind, dunkel, verworren, ungeordnet, – so daß er erst durch die synthetischen Formen des Verstands verarbeitet wird. Dies Chaos erinnert auch ans Dunkel des vorrationalen Empfindungsstoffs in der Leibnizschen Gleichung: unterster Grad der verworrenen Vorstellung = Materialität. Doch gelten alle diese Anklänge nur für den Stoff der transzendentalen Ästhetik, nicht für die eigentliche, die physische Materie der kantischen Naturphilosophie. Deren Trägheit entspricht nicht der Dunkelheit, sondern dem Beharrungsgesetz a priori; deren Attraktion und Repulsion zählen nicht zum affizierenden Ding an sich der Sinnlichkeit, sondern folgen nach Kant gleichfalls aus Grundsätzen a priori, aus »Prinzipien der Möglichkeit von Materie überhaupt«. Ebenso entspricht die Teilbarkeit der physischen Materie keineswegs der Mannigfaltigkeit der sinnlich affizierenden, gar der Chaotik; bis es zur Bestimmung der Teilbarkeit (als »einer ins Unendliche möglichen spezifischen Verschiedenheit der Materien«) kam, haben bei Kant längst die Raumform a priori und die »Qualitätskategorien« der »Realität, Negation, Limitation« gewirkt. Kurz, die physikalische Materie Kants ist nirgends die sinnliche des affizierenden Dings an sich; »Undurchdringlichkeit durch Verstandesbegriffe« gilt für dies bei ihm höchst methodische Wesen nicht. Doch in der *Kritik der Urteilskraft*, vor allem in deren Lehre von der »Spezifikation der Natur«, sind zweifellos Ausnahmen vom idealistisch-allgemeinen Kalkül; die Spezifikation der besonderen Naturgesetze und vor allem ihrer Inhalte ist für die reine Vernunft zufällig, aus ihr unableitbar. Doch ist deshalb diese Spezifikation freilich noch nicht die »andrängende Materie«, noch nicht die Rache des Materialismus am Idealismus und Spiritualismus. Eher kehrt hier nochmals Leibniz wieder, oder die Lehre von den vérités de fait; diese Lehre aber (die Zufälligkeit der endlichen Dinge) kommt bei Leibniz nicht so sehr vom Materialismus her, sondern vom Voluntarismus – Gottes, von der choix de la sagesse, wie man sich erinnert. Zu Kant läßt sich trotz der Ausnahmen sagen: die Materie des mechanischen Materialismus ist bei ihm sowohl von der sinnlichen Mannigfaltigkeit wie von der Inhaltlichkeit verschieden, sowohl vom Ding an sich des ersten wie des zweiten Sinns.

Bleibt also jener Stoff, der weder erfunden noch erkannt, sondern nur als unsichtbar gedacht werden kann. Das Ding an sich dieses *dritten* Sinns ist der *Grenzbegriff* der Erfahrung, besonders aber könnten »Substanzen existieren und dennoch gar keine äußerlichen Relationen gegen andere haben, oder in einer wirklichen Verbindung mit ihnen stehen. Weil nun ohne äußerliche Verknüpfungen, Lagen und Relationen kein Ort stattfindet, so ist es wohl möglich, daß ein Ding wirklich existiere, aber doch nirgends in der ganzen Welt vorhanden sei« (Werke I, S. 20). Dieser Satz (er fließt aus der Leibnizschen Lehre von der Kraft als dem prius der Ausdehnung) wird vom frühen Kant bereits zu denen gerechnet, die »wunderbar sind und den Verstand sozusagen wider Willen einnehmen«; auch wird mit Bedeutung hinzugefügt, er sei noch von niemandem angemerkt worden. Die Bedeutung kam in allen späteren Ding-an-sich-Immaterialismen nach Hause, zum Teil vor allem bei Neukantianern bedenklich nach Hause, dergestalt daß, was immer sich den Kategorien des mechanischen Kalküls entzog, dadurch bereits in die Nähe eines Dings an sich geriet, für das nur Agnostizismus, wo nicht gar Irrationalismus zuständig waren. Jenes *Totum*, das auch das Anliegen der Kritik der Urteilskraft, gar der praktischen Vernunft umfaßt, ja fundiert, mehr als dies die bloße transzendentale Synthesis vermag. Kant verwendet freilich nie den Ausdruck Materie für dieses nicht erst transzendental synthetisierte, sondern real umfassende Einheits-, Totum-Substrat; doch hier, außerhalb aller apriorisch-idealistischen Formung, wäre ganz besonders Asyl für Materie als ein nicht methodisches Wesen. Die Kritik der Urteilskraft pointiert die Ausnahmen von der Totalität der reinen theoretischen Vernunft, die Kritik der reinen Vernunft freilich, in ihrer transzendentalen Dialektik, behandelt die Ausnahme, welche die als vollendet gedachte Totalität aller Gegenstände der Erkenntnis selbst darstellt; im letzteren Fall wird das Objekt der »Ideen des Unbedingten« zum Ding an sich. Materie aber im materiellen Sinn führen bei Kant höchstens die Ausnahmen der Kritik der Urteilskraft, und auch diese Materie ist da doch mehr eine der chaotischen Mannigfaltigkeit (Zufälligkeit) als eine des zugrunde liegenden totalen Substrats, seines sich ausgebärenden, spezifizierenden, gar unabgeschlossenen Reichtums. Die Vernunftideen andrerseits, Gott, Freiheit, Unsterblichkeit, diese Kontroversen der transzendentalen Dialektik, führen leider erst recht keine Materie; sie alle drei sind der Moral, nicht der Physik zugehörig. Das Ding an sich soll für uns Menschen schlechthin unerkennbar sein und auch als Totum nur Agnostizismus erlauben. Dafür aber – nun nicht nur aufs Totum, sondern aufs *Zentrum* bezogen – erlangt an dieser Stelle, wie doppelte Buchführung (Mechanismus – Postulat der Freiheit), so selbst Kants Agnostizismus noch einen bedeutend überhängenden Sinn, denn er enthält nichts Geringeres als Elemente von einem *Sich-nicht-Kennen der zentralen Sache selbst* (zum Unterschied von fertigen Höllen- oder Himmelsweisheiten). Was die zentrale Sache in uns selbst, bereits als »Denkungsart« angeht, so bemerkt Kant: »Die letztere kennen wir ... nicht, sondern bezeichnen sie durch Erscheinungen, welche eigentlich nur die Sinnesart (empirischen Charakter) unmittelbar zu erkennen geben. Die eigentliche Moralität der Handlungen (Verdienst und Schuld) bleibt uns daher, selbst die unseres eigenen Verhaltens, gänzlich verborgen. Unsere Zurechnungen können nur auf den empirischen Charakter bezogen werden« (Werke III, S. 381). Das ist ein Satz des wahrhaften Überschusses aus einem Irrtum, dem Agnostizismus; die Wahrheit kann sich dies reale Selbstproblem oder Selbstsymbol des Kerns wohl gefallen lassen. Und das gilt nicht nur für unseren Kern, sondern für den Kern aller Dinge in der Welt, den noch nicht erschienenen: »Das Ding an sich ... ist, was in der nächsten Ferne, im actualiter Blauen der Objekte treibt und träumt; es ist dieses, was noch nicht ist« (Geist der Utopie, 1964, S. 201). Derart geht das Ding-an-sich-Problem Kants letzthin sogar in die noch weiter gärende Potenz wie die sich weiter aufschlagende Potentialität der Materie implicite, ob auch nicht explicite ein.

MATERIE ALS NICHT-ICH UND IM AUFSTIEG SCHWERE-LICHT-LEBEN
(Fichte, Schelling)

Nun aber beginnt der Stoff immer aufreizender zu werden. Und zwar buchstäblich der äußere, der der Empfindung, des Nicht-Ich überhaupt. Der neue Weg begann verblüffenderweise als einer nach innen, das deutsche Denken überspann die Welt mit Inwendigkeit und desto entschiedener, je weniger es die Welt wirklich auf den »Kopf« stellen konnte. Seltsam verband sich das ausgegebene Nicht-Ich mit der vielen anderen Gegebenheit weit heteronomerer Art, nämlich mit der feudalen Zwangsjacke. Das nicht so bei Grimm, gar bei einem Fichte, der den Anstoß von 1789 kaum je vergessen hat, besonders nicht in seiner Jugend. Wohl aber bei jener Romantik, die rebellisches

Verhalten dämpfte oder umleitete zu einem bloß ironischen. Man denke hier an die Schlegelsche Art von Ironie, worin sich das Subjekt ebenfalls kritisch zum Objekt verhalten wollte, doch eben nie über geistreiches Spiel mit ihm hinauskam. Vor allem, weit schwereres philosophisches Geschütz angehend, gewann im Zeitalter der Restauration das Erzeugen des früheren Kalküls nur einen quasi-revolutionären Zuschuß, einen vernunfthaft-konstruierenden, der alles Gewordene tunlichst rechtfertigen wollte. Dergleichen wurde freilich bedeutend unterstützt durch eine nicht nur formale, sondern inhaltlich phantasievolle Steigerung des Kantischen Erzeugungsbegriffs, wobei Schellings aufrichtiger Jugendgedanke, wie Marx sagt, geradezu in ein Nachschaffen der Natur, genetisch erleuchtend, sich vorwagte; dergestalt eben daß Bewußtsein nicht nur seine Formen, sondern auch seine Inhalte hervorbringen könne. Wobei bald auch der Stein des Anstoßes, den diese Inhalte nicht in Natur-, wohl aber in gegenwärtigen Staatssachen reaktionär darboten, beseitigt zu sein schien, kraft des höheren Friedens, wie Hegel sagte, den die Vernunft schafft, sc. die genetisch mitgehende, konkret hineinsehende, einsehende. Und zwar bewirkte die neue Art der Erzeugung oder »Genesis« genau das Umgekehrte des französischen Materialismus. Sie bewirkte als transzendental-*apriorische* (das heißt als erkenntnistheoretisch radikal-idealistische), daß die gegebene sinnliche Materie völlig aus dem Subjekt heraus konstruiert wurde. Sie ließ als transzendental-*historische* (das heißt als eine, die Geschichte statt Mathematik zum Organon der Erzeugung macht) zu, daß auch die Gegebenheiten des wirklichen bürgerlichen Nicht-Ichs, nämlich des Feudalismus und seiner Ideologie – als Produkte der Vernunft erscheinen. Letzteres noch nicht so bei Fichte oder dem Vorrang des Sollens über das Sein, wohl aber – mit Maßen gesagt – bei Hegel oder der »Versöhnung« der Vernunft mit der Wirklichkeit (kraft der genetischen Konstruktion des Logos der Wirklichkeit und der Wirklichkeit des Logos). Derart geht das sensuell materialistische Ding an sich, kaum daß es sich gemeldet hatte, im stärksten Idealismus wieder unter. Derart aber kam auch – als frappantester Überschuß der restaurativ-reaktionären Ideologie und ihres »historischen

Sinns« – eine konkretionsgesättigte Welt ohnegleichen, eine Eroberung und Durchdringung des gewordenen Nicht-Ich durch die Logik des Werdens. Geschah diese Logik auch lediglich in der Kontemplation und hypostasierte sie sich, begriffsmythologisch, anstelle des wirklichen Geschehens und seiner Antriebe: so geriet auf diesem Umweg doch die dialektisch-historische Methode; so eröffnete die Restauration doch das historische Reich (statt des naturwissenschaftlich-statischen) und das Reich des Prozesses. Weiter eröffnete sich – unter nicht nur restaurativem, sondern rousseauhaftem Rückgriff wie unter Wiedererinnerung vormechanistisch reicherer, qualitativer Naturbilder – die »Natur« als das Ausweglein aus bloßen quantitativen Kalkülkategorien; sie gedieh, im Blick Schellings, der romantischen Naturphilosophie zur wildgespannten Kriegs- und Nebelfahrt auf dem Weg zum Licht, bis zum Augenaufschlag des menschlichen Bewußtseins. Auch Spinoza, obwohl unqualitativ, erfuhr seine Renaissance, diesfalls contra Kants, besonders Fichtes reinen Bewußtseinsstand, eben als der Gegenschlag extremer Objektseite gegen die Subjektivität; die Welt der reinen historischen Vernunft erschien bei Hegel ebenso voll vom »Äther der reinen Substanz«. Aber in dieser Versöhnung blieb nicht mehr der unqualitative Spinoza, sondern, wie schon bemerkt, ein durch Bruno verstandener, ein Spinoza des Faustmonologs oder der organischen Totalität. Descartes, mit den Augen der Manufakturperiode, hat Tiere als Maschinen bezeichnet; Schelling, mit den Augen der romantischen Antimechanik, deduzierte selbst Steine als Derivat eines ursprünglichen Lebensprozesses. Statt der Natur Gesetze vorzuschreiben, will unser Geist viel mehr schaffen wie diese, sie selber schaffen. In Kants Werk, in der Kritik der Urteilskraft, war bereits einer anderen Natur ästhetisch-teleologisch Platz gemacht; es erschien, durch Kunst vermittelt, ein völlig unmathematischer »Genius« der Natur. So wurde die Kritik der Urteilskraft – all der vorsichtigen, regulativen Bestimmungen entledigt – zum Umschlag der Newtonwelt in die romantisch-organische, der mechanischen Starre in einen Puls der Lebendigkeit überall. Was aber geschah, bei soviel Lebensgeist, auch soviel Anschluß an Brunos Renaissancepracht, gar an tiefschlagende Ahnungen des Paracelsus und Böhme, mit der Materie? Wir sahen, als sinnliche wurde sie rein aus dem Subjekt heraus konstruiert, das heißt zur quantité négligeable (im buchstäblichen Sinn) des Bewußtseins gemacht. Aber als qualité très remarquable kehrte sie in den mannigfachen Ausweitungen wieder, die Schelling dem Fichteschen Nicht-Ich angedeihen ließ, und in den Schicksalen der Hegelschen Subjekt-Substanz. Es war also insoweit und letzthin, trotz vieler reaktionärer Anlässe und Eierschalen, doch ein Stück Wiedergewinnung alter materieller Potenzen und Immanenzen – aus dem Raum auf die Zeit, aus der Starre auf den Prozeß gebracht. Nicht nur die materialistische Dialektik, auch der dialektische Materialismus hat in der deutschen spekulativen Philosophie, streckenweise, ein Stück Hülle. In der Naturphilosophie ist die Hülle sogar weniger idealistisch als in der Lehre von den Volksgeistern oder in der Religionsdialektik; Engels hat in seinem Versuch einer materialistischen Naturdialektik besonders kühn darauf hingewiesen. Der qualitative Fortgang ursprünglich quantitativer Bestimmungen ist das Brauchbare; darin steckt das Plus der romantischen Materie gegenüber jener der Ausdehnung, der Undurchdringlichkeit, und vor allem der gleichbleibenden Homogeneität. So phantastisch auch das Einzelne (Stickstoff, Sauerstoff, Nordpol, Südpol, Schwere, Licht, Geschlechtsverhältnis) in lauter poetischen Analogien hin und her geworfen ist.

Das schrumpfte freilich zunächst, als das Ich auf gar nichts außer ihm selber setzte. *Fichte* sagte und schrieb einst, das Ich, von dem er spreche, gebe es gar nicht, sondern er wünsche, daß der Leser es werde. Hinzugefügt werden muß, daß man dies Subjekt nur als Handeln denke, mit politischem Hintergrund dieses Denkens als einer Denkfreiheit, als Zurückforderung ihrer und Bestimmung des Menschen. Nicht ohne anfänglichen Wegblick vom Draußen, sofern und soweit es dem davon umgebenen Ich lästig und unvermittelt erschien. Fichte setzte hierbei die Empfindung als untersten Akt des bewußtlosen Erzeugens, als Akt, wo das Ich schlechthin nur findet, aber noch nichts in und außer sich findet, »emp-findet«. Auch nachdem das geschah, ist zwischen dem Innern und dem Äußern der Empfindung, der eigentlichen sinnlichen Wahrnehmung ein Riß. Daß und wozu das Ich der Empfindung, sich selbst beschränkend, aus sich herausgeht, kann aus der erzeugenden Tätigkeit des Ich abgeleitet werden, nicht aber, wie und mit welch besonderem Inhalt. Auffallenderweise geht bei Fichte dieses Unerzeugbare besonderer Inhalte so weit, daß die einzelnen Inhalte der sinnlichen Materie (worauf Lask und nach ihm Habermas richtig hingewiesen haben) undeduzierbar bleiben, was fast empirisch klingt. Sonst aber setzt das Ich durchaus empirisch das Nicht-Ich; dieses Sich-Selbst-Setzen, das sich als seiend Setzen des Ich, um dadurch zum Bewußtsein seiner selbst zu gelangen, ist dessen durchgängige »Tathandlung«; diese Einheit von Subjekt und Objekt liegt allem weiteren von vornherein zugrunde. Doch was daraus hervorgeht, das eigentlich materielle Objekt-Sein ist lediglich ein Brett, das das Ich sich vor den Kopf nagelt, damit es auf sich wieder zurückpralle. Das Tun ist also bei Fichte nicht Eigenschaft und Folge des Seins, sondern das Sein Akzidens und Wirkung des Tuns. Im Näheren zwar macht sich Fichte recht physikalisch, das heißt, er nimmt Kants dynamische Bestimmung der Materie ins Subjekt selber herein. Er setzt zwei Arten Tätigkeit des welterzeugenden Ichs: eine expansive (schrankenlose) und eine kontrahierende (Schranken, Nicht-Ich setzende); einigermaßen kehrt hier die Repulsion und Attraktion der Kantischen Mechanik wieder. Dem Stoff selbst bleibt Anziehung freilich auch. Fichtes letzte transzendentallogische Vorlesungen drücken das so aus: »Wodurch ... wird denn dieser leere, durchsichtige und nach Belieben zu begrenzende Raum in der Synthesis mit der Qualität zu einer zusammenhängenden, widerstehenden, wirklich versuchten Teilung, kurz zu dem, was wir Materie nennen? Es ist durch die Mannigfaltigkeit verbreitet ein absolutes Gesetz der Einheit, des Zusammenhaltens derselben, als Kraft. Anziehung nennt man dies: also die Anziehung des Mannigfaltigen, wodurch die Materie Materie ist, ist das Bild der schlechthin im faktischen Wissen gegebenen Kraft der Einheit überhaupt, des Mannigfaltigen überhaupt« (Werke, Meiner, IV, S. 372). Ein sublimer Gedanke, Materie mittels ihrer »allgemeinen Anziehung« gleichsam als objektive Synthesis des Mannigfaltigen zu setzen; eine erneute Verbindung gleichsam von Kant (transzendentale Synthesis) mit Newton (Gravitation). Wobei Fichte hochidealistisch die Natur nach kurzer, auch widerwilliger Berührung überall verläßt, um zum Ich zurückzukehren, aber zur Reprise des Ich als eines am Stoff sittlich handelnden. Womit fast zum ersten Mal deutlich der Arbeitsvorgang auch philosophisch reflektiert wird, das Naturobjekt als Rohstoff erscheint und so gerade in die Menschwerdung durch Arbeit einbeziehbar. Das Ich setzt lediglich äußere Gegenstände, um den Widerstand zu haben, der die Arbeit sauer und sittlich macht. Der Anstoß des Dings an sich wird derart am Ende moralisch deduziert: »die Materie ist das versinnlichte Material der Pflicht«. Ist nichts als dieses Holz, zu nichts anderem nütze, als möglichst tugendhaft verschreinert zu werden. Jede Erinnerung an Materie als mater ist gestrichen, an seine Stelle trat die griechische Hylē im wörtlichsten Sinn, als Holz, zum Rohstoff erweitert. So sollen wir verändern, das aber auch vergewaltigend, naturfremd, mit bloßem Rohstoff zur Arbeit um uns, den es untertan und ichgemäß zu machen gilt.

Wie anders aber wirkt ein Empfinden nun ein, das ganz einfühlend sich ins Draußen wandte. Und nicht nur einfühlend, sondern so kräftig wie lebendig mitmachend, um in einem derart sich einschwingenden Denken so untrocken zu bleiben wie der Fluß der Dinge selber. Der frühe *Schelling* gab dazu das zustimmende Zeichen, und ein angeblicher Rohstoff, selber in sich schaffend, schien sich dadurch zu einem eigenen Leben zu weiten. Der junge Freund Goethes, poetisch-farbiger Bilder voll, sah statt des geschnittenen Holzes, fremden Nicht-Ichs Blumen, Bäume, Wälder, Schaffenstrieb überall, unserer eigenen Kraft verwandt. So setzte er die Natur, wo sie erstarrt, auch völlig quantifiziert schien, in ihren krafthaften, schöpferischen, ja vorkörperlichen Fluß. Das Ich, wenn es zum Nicht-Ich griff, brauchte nicht erst auf sich zu reflektieren, es lebte intuitiv wie und auch als das Hervorbringende der Natur selbst. Die ersten Schriften Schellings (bis 1801) befassen sich ausschließlich mit diesem Mitwissen des erzeugenden, gärend tätigen Wegs, der zur Materie führt und zugleich deren Weg ist. Schelling will die Materie aus den Kräften dieser Urtätigkeit, den anziehenden und abstoßenden, nochmals entstehen lassen, gleichsam vor den Augen des Lesers, doch ebenso im Objekt selber; er glaubt also, die Materie »einleuchtend zu machen«. Das ist ihm die anders *transzendentale* Begründung der Materie und eben deshalb, von vornherein, die dynamisch-lebendige, eben eine, welche die Natur als sich produzierend begreift. Nichts anderes ist der Sinn des hochfahrend ausgedrückten Satzes: »Über die Natur philosophieren heißt die Natur schaffen, ... denn philosophieren läßt sich über keinen Gegenstand, der nicht in Tätigkeit zu versetzen ist. Philosophieren über die Natur heißt, sie aus dem toten Mechanismus, worin sie befangen scheint, herauszuheben, sie mit Freiheit gleichsam zu beleben und in eigene freie Entwicklung versetzen« (Werke III, 1856 – 61, S. 13). Nicht eigentlich das Denken, sondern die Spontaneität im Denken bleibt derart das Prius der Natur oder die im Naturobjekt zugleich wirksame Produktion des Objekts. Die transzendentale Tätigkeit, wodurch das Subjekt zum Objekt kommt, ist zugleich die Naturtätigkeit oder ursprüngliche Produktivität der Natur, wodurch diese ihre Objekte (Produkte) heraussetzt. Man hat hier also gleichsam eine Umkehrung wie Ergänzung der Kantischen transzendentalen Methode; die Erkenntniskritik Kants fragt: Wie kommt das Subjekt zum Objekt?, Schelling fragt dazu weiter: Wie kommt das Objekt zum Subjekt?, also entwicklungsgeschichtlich voran zum Menschen, und diese Umkehrung der zuerst erkenntnistheoretischen Frage macht dann den Topos der Schellingschen Naturphilosophie, – von Schwere zu Licht zu Leben, schließlich Bewußtsein. Folgerichtig führt die transzendental-dynamische Begründung auch hier zu einer dynamischen Theorie der Materie; wie Fichte macht auch Schelling Kants Lehre von der Attraktion und Repulsion sich zu eigen, begrüßt sie als Morgenröte der wahren Naturwissenschaft. Abstoßung und Anziehung sind Grundkräfte der Anschauung wie der Natur; die Abstoßung erzeugt den Raum, indem sie sich von einem Punkt nach allen Richtungen ausbreitet; die Anziehung erzeugt den Punkt, der nur in einer einzigen Richtung fortfließt, die Zeit. »Die Abstoßung oder Expansivkraft der Natur ist die Tendenz zur Entwicklung mit unendlicher Geschwindigkeit; dadurch aber entstünde nur absolutes Außereinander. Die Anziehung oder Attraktivität ist demgegenüber zugleich die retardierende; wäre sie aber unbeschränkt, so entstünde nur absolutes Ineinander oder der Punkt. Die Natur kann keines von beiden sein; sie ist ein Außereinander in dem Ineinander und ein Ineinander im Außereinander – vorerst also ein in der Evolution nur Begriffenes – zwischen absoluter Evolution und Involution Schwebendes« (Werke III, S. 262); kurz: keine von beiden Kräften würde für sich die bestehende materielle Dichte bilden. Erst beide zusammen erzeugen eine raum- und zeiterfüllende Kraftwirkung; erst die Synthesis beider schafft Materie. So hat auch Schelling die Grundkräfte aus Fichtes Wissenschaftslehre mit den materiellen Grundkräften aus Kants metaphysischen Anfangsgründen der Naturwissenschaft in mehr als kühnem Bogen verbunden. Die Atomistik lehnt Schelling ab, sie ist ihm »eine träge Art zu philosophieren« oder eine Konsequenz jener empirischen Betrachtungsweise, welche – anders als die transzendentale – die Natur nur als Gegebenes betrachtet. Das Atom ist nach Schelling schon deshalb kein Baustein der Materie, weil es ja selber – Materie ist; lediglich reine Intensitäten, Dualismen, Polaritäten gelten als Elemente der Natur. Diese Dualismen sind eben wieder Attraktion und Repulsion, in unaufhörlichem Wechselschlag: »Zurückstoßungskraft ohne Anziehungskraft ist formlos, Anziehungskraft ohne Zurückstoßungskraft objektlos. Jene repräsentiert die ursprüngliche, bewußtlose, geistige Selbsttätigkeit, die ihrer Natur nach unbeschränkt ist, diese die bewußte, bestimmte Tätigkeit, die allein erst Form, Schranke und Umriß gibt ... Daß überhaupt eine Materie etwas Reales ist, werden wir der Repulsivkraft zuschreiben; daß aber dieses Reale unter diesen bestimmten Schranken, dieser bestimmten Form erscheint, muß nach Gesetzen der Anziehung erklärt werden« (Werke II, S. 234 ff.). Sehr merkwürdig erscheint in dieser Konstruktion der Materie Repulsivkraft als Quell des materiell Realen schlechthin; man wird sehen, daß Schelling, in seiner weniger transzendentalen Epoche, die bloße »Abstoßung« bis zum zentrifugalen »Abfall« (der Ideen von Gott) erweitert. Beim frühen Schelling jedenfalls ist alles Dasein noch transzendental-geistig beruhigt: Materie ist »nichts anderes als der Geist im *Gleichgewicht* seiner Tätigkeit erblickt«. Und Schelling fügt mit ausdrücklicher Berufung auf Leibniz hinzu:

»Es braucht nicht weitläufig gezeigt zu werden, wie durch diese Aufhebung ... alles realen Gegensatzes zwischen Geist und Materie, indem diese selbst nur der erloschene Geist oder umgekehrt jener die Materie, nur im Werden erblickt, ist, einer Menge verwirrender Untersuchungen über das Verhältnis beider ein Ziel gesetzt wird« (Werke III, S. 453). Wie überall bei Schelling bricht aus der transzendentalen Begründung oder »Deduktion« der Materie bereits ihre *metaphysische* Theorie hervor, das heißt das Selbständigwerden des Objekts von der Kant-Fichteschen Subjektbeziehung. Man sah schon, die transzendentale Frage hatte gelautet: wie kommt das Subjekt zum Objekt, der Geist zur Natur? – die metaphysisch-naturphilosophische lautet umgekehrt: wie kommt das Objekt zum Subjekt, die Natur zum Geist? An die Stelle der transzendentalen tritt derart die organisch-historische Konstruktion; so wird die dynamische Theorie der Materie (besonders in den Schriften von 1803–1807) durch eine übermechanische, qualitative *Potenzierungslehre* der Materie ergänzt. Früh schon hatte Schelling bestimmt: »Es muß gezeigt werden, wie die Produktivität allmählich sich materialisiert und in immer fixierere Produkte sich verwandelt, welches dann eine systematische *Stufenfolge* in der Natur geben würde ...« (Erster Entwurf usw., 1799, Werke III, S. 302). Solche Stufen faßt nun die ausgeführtere Naturphilosophie Schellings zu *Potenzen* zusammen; der Geist, der in der Natur sich depotenzierte, kehrt mittels ihrer zu sich zurück. Erste Potenz ist die Schwere, sie bindet und vereinigt die beiden Kräfte der Anziehung und Abstoßung; zweite Potenz ist das Licht, es löst jenes Band wieder auf und macht den undurchdringlichen Raum der schweren Materie wieder durchdringlich. Dritte Potenz (über die Stufen Magnetismus, Elektrizität, Chemismus hinweg) ist das Leben (mit den Stufen Reproduktion, Irritabilität, Sensibilität); sein Dasein ist ständige Störung des Gleichgewichts, Metamorphose. Die Schwere ist das verkörpernde, das Licht das beziehende Prinzip derselben materiellen Natur, oder: »Das Dunkel der Schwere und der Glanz des Lichtwesens bringen erst zusammen den schönen Schein des Lebens hervor«, oder: »Die Schwere wirkt auf den Keim der Dinge ein, das Lichtwesen aber strebt die Knospe zu entfalten, um sich anzuschauen«, oder: »Das dunkle Band der Schwere ist in den Verzweigungen des Pflanzenreichs gelöst und dem Licht angeschlossen, die Knospe des Lichtwesens bricht in dem Tierreich auf« (Werke II, Von der Weltseele, S. 369 ff.). In der Lebenspotenz oder Metamorphose »spielt das Licht gleichsam mit der Schwerkraft«, das alles aber bleibt in der Materie, in ihrer weit über den Mechanismus hinaus phantasierten Natur beschlossen: »Wie die körperlichen Dinge der Leib der Materie sind, so ist die ihr eingebildete Seele das Licht« (Werke V, S. 330). Eigentümlich ist in dieser ersten Entwicklungsgeschichte der Natur nicht nur das bodenlose Analogie- und Parallelenspiel der Einzelheiten (worüber Spott genug vergossen scheint), nicht nur die anders bedenkliche Teleologie, sondern *der Primat der organischen Materie im Verhältnis zur anorganischen*. Dergestalt daß statt allem *mechanischen* Materialismus gleichsam ein *organischer* herauskommt, samt der Sensibilität als erstem Anzeichen von Seele = Bewußtsein. In der Lebenspriorität der Schellingschen Naturphilosophie wirkt so auch ein letzter Versuch bürgerlicher Philosophie zu mechanisch-vitaler Symbiose, Teile, welche bei Kant auseinandergefallen waren, nochmals, im Stadium immer höherer Sensibilität zusammenfassend. Von daher (an die Kritik der Urteilskraft anschließend) das Pathos der Kunst als eines ebenso sinnkräftigen wie teleologischen Erkenntnisprinzips; von daher die Erhebung der Kunst zum Organon der Philosophie: »Die Kunst ist eben deswegen dem Philosophen das Höchste, weil sie ihm das Allerheiligste gleichsam öffnet, wo in *ewiger und ursprünglicher Vereinigung* gleichsam in Einer Flamme brennt, was *in der Natur und Geschichte* gesondert ist, und was im Leben und Handeln, ebenso wie im Denken, ewig sich fliehen muß« (Werke III, S. 628). Von daher, aus dem letzten Willen zur *Einheit* der Erzeugung, auch die beständige Angleichung der »Natur« an ihren Produktions- und Bildreflex in der »Poesie« und die oft nur poetisch verstehbare Phantastik in romantischer Naturphilosophie. Eine »organisierende oder allgemeine Natur«, auch Weltseele genannt, liegt hier der Poiesis Natur insgesamt zugrunde, vermittelt zwischen einer organischen und anorganischen Reihe, fluktuiert zwischen organischer und anorganischer Natur.

Das Leben jedenfalls ist das Prinzip, das Tote ist abgeleitet: »Die unorganische Natur als solche existiert nicht« (Werke IV, S. 206); freilich sind schon »in der ersten Materie als dem primum existens (der ersten quantitativen Differenz des Seins), wenn nicht der Wirklichkeit, *doch der Möglichkeit nach alle Potenzen enthalten*« (l. c., S. 150). Weiter: »Der Organismus entfaltet die Materie nicht nach ihren Accidenzen, sondern der Substanz nach«; schließlich (die Erde selbst als »fernes, tiefverschlossenes Feuer« bestimmend, das sich teils mineralisierte, teils aber im Organismus nach oben flammt): »Wie die Pflanze in der Blüte sich schließt, so die ganze Erde im Gehirn des Menschen, welches die höchste Blüte der ganzen organischen Metamorphose ist« (l. c., S. 207, 210). All dies stellt eine der verblüffendsten Umkehrungen in der gewohnten Ordnung des anorganischen Sockels, der organischen Statue dar; vielmehr: der Basis selber wird ein Organisierendes vorgelegt, ins Innere gelegt, gleichsam eingemauert, das nun, in Pflanzen, Tieren, Menschen, wieder hervorbricht und das Anorganische unter sich sieht, schließlich, wie auch Hegel später sagt, als »Riesenleichnam«, als »scheidenden Koloß zu unseren Füßen«. Aristoteles hatte die Pflanzen und Tiere als nicht gelungene Menschen bezeichnet, Schelling wendete diese Bestimmung auf die anorganisch vorliegende (ausgeglühte) Materie selber an. Wie buchstäblich Schelling dieses Prius oder organisch Innere meint, zeigt noch folgender Lehrsatz: »Die Organisation jedes Weltkörpers (z. B. der Erde) ist das *herausgekehrte Innere dieses Weltkörpers selbst* und durch innere Verwandlung (z. B. der Erde) gebildet« (l. c., S. 207). Und damit über das organisierende Prius (also nicht nur den Primat des Organischen) kein Zweifel sei, fährt die Erläuterung fort: »Die jetzt vor uns liegende anorganische Materie ist freilich nicht die, woraus Tiere und Pflanzen geworden sind, denn sie ist vielmehr dasjenige von der Erde, was nicht Tier und Pflanzen werden oder sich bis zu dem Punkt verwandeln konnte, wo es organisch wurde, also das Residuum der organischen Metamorphose; wie Steffens sich vorstellt, das nach außen gekehrte Knochengerüste der ganzen organischen Welt.« Ja, das Gleichnis vom Friedhof (statt der Basis) wirkt auf Schelling so stark, daß auch die kreißenden Gräber nicht fehlen; wo aber das Tote selbst aufersteht, nicht nur die Toten. In diesem Allgemeinsten »bedenke man, daß wir die gewöhnlichen und bisher herrschenden Vorstellungen von der Materie gar nicht einräumen, indem man aus dem bisherigen ersehen muß, daß wir eine innere Identität aller Dinge und eine potentiale Gegenwart von allem in allem behaupten und also selbst die sogenannte tote Materie nur als *eine schlafende Tier- und Pflanzenwelt* betrachten, welche, durch das Sein der absoluten Identität belebt, in irgendeiner Periode, *deren Ablauf noch keine Erfahrung erlebt hat, auferstehen könnte*« (l. c., S. 208). Hier aber verwendet Schelling nicht Kunst schlechthin, sondern christliche Kunst als Organ der Philosophie; eine Naturschrift-Allegorik, eine Hieroglyphendeutung der Natur selber, im Sinn des Barock, lag bei Schelling ohnehin vor: »Die Natur ist für uns ein uralter Autor, der in Hieroglyphen geschrieben hat, dessen Blätter kolossal sind, wie *der Künstler* bei Goethe sagt. Eben derjenige, der die Natur bloß auf dem empirischen Weg erforschen will, bedarf gleichsam am meisten Sprachkenntnis von ihr, um die für ihn ausgestorbene Rede zu verstehen. Im höheren Sinn der Philologie ist dasselbe wahr. Die Erde ist ein Buch, das aus Bruchstücken und Rhapsodien sehr verschiedener Zeit zusammengesetzt ist. Jedes Mineral ist ein wahres philologisches Problem« (Werke V, Über die Methode des akademischen Studiums, S. 246 f.). Und was gar die letzte Lösung dieser Naturrätsel angeht, gleichsam das Ithaka ihrer Fahrt, so endet das System des transzendentalen Idealismus (1801) poetisch-mythologisch in den Sätzen: »Was wir Natur nennen, ist ein Gedicht, das in geheimer, wunderbarer Schrift verschlossen liegt. Doch könnte das Rätsel sich enthüllen, würden wir die Odyssee des Geistes darin erkennen, der wunderbar getäuscht, sich selber suchend, sich selber flieht; denn durch die Sinnenwelt blickt nur wie durch Worte der Sinn, nur wie durch halbdurchsichtigen Nebel das Land der Phantasie, nach dem wir trachten« (Werke III, S. 628). E. T. A. Hoffmanns beleuchtete Nebelbilder, vor allem aber die heimlich-unheimliche Chymie-Materie des Novalis kommen von hierher; die Natur ist, wie Novalis völlig Schellingisch sagt, »eine versteinerte Zauberstadt«. Ja bei Schelling entsteht, wenn er sagt, daß auch die anorganischen Gräber kreißen, gerade die anorganischen, gleichsam der Widerschein des jüngsten Tags in der Materie selber. Die auferstehende »Intelligenz« am Ende der Objektivität ist viel mehr paradiesisch als gärende Intelligenz des transzendentalen Anfangs. Kant hatte die Natur, unter anderem, als dasjenige bestimmt, zu dem ein Subjekt lediglich hinzugedacht werden kann; Schelling setzt das Natursubjekt (bewußtlose Intelligenz, natura naturans) als Erzeugendes der Erkenntnis, Produzierendes der Natur, Auferstehendes der Geschichte zugleich. Subjekt wie Ursprung der Materie ist die *Unruhe* nach dem Etwas-Sein, Objekt-Sein; Subjekt der aufgeschlossenen, prozessual beendeten Materie ist die Ruhe der Identität von Subjekt und Objekt. Die Materie aber enthält »der Möglichkeit nach alle Potenzen«, also auch die letzte, den »Sabbath der Natur«; es ist das die kühnste Ausdehnung der, wie sich zeigt, immer noch unvergessenen Möglichkeitsdefinition des Aristoteles. Darin deutet sich an: die Möglichkeiten der Materie reichen über die bisher realisierten, über organische Blüte und selbst über den Menschen hinaus; der letzte »Silberblick« der gärenden Weltmasse ist in ihr noch nicht erschienen.

Desto sonderbarer meldete sich, aus dem Jubel des Werdens heraus, ein erstes Dunkel an. Der Wille, die Materie »einleuchtend zu machen«, stieß auf eine Schranke; auf das Einzelne, hier als Endliches, Hartes. Es ist das die alte, wohlbekannte Schranke; neu aber ist, daß sie gerade im wildesten genetischen Vernunftrausch wiederkam. Schelling hatte sich selbst zu denen gerechnet, »in denen die Natur sieht, und die in ihrem Sehen Natur geworden sind«; er hatte sich als Liturg dieser Physik aufgetan. Noch seine Schrift »Bruno« (1802) hatte einheitlichen Lebenszusammenhang ohne Rest gefeiert: »In diesem allgemeinen Leben entsteht keine Form äußerlich, sondern durch innere, lebendige und von ihrem Werk ungetrennte Kunst. Es ist Ein Verhängnis aller Dinge, Ein Leben, Ein Tod; nichts schreitet vor dem anderen heraus, es ist nur Eine Welt, Eine Pflanze, von der alles, was ist, nur Blätter, Blüten und Früchte, jedes verschieden, nicht dem Wesen, sondern der Stufe nach, Ein Universum, in Ansehung desselben aber alles herrlich, wahrhaft göttlich und schön, es selbst aber unerzeugt an sich, gleich ewig mit der Einheit selbst, eingeboren, unverwelklich« (Werke IV, S. 314). Dieser fast stammelnde Dithyrambus könnte, bei aller Entwicklungsgeschichte, nicht monistischer sein; die Vorlesungen über die Methode (1803) bestimmen das »An sich der Materie« ohne dunklen Kern: als »Akt der ewigen Selbstanschauung des Absoluten, sofern dieses in jenem (dem Akt), sich objektiv und real macht« (Werke V, S. 327). »Der erste und allgemeine Typus der Raumerfüllung ist notwendig, daß die sinnlichen Einheiten, wie sie als Ideen aus dem Absoluten, als dem Centro, hervorgehen, ebenso in der Erscheinung aus einem gemeinschaftlichen Mittelpunkt ... geboren werden und wie ihre Vorbilder zugleich abhängig und selbständig seien« (l. c., S. 328); kurz, das materielle Universum ist, wie beim frühesten Schelling, noch »aufgeschlossene Ideenwelt«. Doch bald eben springt dieser pantheistische Monismus; die Schrift »Philosophie und Religion« (1804), vollends die »Untersuchungen über das Wesen der menschlichen Freiheit« (1809) machen mit der transzendental deduzierten Materie Schluß; diese wird vielmehr zum »dunkelsten aller Dinge«. Wir sind in der Schellingschen Freiheitslehre bereits dem Einzelheit-Allgemeinheit-Problem historisch begegnet, doch über den Umweg der sinnlichen Endlichkeit schlägt sie auch in das Problem der Materie ein. Es ist die Sinnlichkeit und Undurchdringlichkeit der Materie, das Zusammengezogene und Harte, das sie vorzüglich als Frucht des »Abfalls der Ideen von Gott« erkennen läßt. Damit reißt also die Stetigkeit ab »zwischen dem obersten Prinzip der Intellektualwelt und der endlichen Natur«; jetzt bestimmt Schelling: »Der Ursprung der Sinnenwelt ist nur als ein vollkommenes Abbrechen von der Absolutheit, durch einen Sprung, denkbar« (Werke VI, S. 38). Es ist sowohl für den Freiheitsbegriff wie für den Empiriebegriff der Restaurationszeit bezeichnend, daß die Freiheit nur aus dem »Abfall« hergeleitet wurde und die bloß physische Empirie (im Unterschied zu einer metaphysischen) aus dem »Urzufall, ja dem Urbösen in Gott« und seinen Folgen. Freilich fehlt Tiefsinn auch hier nicht, ja hier am wenigsten in Schellings Philosophie, nur: er hat mit Empirie nicht das mindeste gemein, er geht dem rationalen Idealismus mit der

Mythologie des – Sündenfalls zu Leibe. Demungeachtet steckt Böhmescher Tiefsinn in der energischen Betonung des Willenscharakters im *Daß* des Existierens überhaupt, der nicht-rationalen *Intensität* im *Fond* des historischen Prozesses. Schelling legt dies Nicht-Rationale allerdings in einen Urgott und nennt es den »Ungrund«, eben das Urböse in Gott (woraus der Abfall zur Endlichkeit stammt). Aber jenseits dieser bodenlosen Mythologie finden sich höchst bemerkenswerte Notierungen des »ersten Zufälligen, sich selbst Ungleichen« im primum existens der Materie, des materiellen Außenseins überhaupt. Schelling verbindet die Unruhe der noch unbefangenen, gestaltlosen, objektlosen Intensität mit dem alten Aristotelischen appetitus materiae nach Form; mit der Erweiterung, daß der Appetitus als »das erste sich zu etwas Machen, das erste Objektivwerden« seine Sucht, sein Emotional-Alogisches, seine Intensität auch im primum existens des Objektiv- oder Materiell-Seins beibehält. Die Münchener Vorlesungen zur Geschichte der Philosophie enthalten darüber die denkwürdigen Worte: »Das unbefangene Sein ist überall nur das, was sich selbst nicht weiß; sowie es sich selbst Gegenstand wird, ist es auch schon ein befangenes. Wenden Sie diese Bemerkungen auf das Vorliegende an, so ist das Subjekt in seiner reinen Wesentlichkeit *als* nichts – eine völlige Bloßheit von Eigenschaften – es ist bis jetzt nur Es selbst und so weit eine völlige Freiheit von allem Sein und gegen alles Sein; aber es ist ihm unvermeidlich, sich selbst anzuziehen, denn nur *dazu* ist es Subjekt, daß es sich selbst Objekt werde, da vorausgesetzt wird, daß nichts *außer* ihm sei, das ihm Objekt werden könne; *indem* es aber sich selbst anzieht, ist es nicht mehr als *nichts,* sondern als Etwas – in dieser Selbstanziehung also liegt der Ursprung des Etwasseins oder des objektiven, des gegenständlichen Seins überhaupt. Aber *als* das, was es ist, kann sich das Subjekt nie habhaft werden, denn eben im sich Anziehen *wird* es ein Anderes, dies ist der Grund-Widerspruch, wir können sagen, das Unglück in allem Sein – denn entweder *läßt* es sich, so ist es als nichts, oder es zieht sich selbst an, so ist es ein anderes und sich selbst Ungleiches, – nicht mehr das mit dem Sein, wie zuvor, Unbefangene, sondern das sich mit dem Sein befangen hat – es selbst empfindet dieses Sein als ein zugezogenes und demnach zufälliges ... Das erste Seiende, das primum existens, wie ich es genannt habe, ist also das erste Zufällige (Urzufall). Diese ganze Konstruktion fängt also mit der Entstehung des ersten Zufälligen – sich selbst Ungleichen –, sie fängt mit einer *Dissonanz* an und *muß* wohl so anfangen« (Werke X, S. 100 f.). Man hat hier eine der tiefsinnigsten, auch unbekanntesten Stellen des deutschen Idealismus vor sich (Hegel stellt nichts Tieferes zur Seite); fast unübersehbar ist der Reichtum der Anspielungen; vor allem im Sinn echter Subjekt-Unruhe des Sich-Anziehens und darin doch nicht Befriedetseins, Objektiviertseins, also im Sinn der unbefriedigten Frage, des unglücklichen Grund-Widerspruchs in allem Etwas-Sein. Die Stelle ist erzdialektisch und von der Hegelschen Dialektik darin unterschieden, daß der Stachel des dialektischen Prozesses, der Grund-Widerspruch bereits die erste Setzung des Seins, mithin bereits in die Thesis, ja noch vor dieselbe gelegt wird; nicht nur in die Antithesis, in die Sphäre der ausgebrochenen Differenz. Aber nicht nur das factum brutum der Existenz ist nach Schelling ein Zufälliges (das heißt »von der Notwendigkeit Losgesagtes«), sondern auch das Faktum der weiteren Objektivation enthält – in gemindertem, vor allem qualitativ anderem Sinn – Zufall. Der erste oder Urzufall ist in einer Daßheit schlechthin, der sich setzenden Intensität; der folgende Zufall ist der einer unzureichend objektivierten Daßheit, des Subjektseins, von dem Schelling sagt: »es selbst empfindet dieses Sein als ein zugezogenes und demnach zufälliges«. Näher nun – von diesen noch vieldeutigen, bei Schelling selber unausgeführten Bestimmungen hinweg – zur Materie: so hat sie Schelling in den gleichen Vorlesungen unmittelbar ins Etwassein eingebaut. »Als jenes erste überhaupt Etwas-Sein des zuvor freien und als nichts seienden Subjekts, als das mit sich selbst also befangene oder verfangene Subjekt, als dieses erste wurde die Materie erklärt ... Diese Materie, die nur das erste Etwas-Sein ist, ist allerdings nicht die Materie, die wir jetzt vor uns sehen, die geformte und mannigfach gebildete, also namentlich auch nicht die schon körperliche Materie; was wir als Anfang und erste Potenz, als das Nächste am Nichts bezeichnen, ist vielmehr selbst die *Materie dieser Materie*, ... ihr Stoff, ihre Grundlage;

denn jene Materie, die nur das erste Etwas-Sein überhaupt ist, wird ... unmittelbar zum Gegenstand eines Prozesses, in dem sie verwandelt und zur Grundlage eines höheren Seins gemacht wird, und nur, indem sie dazu wird, nimmt sie jene sinnlich erkennbaren Eigenschaften an« (l. c., S. 104). Was freilich jene *körperliche Materie* angeht (zum Unterschied von der materia prima, dicht am Nichts ihres Subjekts), so taucht sie Schelling, zunächst, völlig in die Mythologie des Sündenfalls ein. Sie eben wird »das dunkelste aller Dinge«, sie ist ein »bloßes Idol der Seele«, als einer selber gefallenen, wodurch diese die wahren Wesen nur wie durch einen Spiegel erkennt; körperliche Materie ist ein »Schattenbild des Hades« und »gehört, inwiefern sie nichts anderes als die Negation der Evidenz (!), des reinen Aufgehens der Realität in die Idealität ist, ganz und gar zu der Gattung der Nichtwesen« (Werke VI, S. 46). Lehrreicher als diese Neuplatonismen ist die Beziehung, welche die Materie des späten Schellingschen Systems zu den ehemaligen Grundkräften der Attraktion und Repulsion aufweist. Obwohl Schellings Spätmaterie dedizierte Nicht-Schöpfung ist, indem sie dem Abfall entstammt, der Verstocktheit des In-sich-selbst-Seins und der Zusammenziehung, hat sie doch eben deshalb Bezüge zur ehemaligen Dynamik, sogar doppelte, wenngleich in einer Umkehrung. In den frühen »Ideen zu einer Philosophie der Natur« (1797) hatte Schelling der Repulsivkraft das Real-Objekthafte an der Materie, der Anziehungskraft aber die bestimmten Formen als Effekt zugeschrieben (vgl. oben S. 218). Auch bei Nicht-Deduktion des bloßen Sündenfalls bleibt hier die Abstoßung als zentrifugales Motiv, mithin als Kategorie des Abfalls, die Anziehung als zentripetale Kategorie der Verflochtenheit mit den trotz des Abfalls, im Sein des Abfalls enthaltenen Ideen. »Die Geschichte ist ein Epos, im Geiste Gottes gedichtet; seine zwei Hauptpartien sind: die, welche den Ausgang der Menschheit von ihrem Centro bis zur höchsten Entfernung von ihm darstellt, die andere, welche die Rückkehr«; und Schelling teilt weiter mit: »Jene Seite ist gleichsam die Ilias, diese die Odyssee der Geschichte«; das heißt: »In jener war die Richtung zentrifugal, in dieser wird sie zentripetal« (Werke VI, Philosophie und Religion, S. 57). Aber daneben wieder, in den späteren Schriften Schellings, enthält Materie außer dem abfallenden doch auch das zusammenziehende als verdunkelndes Wesen, mithin gerade die zentripetale Attraktion; ja in den »Weltaltern« (1815) dreht sich gesamte Wertnegativität des Abfalls oder des »Neins in der Gottheit« um: gerade »als Nein ist die Gottheit ein an sich ziehendes Feuer« (Werke VIII, S. 299), mithin Attraktion, und die »harte Bedeckung« des realen Materiellseins wichtigste Vorbedingung der Lichtfrucht. So macht letzterdings nicht die Repulsivkraft (wie in den ersten »Ideen« Schellings), sondern umgekehrt die Attraktionskraft das Reale an der Materie: »Ein jeder erkennt an, daß die Kraft der Zusammenziehung der eigentlich wirkende Anfang jedes Dinges ist. Nicht von dem Leichtentfalteten, sondern vom Verschlossenen, das nur mit Widerstreben sich zur Entfaltung entschließt, wird die größte Herrlichkeit der Entwicklung erwartet. Nur jene uralte heilige Kraft des Seins wollen viele nicht anerkennen und möchten sie gleich von Anfang verbannen, ehe sie in sich selbst überwunden der Liebe nachgibt« (l. c., S. 344). Hier also bemerkt man jene helleren Lichter wieder, welche auch die körperliche Materie – obzwar sie »das dunkelste aller Dinge«, »die Negation der Evidenz« geworden ist – in Einleuchtung zurückzuführen suchen; freilich in eine archaisch-mystische. Nun gehört »die Lehre vom Ursprung der Materie ... mit zu den höchsten Geheimnissen der Philosophie« (Werke VI, S. 47); werden diese »Geheimnisse« auch immer wieder mit der alten orphischen oder Sündenfalls-Mythologie behoben (Fall, Schuld, Leib, Kerker): so ist der Glaube an Natur als versteinerte Zauberstadt des *Menschen* doch ebenso stark. Schellings Materie bleibt somnambulisch und redet in Steinzungen; »Wunder der Geschichte, Rätsel des Altertums, die Unwissenheit verwarf, wird Natur uns aufschließen« (Werke VII, S. 247). Diese ist nicht nur die *Ilias* des Geistes, sondern vordeutender Zeichen voll oder verschlossene Mantik der Geschichte: »Die Natur ist das erste oder alte Testament, da die Dinge noch außer dem Centro und daher unter dem Gesetze sind. Der Mensch ist der Anfang des neuen Bundes, durch welchen als Mittler ... Gott (nach der letzten Scheidung) auch die Natur annimmt und sie zu *sich* macht. Der Mensch ist also der Erlöser der Natur, auf den alle Vorbilder derselben zielen. Das Wort, das im Menschen erfüllt wird, ist in der Natur als ein dunkles, prophetisches (noch nicht völlig ausgesprochenes) Wort. Daher die Vorbedeutungen, die in ihr selbst keine Auslegung haben und erst durch den Menschen erklärt werden ... Wir haben eine ältere Offenbarung als jede geschriebene, die Natur. Diese enthält Vorbilder, die noch kein Mensch gedeutet hat, während die der geschriebenen ihre *Erfüllung* und Auslegung längst erhalten haben« (Werke VII, S. 411, 415). Hinzuzufügen wäre: nicht nur die Auslegung steht noch aus, sondern ebenso die Erfüllung; die Natur ist nicht nur Vorgeschichte der den Menschen bereits gewordenen Geschichte. Das materielle Universum ist nicht nur eine Sphinx, die sich, wie die des Oedipus, in den Abgrund stürzt, nachdem man ihr Rätsel durch das Wort *Mensch* gelöst hat; das war so bei Hegel. Sondern die »ewig schaffende Urkraft der Welt, die alle Dinge aus sich selbst erzeugt und werktätig hervorbringt« (Werke VII, S. 293) ist mitsamt ihrem Leib und mitsamt ihrer Materie auch beim spätesten und transzendentesten Schelling historisch noch nicht abgegolten. Auch die »Krisis des jüngsten Tags« scheidet Materie nicht völlig als Phlegma aus, im Gegenteil: der Apokalyptiker Schelling hofft, »daß die ganze Innenwelt, wie sie ursprünglich sein sollte, in der *Außenwelt äußerlich sichtbar* dargestellt werde«. Er will selbst das Ende der Dinge nicht »völlig von der Natur sich losgerissen denken, während es doch schlechterdings notwendig ist, daß, nachdem die Natur sich für den Menschen getrübt hat und ihm undurchsichtig geworden, auch sie in einem künftigen Zustand ihm sich verkläre, Äußeres und Inneres einst in Einklang gesetzt ...« (Werke, 2. Abt., IV, Philosophie der Offenbarung, S. 221). Bei alldem freilich bleibt auch in Schellings so beschaffener letzter Naturfeier die Materie eine Kruste der Idee, nicht ihr Substrat. Trotzdem hofft die Darstellung gezeigt zu haben, und weiter zu zeigen, daß streckenweise auch im spekulativen Idealismus (sofern er ein ebenso objektiver geworden ist) die Materie keineswegs quantité négligeable ist oder bloße Kruste, deren Wahrheit wäre, keine zu haben. Sie gilt hier als der produzierende Anstoß des Etwasseins und hat – in der bisherigen Entwicklung der Natur – ihren Lohn noch nicht dahin.

MATERIE IM DIALEKTISCHEN WELTGEIST
(Hegel)

Das Ding an sich

Ein Gehen, das erst nur mit sich anzufangen schien, kam im Draußen am weitesten. Das Denken bei *Hegel* sieht seiner eigenen Bewegung zugleich als einer in lauter abgehaltener Weite zu. Wieder zwar wird vom Ich her begonnen, aber so, daß ihm auf der Stelle ein Gegenstand zugeordnet ist. Auch setzt das Ich durchaus niedrig ein, nicht hoch und mit einem Mal schaffend; ebenso ist seine ihm entsprechende Sache anfangs klein, ein bloßes *Dieses*, das ein bloßer Dieser meint. Doch beide ziehen sich aneinander groß, Inneres und Äußeres stehen in ihrem Wahren jederzeit gleich und steigen nur miteinander, dialektisch, auf. Es ist dem Wahren wichtig, daß »der Mensch selbst dabei sein müsse«; es ist ihm ebenso wichtig, daß das Ich objektiv werde und die Notwendigkeit seines Inhalts fortschreitend begreife. Durch diese Herabsetzung des kahlen, noch unaufgeschlossenen Inhalts an den Anfang des Wissens verändert sich nun sehr bedeutsam, bis zur völligen Rangumkehr, der Begriff des *Dings an sich*. Es wird als das Leerste, Einfachste und Bekannteste von der Welt genommen, es wird weiterhin der *bestimmungslosen* Materie gleichgesetzt. Rein logisch entspricht das Ding an sich dem bloßen Für-uns oder leeren Ich; daß etwas bloß an sich gegeben sei, bedeutet nach Hegel, daß es bloß für uns gegeben, also noch nicht für sich ist. »Das Ding an sich drückt den Gegenstand aus, insofern von allem, was er für das Bewußtsein ist, von allen Gefühlsbestimmungen wie von allen bestimmten Gedanken desselben abstrahiert wird. Es ist leicht zu sehen, was übrig bleibt, – das völlige Abstraktum, das ganz Leere, bestimmt nur noch als Jenseits ... Ebenso einfach aber ist die Reflexion, daß dies caput mortuum selber nur das Produkt des Denkens ist, eben des zur reinen Abstraktion fortgegangenen Denkens, des leeren Ich, das diese leere Identität seiner selbst sich zum Gegenstande macht ... Man muß sich hiernach nur wundern, so oft wiederholt gelesen zu haben, man wisse nicht, was das Ding an sich sei; und es ist nichts leichter als dies zu wissen« (Enzyklopädie § 44). Das Ding an sich, weit davon entfernt, letzte Bestimmung zu sein, gerät also an den Anfang oder es wird zu einem relativ untergeordneten Moment der Entwicklung. In der Logik des Seins (als der einfachen Beziehung auf sich selbst) ist es unmittelbares, einfaches Insichsein. In der Logik des Wesens (als des durch Negation mit sich selbst vermittelten Seins) ist das Ding an sich existierendes, das heißt nicht mehr unmittelbares, sondern begründetes Sein. Hier wohnt man sogar der Entstehung dieser Gestalt bei; sie bildet und begrenzt sich »als die abstrakte Reflexion-in-sich, an der gegen die Reflexion-in-anderes und gegen die unterschiedenen Bedingungen überhaupt als an der leeren *Grundlage* derselben festgehalten wird« (Enz. § 124). Das Ding an sich grenzt derart an die Reflexion-in-anderes, die es zur *Materie* macht, zur einen, allgemeinen, zunächst ebenfalls bestimmungslosen. »Diese eine, bestimmungslose Materie ist auch dasselbe wie das Ding an sich, nur dieses als in sich ganz abstraktes, jene als an sich auch für anderes, zunächst für die Form seiendes« (Enz. § 128). Logik des Wesens ist – als eine des mittelbaren, des durch Anderes auf sich bezogenen, reflektierten Seins – überhaupt eine solche dauernder Beziehungs-, Reflexions-Bestimmungen. Daher eben zerfällt von hier ab das Sein in Materie und Form, Inneres und Äußeres, Ding und Eigenschaft, Kraft und Äußerung; so aber, daß keines ohne das andere besteht, das Wesen allemal zugleich Erscheinung ist. Das Ding ist auf dieser Stufe gleichgültig, so wie sein Stoff unbewegt und unbestimmt bleibt. Denn hier ist uns ein Etwas nur erst als bloß unmittelbar gegeben und so noch aller vermittelt bestimmten Merkmale ledig.

Subjekt und Substanz

Nun aber soll der Weg ins Draußen und was auf ihm erscheint gerade als vermittelt begriffen werden. Ja das Dinghafte selber konnte sich sehr leicht als bloß Veräußerlichtes darbieten, wenn es nicht auch mit dem Ichhaften vermittelt wurde. Sehr früh hatte Hegel bereits die falsche Ablösung vom Selbst oder die Verdinglichung durchschaut: und das richtete sich nicht sowohl gegen die Materie als gegen den hoch an den Anfang gelegten

Gott. In seinen ersten Schriften finden sich bereits Stellen, die Feuerbach vorwegnehmen: »Außer früheren Versuchen blieb es unseren Tagen vorbehalten, die Schätze, die an den Himmel verschleudert worden sind, als Eigentum der Menschen, wenigstens in der Theorie zu vindizieren – aber welches Zeitalter wird die Kraft haben, dieses Recht geltend zu machen und sich in den Besitz zu setzen?« Gegen Gott in der absoluten Höhe richtete sich damals Hegels Bedürfnis der Subjektvermittlung; die Phänomenologie schritt in dieser Richtung weiter. Sie richtete sich sowohl gegen den Empirismus, der fertig gegebene Tatsachen nimmt, wie gegen sein anders fertiges Gegenteil: die intellektuelle Anschauung Schellings; sofern diese mit dem Absoluten einsetzt »wie aus der Pistole geschossen«, ebenfalls ohne Vermittlung zwischen den Subjekt-Objekt-Polen. Hegel bestimmt das Wahre statt dessen als Nacheinander oder dialektischen Prozeß; und zwar zwischen dem Ich, das ebensosehr das Nicht-Ich, dem Nicht-Ich, das ebensosehr das Ich in sich hat. Derart die berühmte Wendung in der Phänomenologie: »Es kommt alles darauf an, das Wahre nicht als Substanz, sondern ebensosehr als Subjekt aufzufassen und auszudrücken« (Werke II, S. 14). Damit tritt die Substanz aus dem ungegliederten Absolutum der Schellingschen Gleichheit und Einheit mit sich selbst heraus, gibt sich ihre Unterscheidungen immanent-dialektisch, nicht nur äußerlich vom denkenden Individuum her. Die Subjekt-Objekt-Verbindung geschieht in der Phänomenologie als dauernde Subjekt-Objekt-Vermittlung zwischen den einzelnen Stufen des Bewußtseins und den dazu jeweiligen Stadien der objektiven Geschichtswelt, Welt; wobei das Subjekt ebenso sein Objekt hervorruft, das daraus folgende Objekt das Subjekt zu seiner nächsten Stufe verändert. Subjekt-Objekt-Dialektik wird also in der Sache als die Sache selber begriffen: »Die lebendige Substanz ist ... das Sein, welches in Wahrheit Subjekt oder, was dasselbe heißt, welches in Wahrheit wirklich ist, nur insofern sie die Bewegung des Sichselbstsetzens oder die Vermittlung des Sichanderswerdens mit sich selbst ist. Sie ist als Subjekt die reine einfache Negativität, eben dadurch die Entzweiung des Einfachen oder die entgegensetzende Verdopplung, welche wieder die Negation dieser gleichgültigen

Verschiedenheit und ihres Gegensatzes ist: nur diese sich wiederherstellende Gleichheit oder die Reflexion im Anderssein in sich selbst – nicht eine ursprüngliche Einheit als solche oder unmittelbar als solche ist das Wahre« (Werke II, S. 15). Die Subjekt-Substanz-Beziehung ist bei Hegel freilich weiter als die Subjekt-Objekt-Beziehung; die Substanz Hegels übergreift die Subjekt-Objekt-Beziehung (weshalb sie eben auch als Subjekt aufgefaßt und ausgedrückt werden kann). Doch indem Hegels Substanz ebensosehr das Prinzip der absoluten Notwendigkeit ist, im historisch gegebenen, vor allem durch den Spinozismus der Substanz gegebenen Sinn, ist sie allerdings auch Objektivität, fundierender Zusammenhalt der Objekte, schließlich auch höchstes Objekt selbst. Derart kann Subjekt-Substanz-Beziehung im Verlauf der gesamten Hegelschen Dialektik der Subjekt-Objekt-Beziehung promiscue sein. Hegel selbst variiert die Substanz-Beziehung sogar noch weitergehend, um mittels dieser Grundform dialektischer Totalität jede Zerreißung wieder zusammenzufassen: »Solche groß Entgegengesetzte ... hat die Bildung verschiedener Zeiten in verschiedenen Formen aufgestellt, und der Verstand an ihnen sich abgemüht. Die Gegensätze, die sonst unter der Form von Geist und Materie, Seele und Leib, Glauben und Verstand, Freiheit und Notwendigkeit ... bedeutend waren..., sind im Fortgang der Bildung in die Form der Gegensätze von Vernunft und Sinnlichkeit, Intelligenz und Natur..., von absoluter Subjektivität und absoluter Objektivität übergegangen« (Werke I, S. 174). Indem Hegel solche festgewordenen Gegensätze – also auch den zwischen Geist und Materie – durch höchste Lebendigkeit der Totalität aufheben will, ist die Konsequenz unabweisbar: Materie wird zu einem Moment des Geistes, aber auch Geist zu einem Moment der – dialektischen – Materie. Es kommt Hegel hierbei an auf die »Menschwerdung der Substanz« (wie denn der christologische Ursprung und Hintergrund in Hegels gesamter Dialektik nirgends vergessen werden darf). Ohne diese beständige Subjektwerdung bleibt selbst der christlich eingekehrte Geist unentfaltet: »seine Wahrheit ist, nicht nur die Substanz der Gemeinde oder das Ansich derselben zu sein, ... sondern wirkliches Selbst zu werden, sich in sich zu reflektieren und Subjekt sein« (Werke II, S. 574). Und bevor dies alles geschieht, ist Hegels Substanz genau so leer wie das Subjekt, das noch kein Fürsichsein hat; als noch unvermittelte, prozeßhaft noch unausgeschüttete ist sie gleichfalls nur ein Ansich, Substanz an sich. So kann Hegel sagen: »Die Substanz ist das noch unentwickelte Ansich oder der Grund und Begriff in seiner noch unbewegten Einfachheit, also die Innerlichkeit oder das Selbst des Geistes, das noch nicht da ist ... Die Zeit erscheint daher als das Schicksal und die Notwendigkeit des Geistes, der nicht in sich vollendet ist, die Notwendigkeit, ... die Unmittelbarkeit des Ansich ... in Bewegung zu setzen oder umgekehrt, das Ansich als das Innerliche genommen, das was erst innerlich ist, zu realisieren und zu offenbaren, – das heißt, es der Gewißheit seiner selbst zu vindizieren ... Diese Substanz aber, die der Geist ist, ist das Werden seiner zu dem, was er an sich ist; und erst als dies in sich reflektierende Werden ist er an sich in Wahrheit der Geist. Er ist an sich die Bewegung, die das Erkennen ist, – die Verwandlung jenes Ansichs in das Fürsich, der Substanz in das Subjekt, des Gegenstandes des Bewußtseins in Gegenstand des Selbstbewußtseins ... Sie ist der in sich zurückgehende Kreis, der seinen Anfang voraussetzt und ihn nur im Ende erreicht« (Werke II, S. 604 f.). Näher nun zum Prozeß dieser Vermittlung selber, so hat Hegel das verobjektivierte Subjekt auch als Keim und Anlage angegeben, mithin als etwas, das noch nicht da ist, wohl aber im Vorexistierenden als sozusagen möglich angeht. Hegels Philosophie ist zwar auf den Begriff des Möglichen nicht gut zu sprechen: »Insbesondere muß in der Philosophie von dem Aufzeigen, daß etwas möglich oder daß auch noch etwas anderes möglich und daß etwas, wie man es auch ausdrückt, denkbar sei, nicht die Rede sein« (Enz. § 143). Aber Hegel kennt, demungeachtet, auch eine nicht so formale Möglichkeit, und diese eben ist nicht mehr »Reflexion-in-sich nur als die abstrakte Identität, daß etwas sich in sich nicht widerspreche«, sondern »das (inhaltsvolle) Ansichsein der realen Wirklichkeit«. So sehr Hegel auch hier den Unterschied zwischen realer Möglichkeit und realer Wirklichkeit auf einen scheinbaren herabdrücken will: Möglichkeit bleibt ihm die Grundlage in jeder Wirklichkeit. So ist »die unmittelbare Wirklichkeit nicht durch eine voraussetzende Reflexion bestimmt, Bedingung zu sein, sondern es ist gesetzt, daß sie selbst die Möglichkeit ist« (Werke IV, S. 210). Viel farbiger, als dies der Großen Logik zusteht, bezeichnet Hegels Philosophie der Geschichte diese Substanz an sich, zieht zugleich – was hier so wichtig – wohlbekannte Aristotelische Begriffe herbei; wohlbekannt eben als Begriffe der *Materie*. »Hier ist nur anzudeuten, daß der Geist von seiner unendlichen Möglichkeit, aber nur Möglichkeit anfängt, die seinen absoluten Gehalt als in sich enthält..., als Keim, als Trieb in sich hat. Ebenso weist wenigstens reflektierter Weise die Möglichkeit auf ein solches hin, das wirklich werden soll, und näher ist die aristotelische dynamis auch potentia, Kraft und Macht« (Werke IX, S. 55). Was hier bestimmt ist, »die Rinde der Natürlichkeit, Sinnlichkeit und Fremdheit seiner selbst zu durchbrechen und zum Lichte des Bewußtseins, das ist zu sich selbst zu kommen«, ist gewiß nicht die Substanz als Materie, sondern im Gegenteil, als Geist. Aber die Relativität dieser Gegensätze bei Hegel erweist sich darin, daß gerade die Begriffe Möglichkeit und Sehnsucht – diese Grundbegriffe der Aristotelischen Materie – dem Ansich der Substanz zugeschrieben werden. Ja in der Einleitung zur Geschichte der Philosophie identifiziert Hegel sogar seinen Entwicklungsbegriff mit dem hylo-logistischen des Aristoteles: »Um zu fassen, was Entwicklung ist, müssen zweierlei Zustände unterschieden werden; der eine ist das, was als Anlage, Vermögen, das Ansichsein, potentia, δύναμις bekannt ist. Die zweite Bestimmung ist das Fürsichsein, die Wirklichkeit (actus, ἐνέργεια) ... das Ansich regiert den Verlauf« (Werke XIII, S. 33 f.). Auf so merkwürdige Weise kommt das alte ὑποκείμενον der Substanz der alten δύναμις (potentia, Anlage) der Materie nahe. Freilich nirgends, auch nicht wider Willen, der mechanischen Materie; diese eben bleibt Hegel das abstrakte Einerlei, das dem ebenso abstrakten Ich des leeren Verstandes zugeordnet ist. Oder sie bleibt – naturphilosophisch, wie sogleich zu sehen sein wird – genau die »Rinde der Natürlichkeit, Sinnlichkeit und Fremdheit«, die der Geist zu durchbrechen hat. Und doch nicht ganz: sobald in Hegels Geschichte der Philosophie französischer Materialismus erscheint, gewinnt auch er, trotz der Mechanik, aufreizende Züge der Substanz. Hegel ehrt an ihm den »Fanatismus des abstrakten Gedankens«, ja sogar »die Idee einer allgemeinen konkreten Einheit« – gerade als die angenommen *eine* Materie in allen Fruchtbarkeiten der Natur. Daneben allerdings sagt Hegel wieder, im gleichen Zusammenhang, vom materialistischen Gedanken: »Als Materie also, als deren Gegenständlichkeit ist das absolute Wesen bestimmt durch den Begriff, der allen Inhalt und Bestimmung zerstört und nur dies Allgemeine zu seinem Gegenstande hat. Es ist der Begriff, der sich nur zerschlagend verhält, nicht wieder sich ausbildet aus dieser Materie oder reinem Denken oder reiner Substantialität heraus« (Werke XV, S. 509). Immerhin geht Hegels Immanenz an der Materie betroffen vorüber, wie an einem Gott, der nur von außen stößt, kalt.

Äther des Anfangs

Das Ansich nun geht einen nächtlichen Weg außer sich, um das Licht zu finden. Dabei erscheint der reine Geist, bevor er naturhaft anders wird, in einer für ihn ganz eigentümlichen Gestalt. Nämlich in einer durchaus nicht geistigen, mehr materiellen von Anfang an; und das hebt gerade auf der höchsten Höhe des rein logischen Ansich an, im Begriff seines Umschlags. Wir meinen den Begriff des *Äthers*; dies Wesen hat zwar in den späteren Schriften Hegels keinen oder nur beiläufigen Platz, desto wichtiger aber tritt es im frühesten System auf. Dort füllt es auch genau die Lücke aus (wenigstens bildhaft), die zwischen der höchsten logischen Idee und dem Sturz ihres naturhaften Anders- und Außersichseins besteht. Das Jenenser Heft der Naturphilosophie (1801/02) erklärt schlechtweg: »Die Idee als das in seinen Begriff zurückgegangene Dasein, kann nun die absolute Materie oder Äther genannt werden«. Die absolute Materie, dieser Weltdunst des Geistes ist beim frühen Hegel »als absolute Allgemeinheit der Natur überhaupt das Wesen des Lebens«, ist »die in sich selbst geschlossene und lebendige Natur«; so begründet sie, noch ganz in der Weise Brunos, die Einheit des Universums. Zugleich freilich mythologisiert Hegel Kant-Laplace mit einer Phantastik, die dieser Kosmogonie nicht an der Wiege gesungen worden war, und die fast wie aus dem

Tollhaus klingt; aus dem Tollhaus, versteht sich, einer wogenden Genialität und ihres selber weltbildenden Chaos. Nämlich, um das Anderswerden des Äthergeistes oder die erste natürliche Gestalt zu gewinnen, statuiert Hegel »das Sprechen des Äthers mit sich selbst« (das Subjekt, das spricht, der Inhalt, der gesprochen wird, der Raum, in den hinein gesprochen wird, wohin das Gesprochene klingt, ist alles noch dasselbe – Äther). Hegel nennt dies Sprechen die erste *Kontraktion*, ihr erstes Erzeugnis aber ist der zu anderem unbezogene und starr leuchtende Punkt – der *Fixstern*. »Diese Kontraktion der Gediegenheit ist das erste Moment des negativen Eins, des Punkts ... Das Eins des Sterns und seine Quantität sind das erste schrankenlose, unartikulierte Wort des Äthers, eine formale Sprache, die so ohne Bedeutung ist ... Indem der Punkt und seine Quantität dieser formale Ausdruck der Unendlichkeit sind, so sind sie ohne lebendiges Verhältnis, dessen Seele die nicht gleichgültige Einheit ist; und sie sind Selbst-Sonnen, nicht Sonnen füreinander, und ohne Bewegung. Sie können die Totalität des Verhältnisses nur wie ein System geometrischer Figuren, und das Zahlensystem als Sternbilder, deren Punkte geordnete Entfernungen gegeneinander haben, darstellen. Sie sind ein unbewegtes Gemälde, ein formales Modell, das in stummen Hieroglyphen eine ewige Vergangenheit repräsentiert, welche nur im Erkennen dieser Schrift ihre Gegenwart und ihr Leben hat« (Jenenser Logik, Metaphysik und Naturphilosophie, Meiner, S. 200 f.). Die Erde, die von diesem Himmel herabgeronnen, hat ihn bei Hegel allerdings nicht mehr über sich, sondern hinter sich; die riesige Punktierschrift zeigt keine unverstandene Materie, keine Symbole eines noch außerhistorischen Inhalts, sondern hier stottert der gestirnte Himmel als Anfänger lediglich Anfänge. Hegels Äther ist auch nicht die unbewegte Höhenqualität dieses Begriffs in der Dichtung (»Und duftend schwebt der Äther ohne Wolken«, sagt Goethes Nausikaafragment vom sizilianischen Weltraum); er ist erst recht nicht, was Hegel später – völlig ohne Materie – als »reinen Äther des Gedankens« preist. Vielmehr hat dies Wesen, trotz »seiner einfachen, sich nur auf sich selbst beziehenden Unendlichkeit«, durchaus auch den Anfang des Andersseins in sich. Der Äther ist »das Auflösen von allem, die reine einfache Negativität, die flüssige, und untrübbare Durchsichtigkeit«. Aber sein Ansich ist bei aller Zurückgegangenheit ins reine Sein doch ebenso »die schwangere Materie, welche als absolute Bewegung in sich die Gärung ist, die, ihrer selbst als aller Wahrheit gewiß, in dieser freien Selbständigkeit der Momente, die sie in ihr erhalten haben, in sich und sich gleich bleibt«. So ist das Ätherwesen als auf dem Horizont zwischen ontologischer Logik und Naturphilosophie gelegen, gleichfalls doppelsinnig: »es ist der absolute Geist als Unendlichkeit ... und das Andere desselben: es ist die Natur« (l. c., S. 186). Vermutbar ist, daß die Gleichung Sein = Nichts am Doppelgesicht dieses Äthers zuerst aufgetaucht ist und hier ihren bildhaften (unverlorenen) Ursprung hat. Hegel vertauscht die Momente des Äthers sogleich: »Es sei, daß man ihr Sein Tag nennen wollte, so sind sie ebenso unmittelbar das Nichts dieses Seins oder absolute Nacht, – oder wäre ihr Sein das Dunkle, so wäre ihr Nichts, die Unendlichkeit, ebenso absolut heller, durchsichtiger Tag« (l. c., S. 199). Jean Paul spricht einmal vom Anblick des Himmels, wenn er sein Blau verliert, das heißt, wenn der Mensch sich so hoch erhebt, daß das Blau dunkler und dunkler, daß es endlich schwarz wird. Der Mensch hat dann die Höhe erreicht, wo ihn »nur noch der Riese der Nacht mit einem einzigen feurigen Auge ansieht«; dies Auge ist die Sonne. Hegels Äther ist diesem zeitgenössischen Geniebild mehr als benachbart, besonders in der unheimlichen Personalunion von höchster Nacht und höchstem Tag. Mit Absicht wurde hier Hegels Phantasmagorie de prima materia ausführlicher ausgebreitet; aus denselben Gründen, aus denen sie der Herausgeber der Hegelschen Naturphilosophie seinerzeit ausgelassen hat, ungleich so vielen anderen Zusätzen zur Enzyklopädie. Der Herausgeber, Michelet, verneinte zwar nicht die Phantasmagorie, wohl aber, obwohl er Linkshegelianer war, die Gleichsetzung des einfachen absoluten Geistes mit absoluter Materie; eben diese Gleichsetzung macht aber den materiellen Urgedanken zur Hegelschen Gleichsetzung von Sein = Nichts kenntlich. Nie wieder hat Hegel so mysteriös, aber auch nie wieder so rühmlich von seiner ersten Materie gesprochen; als dem inneren Wesen der Welt. Das daraus folgende Fixsternsystem wird zwar mißhandelt, mathematische Physik ist so weit, als hätte es nie dergleichen gegeben, ja der sprechende Äther, die Materie mit der Schöpfungszunge – solche Gebilde erinnern genau an Irrenzeichnungen, sie sind eine Art materialismus furialis. Doch bei alldem läßt der frühe Hegel als Lehrsatz vortreten: Der absolute Geist ist an sich, auf der Höhe seines Ansich absolute Materie; das ist das auffallende Tor dieser Naturphilosophie. Brausender Äther und »schwangere Materie, welche als absolute Bewegung in sich die Gärung ist«, sind hier das unerschlossene Ansich, ja das bleibend Allgemeine, das in der Welt sich aufschließt.

Übergang in die Natur

Danach geht der schwere Weg weiter, um ein noch wildes Draußen alldessen zu bestehen. Zuvor aber die Frage: Wie kommt es, daß der erste, der ätherische Stoff überhaupt mit seinem nachfolgenden Außersich schwanger ist? Mit anderen Worten, im Hinblick auf die spätere Fassung des Ur-Ansich, wo das Ätherische leider ganz pneumatisch wird, nämlich Geist vor Erschaffung der Dinge: Was ist darin der Anstoß zum Außersich-Werden? ja wie kommt es, daß schon der Ätherstoff selber, wie gar erst ein Pneuma von der höchsten Höhe des vorweltlichen Ansich, von der sogenannt absoluten Idee zu dem gar nicht nur idealen Außersich-Niveau eines Famulus Welt abspringen kann, der schließlich noch froh ist, wenn er Regenwürmer findet? Das reine Pneuma, in Hegels späterer »Logik«, erklärt am wenigsten, wieso es zur Welt kommt, wieso dies überwiegende Famulusgebiet, diese Anderheit Natur, die eben auch aus Regenwürmern und nicht nur aus Erdgeist besteht, die Fülle der Gesichte ante rem stören kann. Der Anstoß ist überhaupt dem Hegelschen Denken unerreichbar; ein *rein logisches* Ansich schlägt niemals zum Außersich um oder »entläßt sich zur Natur«. Hegel spricht zwar von einem Trieb, einer Sehnsucht des Geistes, zu sich zu kommen, mithin einem gar nicht so Gedankenhaften, von der Natur als einem wilden Durchgang, aber rein logischer Fortgang hat das eigentlich Willenshafte, Anstoßende ebensowenig in sich wie das Faktische der realen

Inhalte; er muß sich beides leihen. Die Anleihe ergänzt und verbessert zwar die apriorische Konstruktion und gewährt den Anschein, als wäre die Welt wirklich nur ein Gedanke. Das Geliehene aber – das thelisch gärende wie das empirisch Angetroffene – ist dem Panlogismus selber fremd und in ihm (wie Spinozas System zeigt) ein fremdes Element. Der reine Panlogismus erklärt weder das Daß-Sein noch die treibende Unruhe noch die zeiträumliche Differenzierung der Welt. Hier hakten deshalb die entscheidensten Einwände gegen Hegel ein, sie reichen, mit freilich sehr verschiedenem Akzent, von Schelling bis – Marx. Selbst der Hegelianer Rosenkranz (in seinen dauernd lesenswerten Erläuterungen zur Enzyklopädie) meint sarkastisch: »Der Kristall ist nicht unlogisch, aber die logischen Bestimmungen, die ihm inhärieren, machen ihn nicht zum Kristall. Zum Quarzkristall wird er nur durch die Kieselsäure, die aus keiner logischen Kategorie herauszupressen ist.« Weit mächtiger griff Schellings Einwand: Hegel überschätze die Idee, wenn er meine, daß von ihrer Logik, die es mit dem Rationalen zu tun habe, auf gleichem Wege zu dem Wirklichen fortzuschreiten sei. Vielmehr zerfalle das System der Philosophie in zwei Teile: in den negativen des Nicht-nicht-zu-denkenden oder die logische Konstruktion des logischen Was-Wesens; in den positiven Teil des Seinmüssenden oder die historisch-empirische Erzählung vom Realisierenden des intensiven nicht-logischen Daß-Faktors. Das war beim mittleren wie späten Schelling mit einer mehr als fremdartigen, ja noch reaktionären Mythologie durchsetzt, fällt jedoch mit seiner Verteufelung, gar Schwermut des »Ungrunds« und dessen chaotischer »Freiheit« nicht zusammen. Also, der Übergang vom absoluten Geist zur Natur gelingt bei Hegel nicht; denn das Ansich, das ihn tatsächlich bewerkstelligt und sich auf den Weg des Prozesses begibt, ist eben kein Korrelat des leeren Denkens, wie Hegel behauptet, sondern des stoßenden Willens. In Hegels Panlogismus ist der Übergang zur Natur ein unbegreiflicher Sturz, ein »Abfall von der Idee«, dem ebendeshalb beim Panlogiker Hegel die Beschimpfungen nicht fehlen. Da Natur nun überwiegend in der Materie steht oder bestenfalls deren Blüten in sich begreift, so dehnt sich die Beschimpfung – als das schlechte Gewissen des

Panlogismus – von hier aus auch gerade auf die Materie aus. Denn Materie erscheint nun, im gekommenen Rayon des Außersichseins, lediglich als die Idee im Moment des Außereinander, und sie ist nicht nur dem erkennenden Geist äußerlich, sondern sich selbst. Die Natur ist die pure Nacht der Differenz, die, wenn auch mit wachsender Morgenröte, dem Fürsichsein des Geistes erst entgegengeht: »Wir wissen, daß das Natürliche räumlich und zeitlich ist ... daß alles Natürliche ins Unendliche außereinander ist; daß ferner die Materie, diese allgemeine Grundlage aller daseienden Gestaltungen der Natur, nicht bloß uns Widerstand leistet, außer unserem Geiste besteht, sondern gegen sich selber sich auseinander hält, in konkrete Punkte, in materielle Atome sich trennt, aus denen sie zusammengesetzt ist. Die Unterschiede, zu welchen der Begriff der Natur sich entfaltet, sind mehr oder weniger gegeneinander selbständige Existenzen; durch ihre ursprüngliche Einheit stehen sie zwar miteinander in Beziehung, sodaß keine ohne die andere begriffen werden kann; aber diese Beziehung ist ihnen eine in höherem oder geringerem Grad äußerliche. Wir sagen daher mit Recht, *daß in der Natur nicht die Freiheit, sondern die Notwendigkeit herrsche;* denn diese letztere ist eben, in ihrer eigentlichen Bedeutung, die nur innerliche und deshalb auch nur äußerliche Beziehung gegeneinander selbständiger Existenzen« (Enz. § 381, Zusatz). Wieder erscheint hier die Vielheit, diesmal mit dem Äußerlichen der Materie verbunden und an ihm haftend; an anderen Stellen spricht Hegel von der »Ohnmacht der Natur, ihre Bestimmungen anders als abstrakt, das heißt äußerlich zu halten«. An beidem ist die Materie zwar nicht ausschließlich schuldig, im Gegenteil, sie ist ja die »ursprüngliche Einheit«, durch welche die selbständigen Existenzen miteinander in Beziehung stehen. Doch ist die Ohnmacht der Natur, den Begriff in seiner Ausführung festzuhalten, ersichtlich den Störungen nicht fern, die selbst Aristoteles der Materie zugeschrieben hatte; bei Aristoteles hemmt die Materie, wenigstens durch ihre Nebenursachen, den zweckmäßigen Ausbau der Formen, bei Hegel steht das Außersichsein insgesamt diesem Ausbau im Wege. Auch die Notwendigkeit begrenzt hier die Störung nicht, im Gegenteil, sie schließt sie ein:

natürliche Notwendigkeit und Zufälligkeit sind bei Hegel durchgehende Wechselbegriffe der Äußerlichkeit. Hegel schreibt bereits aufs Portal der Naturphilosophie deren Negatives: Natur ist »der unaufgelöste Widerspruch. Ihre Eigentümlichkeit ist das Gesetztsein, das Negative, wie die Alten die Materie überhaupt als das non-ens gefaßt haben ... Wenn aber die geistige (!) Zufälligkeit, die Willkür, bis zum Bösen fortgeht, so ist dies selbst noch ein unendlich Höheres als das gesetzmäßige Wandeln der Gestirne oder als die Unschuld der Pflanze; denn was sich so verwirrt, ist noch Geist« (Enz. § 248). Im Naturgebäude selber bildet Materie allerdings stets den Fußboden, eben die »ursprüngliche Einheit« aller Beziehungen, freilich immer auch als bloß abstrakte Einheit der Natur, als die Idee in ihrem Außersichsein. Soweit also Hegels deteriorierende Einschätzung und Darstellung der Materie in statu nascendi ex idea; nun aber im *Fortgang*, wo es sich nicht mehr um die Materie *im Übergang von der Idee zur Natur* handelt, sondern um die in der so geborenen Natur selber, folgt bei Hegel eine *desto bedeutsamer aufsteigende Biographie* das Materie-Geistes von seiner Schwere zu seinem Licht, bis hin zum immer noch naturhaften starting point des Lebens. Auf einem anderen Blatt, nicht nur mit reinem Geist ante rem, sondern mit Weltgeist überschrieben, steht folglich die geglückte Ausbreitung des Äther-Pneuma in die bei Hegel behandelten Organisationsformen des Geistes, als wäre er Materie, die Herausentwicklung der unbestimmten Materie zum Pantheon innerer Gestalten. Mit dem Aufstieg Schwere-Licht-Leben folgt Hegel den Natursphären Schellings, unter Streichung der allzu vielen Analogien; unablässige Freiheit der dialektischen Übergänge greift Platz. Das Ansich tritt nun, in Hegels ausgeführter Naturphilosophie, erst als noch abstraktes Außereinander vor, als Raum und Zeit, aber beides ineinander übergehend, mithin als Bewegung. Nichts anderes aber ist die mechanische Materie, sie erfüllt nicht etwa den Raum von außen her, sondern indem Bewegung ist, bewegt sich unweigerlich ein Etwas. Hier bereits hat der Satz statt: »Wie es keine Bewegung ohne Materie gibt, so auch keine Materie ohne Bewegung. Die Bewegung ist der Prozeß, das Übergehen von Zeit und Raum und umgekehrt, die

Materie dagegen die Beziehung von Raum und Zeit, als ruhende Identität« (Werke VII¹, S. 67). An diesen Anfang legt Hegel zugleich die wohlbekannte Attraktion und Repulsion, nachdem er dieselben Begriffe in ihrem logischen Ansich bereits als Ausschließen und ebenso Zusammenkommen von qualitativen Einheiten behandelt hatte. Als Grundkräfte der Materie treten sie nicht mehr so entschieden auf wie bei Kant; ihre Polarität hat auch nicht den symbolisch-dualistischen Zauber wie bei Schelling (Hegels Dialektik ist ja niemals eine der bloßen Einheit über polaren Zweiheiten, sondern der immer wieder zerbrechenden Einheit selbst). Repulsion und Attraktion sind nach Hegel »nicht als selbständig oder als Kräfte für sich zu nehmen; die Materie resultiert aus ihnen nur als Begriffsmomenten, aber ist das Vorausgesetzte für ihre Erscheinung« (Enz. § 262). Vorzüglich die *Schwere als erste genauere Bestimmung der Materie* »ist von der bloßen Attraktion wesentlich zu unterscheiden. Diese (die Attraktion) ist überhaupt nur das Aufheben des Außereinanderseins und gibt bloße Kontinuität. Hingegen die Schwere ist die Reduktion der auseinanderseienden, ebenso kontinuierlichen Besonderheit zur Einheit als negativer Beziehung auf sich, ... einer (jedoch noch ganz abstrakten) Subjektivität. Die Schwere setzt erstmals also einen Mittelpunkt, und das Streben nach demselben ist der Materie immanent; dieser Mittelpunkt freilich liegt noch außerhalb ihrer, letzthin in der gestalteten Sonne. Die Schwere ist sozusagen das Bekenntnis der Nichtigkeit des Außersichseins der Materie in ihrem Fürsichsein, ihrer Unselbständigkeit, ihres Widerspruchs. Man kann auch sagen, die Schwere ist das Insichsein der Materie, in diesem Sinne, daß eben sofern sie noch nicht Mittelpunkt, Subjektivität an ihr selbst ist, sie noch unbestimmt, unentwickelt, unaufgeschlossen ist, die Form noch nicht materiell ist« (Enz. § 262). Die *zweite, höhere Bestimmung der Materie aber ist das Licht*; es ist der Umschlag des dumpfen Insichseins, es leuchtet daher nicht in der abstrakt-mechanischen Materie, sondern erst in der individuell-qualifizierten. Verglichen mit dem Licht ist die Schwere der Materie das Finstere; das Licht ist die »erste qualifizierte Materie oder ihr existierendes allgemeines Selbst«. Die schwere Materie war noch die des Drucks oder Widerstands: das Licht aber »bringt uns in den allgemeinen Zusammenhang; alles ist dadurch, daß es im Lichte ist, auf theoretische, widerstandslose Weise für uns ... Die Materie ist schwer, insofern sie die Einheit als Ort erst sucht; das Licht ist aber die Materie, die sich gefunden hat« (Werke VII¹, S. 131, 140). Daher nennt Hegel das Licht auch »unkörperliche, ja immaterielle Materie«; wie die Gotik den Stein plastisch auflöste und die Mauer mit immer mehr Fenstern durchschlug, so treibt es romantische Naturphilosophie hier mit dem ganzen Weltgebäude. Es mehrt sich die Vernichtung der materiellen Grundlage daher sehr rasch, drängt zu einer Art natürlicher Transsubstanziation. Der chemische Prozeß bildet den Übergang zu dieser *dritten Bestimmung der materiellen Natur,* zu *der des Lebens.* Hier ist die Materie so hoch qualifiziert, daß sie keine mehr ist; sie wird immer weiter zum Mittel herabgesetzt, zum Mittel der organischen Zwecke der Natur. Das Fürsichsein der Natur – in der Schwere noch dumpf strebend und verschlossen, im Licht gewichtlose Durchsichtigkeit – triumphiert im Selbstzweck des organischen Körpers; dieser ist »die triumphierende Individualität, die sich als Prozeß in allen Besonderheiten hervorbringende und erhaltende Einheit« (Werke VII¹, S. 424). Bereits im Feuer zuckte dieser Übergang, ja die Metalle, wenn sie angeschlagen werden, deuten ihn bereits an; sie haben Klang, wenn auch noch nicht Stimme. Es ist das die »mechanische Seelenhaftigkeit« des Klangs, die, zur Musik verwendet, den menschlichen Gesang fast homogen unterstützt. Die Kristalle wiederum eröffnen unzweideutige, von innen her anschließende Gestalt, es enthüllt sich an ihnen, bei Refraktion, geradezu eine »innere Damastweberei der Natur«. In der Pflanze dann überwindet sich die Schwere, sie sucht das Licht; im Tier aber – trotz seines vom Naturlauf noch abhängigen, daher unsicheren, angstvollen und unglücklichen Daseins – hat das Licht sich selbst gefunden. Die Materie also wird in dieser Gotisierung der Natur bis zum Verschwinden immateriell; als lebendige ist sie bereits der Vorspuk zur »allgemeinen Immaterialität der Natur«, zur Seele. Raum und Zeit stehen am Anfang der Hegelschen Natur; der Mensch, als die aus der Natur losgerungene, selbstbewußt-vernünftige Individualität, an ihrem Ende. Der »Fortschritt im Bewußtsein der Freiheit«, dieser Aufklärungssatz ist in seiner Anwendung auf die natürliche Entwicklungsgeschichte verblüffend antimaterialistisch geworden; eben kraft der panlogistischen Anlage des Hegelschen Systems und des daraus resultierenden Naturhasses, des Hasses aufs unableitbare Anders- und Außersichsein. Der eine sich höchst qualifizierende, schließlich des ganzen Lebens volle Materie, ob auch in Hegels Paradox einer »immateriellen Materie«, nicht weiter beibehält, sondern sie auf gleichgültige und mechanische wieder herabdrückt. So findet sich denn – nach soviel Aufgeben der »ursprünglichen Einheit« aller Beziehungen – leider schließlich der erzidealistische Satz: »Der Geist ist die existierende Wahrheit der Materie, daß die Materie selbst keine Wahrheit hat« (Enz. § 389). Das Fürsichwerden (Aufschließen) der Materie wird terminologisch zu Geist umgetauft; als welches freilich die Unmöglichkeit der panlogistischen Daseins- und Inhaltssetzungen verhüllt. Allerdings spricht Hegel hier selber von der »souveränen Undankbarkeit« des Geistes, »dasjenige, durch welches er vermittelt scheint, aufzuheben, zu mediatisieren, zu einem nur durch ihn Bestehenden herabzusetzen und sich auf diese Weise vollkommen selbständig zu machen« (Werke VII[1], S. 23). Daher denn schließlich Hegels Lob der französischen Materialisten, ob auch noch so relativiert: »Dennoch muß man in dem Materialismus das begeisterungsvolle Streben anerkennen, über den, zweierlei Welten als gleich substanziell und wahr annehmenden Dualismus hinauszugehen, diese Zerreißung des ursprünglich Einen aufzuheben« (Werke VII[2], S. 54). Wo immer der Ursprung nicht als Geist, sondern von vornherein als Kraft, Intensität, Bewegung der Materie, Materie der Bewegung begriffen wird, erscheint Materie gar nicht als Anderssein, als finstere Differenz, sondern eben als Ausdruck der – Substanz. Als Ausdruck in vielen Graden und Stufen, in inadäquaten und wachsend adäquaten Objektivierungen, deren keine aus dem materiellen Antrieb und materiellen Inhalt herausfällt. Gerade Hegel, in seinem Kampf gegen Dualismus, hat das Lebensmeer der Materie überreich ausgebreitet; trotz des terminologischen Dualismus und trotz der idealistischen Schranke, die ihn verhinderte, auch Wolkenbildungen als aus dem Meere steigend zu erkennen, auch die Dialektik des Geistes als eine des immer weiter lichtbaren und gelichteten Gehalts von Materie auszuzeichnen. Weit über das von Hegel zugegebene organische Leben der Materie hinaus, weit in die von Hegel kulturell verfolgten Stoff-Form-Beziehungen der bildenden Kunst und noch in den »Äther der Dichtung« hinein.

Umschlag Quantität-Qualität

Auf dem Weg aus Trübem draußen zu seinem Licht hin muß noch einmal verweilt werden. Und zwar an den Stellen, wo das Außersich ganz materiell in ein Inneres umschlägt, ohne deshalb schon Geist zu werden. So bei der berühmten *Knotenlinie von Maßverhältnissen,* auch als Umschlag wachsender Quantität in Qualität bekannt. Hegel erlangt dadurch Platz für den Begriff des Neuen: »Alle Geburt und Tod sind, statt eine fortgesetzte Allmählichkeit zu sein, vielmehr ein Abbrechen derselben und der Sprung aus quantitativer Veränderung in qualitative« (Werke III, S. 450). Nimmt nun dadurch, daß nicht Größen zu weiteren Größen wachsen, sondern ein qualitativ Anderes entsteht, Materie ab? Offenbar nur dann, wenn Materie ausschließlich mit dem Quantum gleichgesetzt wird, nicht aber, sobald sie auch als qualitative eine bleibt. Ebenso verweigert sich nur die träge Materie dem Neuen, das heißt eine, der als wesentlichste »Eigenschaft« die Trägheit eingeschrieben ist, gemäß der Newtonschen Formel: Ein isolierter Körper beharrt in Ruhe oder gleichförmiger Bewegung. Hegel aber setzt diese »Eigenschaft« als vollkommen äußerlich, sie entspricht der »Endlichkeit des Körpers, seinem Begriffe nicht gemäß zu sein«, sie gilt überhaupt nur vom abstrakten, vom »selbstlosen Körper« (Enz. § 264). An den »individuellen Körpern« dagegen kennt Hegel »Richtungsänderung« durchaus, eine immanent beginnende, welche Härte, Schmelzbarkeit, Farbe und so fort ganz ungleichförmig sich verändern läßt. Besonders aber sind auch die mechanischen Grundbestimmungen des abstrakten Körpers nie rein quantitativ; mit Ausnahme der allerersten Raum-Zeit-Verhältnisse. Bereits die Schwere, die erste Sättigung des Körpers, stellt ein Quale gegen das bloße Raum-Zeit-

Verhältnis dar (wenn auch kein aus Quantität umgeschlagenes). Die außerordentliche Feier des Lichts hat überhaupt nur Platz, wo das Quantum gänzlich verlassen ist, ja nicht einmal zugrunde liegt (daher Hegels Zustimmung zu Goethes Farbenlehre, sein Kampf gegen Newtons »Barbarei«, gegen die »Vorstellung, daß auch beim Lichte nach der schlechtesten Reflexionsform, der Zusammensetzung, gegriffen worden ist«). Wie immer es sich mit der Wahrheit der qualitativen Naturphilosophie verhält: das Quantitative fällt hier mit dem Umkreis der mechanischen Materie nicht ganz zusammen; einerseits ist Licht bereits qualitativ. Andrerseits, was den eigentlichen Qualitäts-Umschlag angeht, findet sich Quantitatives bei Hegel in allen Gebieten, ja gerade in den sogenannten immateriellen. So in der Zahlenreihe, in musikalischen Verhältnissen, chemischen Verbindungen, im Maß der Tugenden und Laster, im Größenverhältnis der Staaten. Weder also ist mechanische Materie ausschließlich ein Quantum, noch das Quantum ausschließlich mechanische Materie; weder nimmt mit dem Qualitäts-Umschlag, mit Qualität überhaupt notwendig Materie ab, noch ist das Hervorbrechen des Quale aus dem Quantum (in sowieso schon idealen Gebieten) ein Sieg des Idealismus über den Materialismus. Hegel sieht vielmehr schon einen Sieg des Quale, wenn Wasser durch Temperaturänderung sprunghaft seinen Aggregatzustand verändert, ohnehin wird Materie bei Hegel als Schwere, gar als Licht, gar als Farberscheinung oder chemischer Prozeß wachsend selber der Qualitäten voll; sie ist bei Hegel der dialektischen Qualifizierung durchaus fähig und würdig. Der Grund also, weshalb dennoch keine dialektisch-qualifizierte Materie usque ad finem zugelassen wurde, lag daher nicht – wie der törichte Mechanismus meinte – in Hegels Qualitätslehre; diese ist vielmehr, als dialektische des Umschlags, eine Voraussetzung für jeden weiteren, jeden nichtmechanischen Materialismus. Entscheidend für Hegels Verdrängung der Materie bleibt vielmehr der idealistische Ausgangspunkt, nämlich die Unmöglichkeit, reale Materie so leicht aus Gedankenbestimmungen zu konstruieren wie die Bildungen des Geistes, die scheinbar freischwebenden und ebenso scheinbar von Haus aus idealistischen. Desto lehrreicher darum, daß auch in diesen angeblich entronnenen Bildungen Materie immer wieder auftritt und Schlachten liefert. Gewiß nicht die mechanische Materie, doch die grundlegende Gewalt wirtschaftlicher Bedürfnisse, die Veränderung der Produktions- und Austauschweise, kurz das ganze, obzwar nicht nur »grobmaterielle« Ensemble, das den Unterbau ausmacht und im Überbau seinen dadurch determinierten Reflex hat. Immerhin hat Hegel in der Sphäre des »objektiven Geistes«, das heißt in Staats- und Gesellschaftssachen Materielles insoweit eingefügt, daß er Gesellschaft, vor allem bürgerliche Gesellschaft, ihre materielle Ökonomie und sogar Technik von seinem hochidealen Staat, dem sogenannt »präsenten Gott auf Erden«, sowohl unterschieden wie grundhaft mit ihm verbunden hat. Auch in noch höheren Sphären als denen des objektiven Geistes tritt Materie beiseite, doch nicht verschweigbarer eigener Art wieder vor, nämlich in Kunst und Religion, also im »absoluten Geist« dieses Systems; und es ist die *Materie der in sich verschlossenen Geistnatur*. Hegels *Ästhetik* setzt sie doppelt, ja dreifach: einmal als Naturschönheit, sodann als symbolische Form, sodann als Konkretion der symbolischen Form in der Architektur. Das Naturschöne wird wiederum unten gehalten, es drückt das Schöne nur in scheinhafter und ihm äußerlicher Erscheinung aus. Natur ist auch ästhetisch kein Runenberg, keine versteinerte Zauberstadt, sondern »mangelhafte Schönheit«, die vom Kunstschönen nicht nur völlig aufgelöst, sondern ebenso völlig überboten wird; doch immerhin, es meldet sich als ein Schönes. Freilich die Kunst erst erhebt sich über die »Dürftigkeit und Prosa der Natur« und zwar als Wirklichkeit des Ideals; erst ihre »ideelle Subjektivität« vermag die materielle Anspielung zu befreien und »das Äußerliche reinem Begriffe gemäß zu machen« (Werke X^1, S. 196). Doch auch dem Kunstschönen liegt Materie zugrunde, zunächst in der Symbolform, sodann, diese konkreszierend, im Steinwesen der Architektur. Die Symbolform eben ist dasselbe wie Überwiegen des Stoffs über die Form, der Sinnlichkeit über den in ihr ringenden Geist. Das macht sowohl ihr Brüten aus, den dumpf antönenden Urlaut (auf dem beständigen Sprung zum Geist) wie die Zweideutigkeit dieses unausgeglichenen Bedeutens von Geistformen, Sphinxformen im Überwiegen des Stoffs. In der Tat geben daher die Ägypter den Mittelpunkt für die symbolische Kunstform ab: »Ägypten ist das Land des Symbols, das sich die geistige Aufgabe der Selbstentzifferung des Geistes stellt, ohne wirklich hinzugelangen« (Werke X^1, S. 456). Es ist das Land des lautlosen Rätsels, das »Reich des Todes und des Unsichtbaren, das hier die Bedeutung ausmacht«, und seine Konkretion ist die Architektur, freilich nicht nur die ägyptische. Sondern Architektur überhaupt ist ein bloßes »Suchen der wahren Angemessenheit« und muß in der »Äußerlichkeit von Inhalt und Darstellungsweise« sich genügen: »Das Material dieser ersten Kunst ist das an sich selbst Ungeistige, die schwere und nur nach den Gesetzen der Schwere gestaltbare Materie; ihre Form die Gebilde der äußeren Natur, regelmäßig und symmetrisch zu einem bloß äußeren Reflex des Geistes zur Totalität eines Kunstwerks verbunden« (Werke X^2, S. 257). Ganz ähnlich reproduziert auch Hegels *Religionsphilosophie* Materie als Ägypten, kurz vor dem Aufgang des Geistes; die ägyptische Religion ist ebendeshalb die des Rätsels. Die Schwere ist darin, welche alles Leben wieder zurückfordert: »Die Pyramide ist ein Kristall für sich, in dem ein Toter haust«; doch die Inschrift des Tempels der Göttin zu Sais schließt ebenso mit der Ankündigung des Lichts: »Die Frucht meines Leibes ist Helios« (Werke XI, S. 376). Bei dieser Schwere und diesem Licht sind so dieselben Stadienbestimmungen wie in der Naturphilosophie und das schließliche Verlassen beider durch den Menschen, als dem erst von Ödipus gelösten Geheimnis der Sphinx. In seiner Philosophie der Geschichte drückt Hegel dies Ineinander der ägyptischen Naturreligion mit zwei merkwürdigen Erinnerungen aus: »Ein Stoiker lernte die ägyptische Religion näher kennen und erklärte sie für Materialismus; den Gegensatz davon machten die alexandrinischen Philosophen, welche alles als Symbole einer geistigen Bedeutung nahmen und zwar so, daß diese Religion reiner Idealismus gewesen sei« (Werke IX, S. 217). Hegel hat mit diesem Entgegengesetzten seine eigene Naturphilosophie bezeichnet und seine Geistesphilosophie wenigstens insofern, als selbst die griechische Welt – die Auflösung des ägyptischen Rätsels, die Geburtsstätte der Philosophie, das höchste Fürsichsein des absoluten Geistes – ihre Wahrheit mit den Kategorien des materiellen Seins beginnt. Wie die Kunst und Religion, so fängt auch Philosophie mit dem Ansich des verschlossenen Geistes an, also mit Wasser, Luft und dergleichen; auch die Tat der Philosophen ist dies, »daß sie das an sich Vernünftige aus dem Schachte des Geistes, worin es zunächst nur als Substanz, als inneres Wesen ist, zu Tag gebracht, in das Bewußtsein, in das Wissen befördert haben, – ein sukzessives Erwachen« (Werke XIII, S. 52). Überall also liegt Materie (das variierte Spiegelbild ihrer naturhaften Äußerlichkeit) den Geistesbildungen als Anfang zugrunde; überall aber auch macht sich der Fortschritt als ein Fortschreiten von ihr in geisthafte Subjektivität, als »sukzessives Erwachen« zur immateriellen Vernunft heraus. Was der Natur als solcher angehört, liegt in ganzer Linie hinter dem Geist zurück; er selber hat zum eigenen den gesamten erledigten Gehalt der Natur. Weit mehr als bei Schelling liegt die Materie unten und schließlich draußen; auch fehlt der Rückbezug, gar Parallelismus des Geistes zur Naturgestaltung, wie ebenfalls oft bei Schelling und nicht nur bei dem des Identitätssystems. Dafür freilich unterliegt Hegel durchaus nicht der Verführung eines philosophisch erneuerten Astralmythos, das heißt die menschliche Geschichte wird nicht zum Spiegel- oder Symbolbild eines kalendarisch gegebenen Winters oder Frühlings, gar eines vorgegebenen Sternstands mediatisiert; – das ist die Lichtseite an Hegels schattenreicher Mediatisierung der Natur. Schelling war hier, in seiner Philosophie der Kunst, so weit gegangen, daß selbst die Musik ihre Wahrheit an Planeten und Kometen erfahren sollte, also wieder in der Sphärenharmonie landete, und Kunst insgesamt das Universum nachsprach; denn »alle Potenzen der Natur und ideellen Welt kehren hier – nun in der höchsten (sc. Potenz) – wieder, und es wird ganz klar, wie Philosophie der Kunst Konstruktion des Universums in der Form der Kunst sei« (Schelling, Werke V, S. 487). Davon ist Hegels Menschenstolz weit entfernt: tanta molis erat humanam condere gentem, sagt seine Geschichtsphilosophie, in humanistischer Verschiebung des berühmten Fazit der Vergilschen Äneis. Und die Frucht dieser Mühe, die menschliche Kultur, ging nicht mehr zu Naturgöttern zurück; die Sonne wurde zu einem Attribut Apollos, der murmelnde

Quell zu einem Element der Musen und nicht umgekehrt. Zweifellos wurde dies Kulturpathos teuer bezahlt, eben mit dem Verlust der Materie oder – was aufs Selbe herauskommt – mit der Verblassung ihrer entwickelteren Gestalten zu lauter Geistgestalten an und für sich. Daher überall dieselbe Stelle, wo der Zimmermann das Loch gelassen, nämlich die Verdünnung und Vernichtung der Materie, wodurch die Subjektivität auszieht und in sich zieht; daher die Beharrlichkeit dieser – hundertfach variierten – Spiritualisierung und nicht nur Qualifizierung von Materie. Auch fehlt Astralmythos trotz allem nicht ganz, nämlich als Pathos der begriffenen Notwendigkeit, als Unterwerfung unter die kontemplierten Schicksalssterne der Geschichte, als amor fati intellectualis historisch-fatalistischer Ordnung. Aber wiederum: gar vieles, was Hegel Substanz, selbst manches, was er Subjekt nennt, ist umgetaufte, unkenntlich gemachte, auch unerkannte Materie. Daher ist dem Marxismus nicht nur und ausschließlich die dialektische Methode an Hegel wichtig und an Hegels Werken nicht nur die Phänomenologie und die Logik (als die Grundexempel dieser Methode), Engels fand auch noch in der Hegelschen Naturphilosophie entscheidende Wahrheiten des dialektischen Materialismus; gerade in ihr, die zu seiner Zeit vergessen war und heute noch dem normalen Hegelianer eine Verlegenheit ist. Auch Hegels Ästhetik besteht nicht nur aus Spiritualisierungen, aus lauter Abschied der »Form« vom »Stoff«, des »absoluten Geistes« vom »sinnlichen Scheinen der Idee«. Und die Religionsphilosophie? – so sagt Hegel, nicht das sei den Griechen, ihrer Kunst und Mythologie vorzuwerfen, daß sie ihre Götter zu sehr, sondern daß sie sie zu wenig vermenschlicht haben, und demgemäß ist der gesamte absolute Geist, den er in der Religion zur Vorstellung werden läßt, zum Schrecken der Orthodoxen nicht in einem Himmel über der Welt ansässig, vielmehr der Welt-Geist selber, anthropologisch, nicht transzendent kulminierend.

Nochmals Subjekt-Substanz und Qualifizierung

Kein anderer geistiger Weg stieß je so stark auf das, was auf ihm nicht wuchs. Es war die Welt unter ihm und darum her, gedanklich abbildbar, doch ohne des Gedankens Blässe. Hegels Geist ging gerade ins sinnlich-Besondere, und dieses galt nicht etwa als bloßes Beispiel für ein Allgemeines, sondern dessen noch so sublimiert auftretender Begriff sollte einzig wieder ein Allgemeines des Besonderen sein. Und weiter, mit diesem Allgemeinen war nicht das mechanisch-statische gemeint; die mechanische Stoffhuberei ist ja auch außerhalb Hegels zu purem Aufklärricht abgestanden. Gerade der dialektische Hegel hat dazu mitverholfen, daß der Stoff als statischer Klotz Materielles nicht erschöpfe. Lenin sagt: »Hegel schlägt jeden Materialismus, nur nicht den dialektischen«; denn diesen, ist hinzuzufügen, hat er selbst ermöglicht. Und die Schwierigkeiten des Hegelschen Kopfwesens sind mit dem »auf die Füße Stellen« des Kopfwesens auch noch nicht ganz erledigt. Hegels zwei diesbezügliche Grundlehren – Subjekt-Objekt-Objekt-Subjekt-Beziehung und Qualifizierung des Quantitativen – gingen in den dialektischen Materialismus ein, ihre idealistische Hülle fiel ab. Schwierigkeiten bestehen hier: die idealistische Hülle, der materialistische Kern sind nicht getrennt wie bei einer Nuß, sie sind vielfach noch verwachsen. Die Schwierigkeit wird durch die Praxis erleichtert, worin die zwei Grundlehren marxistisch stehen und arbeiten. Besonders die *erste* Grundlehre, die *Subjekt-Objekt-Objekt-Subjekt-Beziehung* hat ihren Kern bereits hergegeben, er ist der arbeitende Mensch und die Verwandlung, die auch an ihm durch sein verwandeltes Arbeitsobjekt geschieht. Bei Hegel freilich, idealistisch, stellt sich das Subjekt noch als pures Denken dar. Auch das Selbst der Welt ist Trieb des Geistes nach seinem *Begriff*, als dem einzigen Anundfürsichsein, kein anderes Triebwerk setzt hier den realen Prozeß in Bewegung und unterhält ihn. »Volksgeister« machen die Geschichte, nacheinander vortretend wie die Stimmen einer Fuge, der Begriff ist Demiurg, oder die Individuen holen zwar, wie Hegel sagt, dem Weltgeist die Kastanien aus dem Feuer, doch wahrer Demiurg von allem soll überall der sich gegenständlich machende, sich mit sich letztlin zusammenschließende Logos bleiben. Den zusätzlichen Intensitätsfaktor im einfach realen Vorgang entdeckt zu haben, ja, was Dialektik angeht, den »stoßenden Widerspruch« im nicht nur rein-logischen, das war die

Tat von Marx, und genau mit ihr hat er Hegels Panlogismus auf die Füße gestellt. Das ist, sowohl auf das Voluntaristische wie auf das Realistische des wirksam wirkenden Gehens und des Kopfwesens als Mittel dazu, nicht als Inhalt. Statt des hypostasierten Denkens erschien die menschliche Arbeit, statt der Dialektik der Gedanken die Dialektik der Produktivkräfte und schließlich so, ganz unkontemplativ, Dialektik als Algebra der Revolution. Übergänge zum wirklichen Subjekt fehlen bei Hegel zwar durchaus nicht, der Subjektbezug der Substanz holt ein Stück Himmel auf die Erde, doch die Erde selber bleibt, gleich dem menschlichen Subjekt, dennoch eine Intellektualwelt, und die Materie bleibt, ob auch schwierig, darin angesiedelt. Immerhin gäbe es ohne Hegels Subjekt-Objekt-Beziehung keine Entdeckung der menschlichen Arbeitsbeziehungen als Wurzel aller gesellschaftlichen Dinge, also gerade keinen *historisch*-dialektischen Materialismus. Nicht so ganz hat die *zweite* Grundlehre: die *Qualifizierung des Quantitativen*, die Naturphilosophie der Qualitäten, ihre Wirklichkeit bereits herausgestellt. Gewiß, der berühmte Umschlag der Quantität hat bei Hegel bereits ein dialektisch-materialistisches Gesicht, ja die Engels'sche Schrift »Dialektik der Natur« schließt sogar ziemlich treu an die physikalisch-chemisch-organisch gestuften Qualitätssprünge der Hegelschen Naturphilosophie an. Doch ist der Materialismus des alten Stils gewiß dem Quantum verschworener als der Qualität; sicher machen deren neu entspringende physikalische, chemische, organische, nun erst ökonomische »starting points«, wie Engels sagt, unter den nur mechanisch bleibenden Körpern des üblichen Materialismus einen enormen Fremdkörper aus. Doch die eigentliche *Stufung von Qualitätsbestimmungen und Qualitätssphären* bleibt selbst im *dialektischen* Materialismus eine Crux. Der Materialismus ist von Haus aus quantitativ, so bei Demokrit, so wieder – als Leugnung der »sekundären Qualitäten« (Licht, Ton, Wärme) – in der Neuzeit. Indem nun der dialektische Materialismus sich nicht nur an Demokrit orientiert, sondern eben an Hegel, dadurch zugleich an Aristoteles, kurz an Denkern der Qualität und ihres entwicklungsgeschichtlichen Stufenbaus, entsteht, wie hier oft bemerkt, ein Ineinander von Prinzipien. Demokrit und Aristoteles-Hegel lassen aber sich nicht ohne weiteres synthetisieren; das eine ist Materialismus der Quantität, das andere dieses, was Hegel »Idealismus der Lebendigkeit« nennt. Das Ineinander ist desto vertrackter, als Demokrit zwar mechanisch-statisch, gegen Hegel zwar mindere Wahrheit, aber, zum Unterschied von Aristoteles-Hegel, immerhin – Materialismus ist. Die Schwierigkeit wird durch Hegel selber etwas erleichtert, indem er sehr oft als Substanz oder auch Geist behandelt, was sowohl seiner Herkunft wie seiner Konkretheit nach dialektisch entwickelte Materie ist. Umgekehrt drängt die, sage man: seltsame Darbietung der Qualitäten in der romantischen Naturphilosophie, zu der doch, malgré lui, auch die Hegelsche gehört, vieles davon in bloße Hülle um sonstige Fülle ab. Hier geht Hegels Idealismus weit hinter gewisse, als haltbar anerkannte Grundbegriffe der mechanischen Naturansicht zurück, und doch ist schwer auszumachen, wo eine materialistische Dialektik der Natur (als welche selbstverständlich nicht nur eine formalisierte, gar eine der bloß mechanischen Bewegungsgesetze ist) Hegel durch Demokritismus oder umgekehrt diesen durch Hegel korrigiert. In Hegels Materie ist nicht nur der Fluß, sondern ein wahrer Flußgott des Werdens, das heißt eine Art Religionsphilosophie der Qualifizierung (so in der Feier des Lichts). Dies Zugleich von Veraltetem und Bedeutendem, Rückständigem und Unabgegoltenem, macht die qualitative Naturlehre zu einem ganz einzigartigen Problemkomplex. Ist doch das Fragezeichen in diesem Gebiet der Materie nicht nur ein methodisches, sondern ein objekthaftes: ein Ausdruck der Natur-Ungelöstheit selber. Dies Fragezeichen signalisiert dann die objektive Ungelöstheit der in und mit uns tätigen wie der anorganischen Welt-Materie, aber auch ihre positiv währende *Offenheit* und damit deren Zukunftscharakter in unabgeschlossener, objektiv-realer *Möglichkeit*. Indes eben: der Zeitmodus Zukunft und die ihn fundierende Zentralkategorie objektiv-reale Möglichkeit, diese beiden Latenzen nach vorn, sind bei Hegel nicht aufgegriffen worden. Dafür aber gibt es, in der Vorrede zur Phänomenologie des Geistes, immerhin die bedeutsame, ob auch von Hegel nicht weiter verfolgte Zukunfts-, ja Noch-Nicht-Notierung: »Der Leichtsinn wie die Langeweile, die im Bestehenden einreißen, die unbestimmte Ahnung eines Unbekannten sind Vorboten, daß etwas anderes im Anzuge ist. Dies allmähliche Zerbröckeln, das die Physiognomie des Ganzen nicht veränderte, wird durch den Aufgang unterbrochen, der, ein Blitz, in einem Male das Gebilde der neuen Welt hinstellt« (Werke II, S. 18). So ist eine Latenz, in Hegels System der Entwicklung, selber als latente; gerade das Neue, das, wie Hegel an gleicher Stelle sagt, mit einem qualitativen Sprung aus dem Alten dialektisch *fortlaufend* geboren wird, wäre ja keines und könnte keines sein, wenn es im ganzen seine Zukunft abgedankt hätte und sozusagen nur in der bereits geschehenen Vergangenheit angebrochen, von ihr umschlossen wäre. Umschlossen von einem bereits Fertiggemachten, statt nicht nur Mittel zu einer danach eintretenden Gewordenheit zu sein, sondern eben immer wieder Durchbruch. Wie er das Gewordene durchschlägt, weil im wirklichen Novum das durchaus noch ungewordene Ultimum impliziert ist, ja die Dialektik selber ihren letzten Anlaß zum Widerspruch eben aus dem noch Ungelungenen in der Gewordenheit verlangt.

Hochzeit Dialektik-Materie

So ist der ganze Weg einer des Umschlagens, das staffelt ihn bis zuletzt. Der Stoff hört damit völlig auf, ein starrer zu sein, auch wenn das Medium, wodurch das erkannt wird, bei Hegel pausenlos Geist und nichts anderes als Geist heißt. Doch eben die Dialektik kam dadurch zum Begriff Materie und dieser kam endlich zu ihr, genauer, im historisch-dialektischen Materialismus wurde diese glückliche Begegnung besiegelt, den Idealisten eine Torheit, marxistischen Materialisten vielleicht allzu sehr eine Selbstverständlichkeit. Erst Hegel aber gab zu dieser Begegnung die Prämissen, wie bekannt, und Marx zog daraus den Schluß, der alles andere als ein Ende ist: Dialektik, auf die Füße gestellt, ist keine Selbstunterhaltung des Weltgeistes, sondern die Gangart der Materie, vorzüglich der im menschlichen Arbeitsprozeß befindlichen. So kam die große Sachverbundenheit von historischer Dialektik und materialistischer Erkenntnis, desto bemerkenswerter, als solche Union ihren beiden Gliedern ja keineswegs an der Wiege gesungen war. Die Dialektik fand sich bis dahin, sieht man von Heraklit ab, ausschließlich bei Idealisten, bei Platon, Proklos, Abälard, Nikolaus von Cusa, Jakob Böhme, Fichte, vollends bei Hegel; der Materialismus dagegen gab sich bis Marx fast ausschließlich als physisch-statisch, selbst dort, wo er sich als natürliche Entwicklungsgeschichte darbot, doch auch dann mit ewig-ehernen Gesetzen. *Dialektischer* Materialismus wird statt dessen die glücklichste wie realistischste Hochzeit, gerade indem die Materie nach und über ihren physikalischen Daseinsformen nicht idealistisch verduftet, sondern ökonomisch-technisch die Schlüsselstellung in ihr selbst und zu ihr selbst erst recht einnimmt und behauptet. Gegen das mechanistische Nivellement der Natur erhebt sich die qualitative Stufung, dergestalt, daß die höhere Stufe die frühere berichtigt und die Wahrheit der früheren darstellt. Statt des ausschließlich physikalischen Materialismus ist auf diese Weise die ganze Unterbau-Überbau-Relation des ökonomisch-historischen Materialismus überhaupt erst möglich; das heißt, es gab, statt der totalen Reduktion auf Atome und Atomverbindungen, auch menschliche Wirtschaft und Gesellschaft als materielles Verhältnis – auf höherer, relativ selbständiger Stufe. Es gab Materie, die nicht in der Natur stecken blieb, die immer neue Bewußtseinsblüten ihres Subjekt-Substanz-Verhältnisses trieb, ja, die sich im ökonomisch-historischen Menschsubjekt überhaupt deutlich als Subjekt des Prozesses erfaßte. Um zu diesem Menschsubjekt, gleichsam als einer natura supernaturans, zu gelangen, bedarf es noch nicht eines »inneren Verklärungspunkts« der Materie, wie Schelling das in den »Weltaltern« nennt. Es genügt der organisch, dann psychisch neue Startpunkt einer qualitativ neuen Daseinsform, des energetisch-materiellen Hypokeimenon, ein Ausscheren aus der immer nur stetig und gleichmäßig fortschreitenden Zahlenreihe. Ohne daß dadurch jedoch jenes ganz andere Feld von Nicht-Materiellem einträte, das der Idealismus dualistisch als sein liebstes Kind hat, der Materialismus als sein immer wieder auf die Füße zu stellendes. Das Bewußtsein insgesamt, auch Geist genannt, mithin die geschehende Selbstreflexion der materiellen Vorgänge macht bei alldem zwar eine Crux im Materialismus, doch indem diese

Crux die problemlos gewesene Selbstzufriedenheit des mechanistisch gebliebenen Materialismus sprengt, wird sie dem dialektischen eine Bereicherung seiner ohnehin mit Sprung und schwieriger Offenheit beladenen Welt. Die Prozeßrealität der Materie – als dialektische Entwicklung ihrer objektiv-realen Möglichkeit – ist jedenfalls entdeckt und im historisch-dialektischen Materialismus unverlierbar erkannt. »Wer verlangt«, sagt Hegel unverdrossen, an allen Orten, noch in der Ästhetik, »wer verlangt, daß nichts existiere, was in sich einen Widerspruch als Identität entgegengesetzter trägt, der fordert zugleich, daß nichts Lebendiges existiere. Denn die Kraft des Lebens und mehr noch die Kraft des Geistes besteht darin, den Widerspruch in sich zu setzen, zu ertragen und zu überwinden. Dieses Setzen und Auflösen des Widerspruchs von ideeller Einheit und realem Außereinander der Glieder macht den steten Prozeß des Lebens aus, und das Leben ist nur als *Prozeß*. Der Lebensprozeß umfaßt die gedoppelte Tätigkeit: einerseits stets die Realunterschiede aller Glieder und Bestimmtheiten des Organismus zur sinnlichen Existenz zu bringen, andererseits aber, wenn sie in selbständiger Besonderung erstarren und gegeneinander zu festen Unterschieden sich abschließen wollen, an ihnen ihre allgemeine Idealität, welche ihre Belebung ist, geltend zu machen« (Werke X^1, S. 155 f.). Dies eben nennt Hegel, zusammenfassend, den »Idealismus der Lebendigkeit«, freilich hat er die Materie dann wieder, als wäre keine dialektische Qualifizierung an ihr begonnen, auf mechanischen Anfang zurückgedrängt. Wurde aber die Dialektik ganz an der Materie, das ist an der Prozeß-Materie erfaßt, dann erschien nicht »Idealismus der Lebendigkeit«, sondern ein neuer Materialismus mit dem Puls dialektischer Lebendigkeit.

MATERIE ALS KEIM DES MENSCHEN;
ALS BRANDMAUER GEGEN DÄMONEN
UND ALS ZUKÜNFTIGER KRISTALL
(Oken, Baader)

Was sich als unser Leib entwickelt, muß vorher angelegt gewesen sein. Auch ist er am wenigsten an einem Tag erbaut worden und die Tiere fingen früher damit an. *Oken* (Zeitgenosse Schellings) wollte derart aufspüren, hat diese Aufwicklung versucht, den Leib und seinen Stoff von Anfang gleichsam mitzumachen. Da wurde der Mensch von vornherein in dem Stoff vorausgesetzt, Stück für Stück sozusagen setzte er sich aus dessen Teilen, nacheinander, zusammen. Oken hat viel phantasiert, mit eiligen, mit billig überraschenden Analogien war er weit freigebiger als Schelling, unbedenklich füllte er empirische Lücken durch Einfälle aus, oft durch Schrullen. Aber derselbe Mann hat am energischsten natürliche Entwicklungsgeschichte und nichts als diese betrieben; »Urschleim« und »Bläschen« (Protoplasma und Zellen) hat er herausspekuliert, er setzte auf Äther und Meer als unsere Geburtsorte. Der Urzustand des alten Sauerteigs ist freilich seltsam genug, nämlich das Zero, die völlig unbestimmte Null. Sogleich aber ist sie polar, tritt als Plus und Minus auseinander, Zeit entsteht, Raum, die feurige Ätherkugel, aus ihr die vier Elemente, aus diesen – in immer reicherer Verbindung – Mineral, dann Pflanze, dann Tier. Das immer wiederholte Setzen der Dinge ist Zeit, die stehengebliebene Zeit ist Raum, der Punkt, Zero, nun als ausgedehnt gedacht, ist die Weltsphäre. Diese, als durch Bewegung entstanden, läuft selber im Kreis: »Gott ist eine rotierende Kugel, die Welt der rotierende Gott« (Lehrbuch der Naturphilosophie, 1831, S. 30). Ersichtlich hat Oken hier die Kant-Laplacesche Hypothese zum Mythos zurückverwandelt, mindestens mit ionischem Pantheismus ausgeziert. Das alles nennt Oken Mathesis, ihr folgt die eigentliche Hylogenie, das heißt die Entstehungslehre des Äthers aus dem raumhaftseienden Gott. Es ist dies ein Akt der Schöpfung, nicht aber der Erschaffung; denn Gott schöpft die Welt lediglich aus sich selbst. Auch geht Okens Gott völlig in den Äther der Welt ein: »Der Äther ist die erste Realwerdung Gottes, die ewige Position desselben. Er ist die erste Materie der Schöpfung; alles ist mithin aus ihm entstanden, er ist ... der göttliche Leib« (l. c., S. 35 f.). Und wie Oken ausdrücklich anmerkt, mitten in der kuriosen »Hylogenie« (über den Kellern aus Nichts): »Der Äther oder die Materie ist das universale Substrat der Natur, und es existiert nichts, was nicht materiell wäre« (l. c., § 136). Dreifach ist der Akt der Schöpfung: »Gott in sich seiend ist Schwere, handelnd, oder aus sich heraustretend Licht, beides zugleich oder in sich zurückkehrend Wärme« (l. c., S. 43). Haben sich aus der Feuerkugel der Wärme nun Sonnen und Planeten gebildet, so entsteht durch Urzeugung das organische Leben und zwar aus dem Meer, aus der weichen Kohlenstoffmasse des »Ur- oder Meerschleims«. Die organisch gewordene Materie schlägt als Pflanze zur Blüte aus, das Tier ist die selbstbewegliche Blüte, vor allem aber repräsentieren die Tierklassen die einzelnen Sinne, in denen die Welt sich empfindet. So ist die Schnecke das Tasttier, der Vogel das Hörtier, erst das Säugetier ist »Allsinntier« geworden, und der Mensch das höchste, indem er sich selbst erkennt. Er ist das alle Organe und Gestaltungen zusammenfassende Wesen; das Tierreich ist lediglich der teilweise erscheinende Mensch, der zerstückte und anatomierte. Die Zusammenfassung geht noch weiter: »Der Mensch sieht alles, das ganze Universum, während die Tiere nur einzelne Teile desselben ... ansehen können, wodurch sie ihre Vorstellungen nie zur Einheit bringen« (l. c., S. 489). An dieser Stelle vollzieht Okens qualitatives Denken eine merkwürdige, doch nicht unwichtige Umordnung der primären und sekundären Eigenschaften, der Sinnesempfindung und ihres physischen Korrelats. Dies Korrelat wird nicht geleugnet, doch ebensowenig das Wirkliche seiner subjektiven qualitativen Empfindung; beides ist wirklich, das Außen wie das Innen, der Stoff wie die Druckempfindung. Oken nennt das Außen oder Universum »die vorbildliche Urwelt«, das Sinnbewußtsein dieses Universums die »ebenbildliche Nachwelt«; die Urwelt setzt sich in der Nachwelt qualitativ fort. So wird die Kohäsion zum Tastsinn, die Elektrizität zum Geruchssinn; das Ohr hört die Metalle, im Auge sieht sich die ganze Welt. »Wie das Selbstbewußtsein nicht verschieden ist vom Consensus des Leibs, ...

ebenso ist der Sinn der Consensus mit der Welt, indem das eine Tier, das wir Universum nennen, an den Tieren sein Hirn hat« (Über das Universum, S. 9 ff.). Okens Wendung kehrt bei Fechner später wieder, erkenntnistheoretisch auch bei Lotze; wichtig an ihr ist, daß der naive Realismus, welcher die Welt nimmt, wie sie sinnlich erscheint, keineswegs naiv bleibt, sondern geradezu ein triumphierender wird. Die Sinnesqualitäten verhalten sich zum physischen Korrelat wie »das Gehirn zur Haut«; ebenso bleiben umgekehrt, bei dem heidnischen Naturalisten Oken, Gehirn, Seele, Geist durchaus an die Haut gebunden: »Geist ist nur die im Ebenbild bewegte Natur«. Der Mensch faßt die Selbstoffenbarung des Urstoffs zusammen, die Natur will, kann und kennt nichts Höheres. Die bestimmungslose Null war ihr Eingang, der Mensch ist ihr Ausgang, doch einer, der den Kreis nirgends verläßt. Im Schädel wiederholt sich die Kugelform des Alls, im Menschen ist das Fleisch Gott und Gott Fleisch geworden.

Ganz anders wühlte ein raunendes Ich das Draußen aus sich heraus, heimlich überall. Suchte das Draußen von dessen eigenem Drinnen her zu lesen, freilich ebenso von obenher ihm zu Leibe gehend. Das neuere cogito ergo sum wird hier umgekehrt, mit keinem menschlichen Subjekt als erkenntnistheoretischem Anfang. Der Mensch weiß bei *Baader* nur soweit von sich und allem, als Gott von ihm weiß, so wird unser wie alles Sein zunächst passiv gesetzt: nicht cogito, sondern cogitor, ergo cogito et sum. Mit diesem Satz ist das Grundmotiv der neueren rationalistischen Philosophie wieder aufgegeben, dieses, daß der Mensch einen Gegenstand nur insoweit erkenne, als er ihn erzeugt hat. Baader nähert sich dagegen der vorkapitalistischen, ja von hoch herab herkommenden Auffassung; in dem cogitor, ergo cogito et sum ist die indische Lehre: nur wen Atman wählt, von dem wird begriffen, ist die Paulinische: der Mensch erkennt, gleichwie er von Gott erkannt wird. Oken war der zuende gelebte junge Schelling, aber Baader ist der intensivierte alte, und ein Anderes dazu: christliche Kabbala. Zwar hat im Cogitor der Mensch gleich einer Sonne über den Kreaturen aufzugehen, aber er kann das nur, weil er ihnen zur Offenbarung Gottes als der höchsten Sonne verhilft. Dennoch, ja eben deshalb will Baader durchaus Einfluß des Menschen, ob auch auf dem Umweg von oben herab, um ihn aufs Erkannte weiterzuleiten. Folgerichtig von hier aus der Wiedereinbau aller Naturkenntnis und Technik in *Magie*; Mittler ist der gläubige Mensch. »Die wahre Macht über die Natur entspricht der der Seele über den Leib«, das ist, Schwere und Trägheit sind ein Bann, der wird nur geistig gelöst. Selbstverständlich sieht sich Alchymie hier geehrt und symbolisiert, noch entschiedener als bei Schelling: »Nur der wiedergeborene Mensch, der Christ, sagten die alten Alchymisten, kann Gold machen aus Steinen. Nur dieser wiedergeborene Mensch bringt überall, wo er hintritt, den Sabbath der Natur, dem Menschen und selbst, wenn man so sagen darf, der leidenden Gottheit« (Werke XV, 1851, S. 202 ff.). Das nicht als langsam vermittelnder Prozeß der Vergeistigung, wie bei Schelling und Hegel, wie im entwicklungsgeschichtlichen Pantheismus; dieser verwechselt vielmehr, nach Baader, die Natur mit dem Bann ihrer materiellen Seinsweise und den Bann überdies mit einem keimenden Gott. Daher kann die Blüte mehr »Silberblick des Ewigen« sein als die entwickelte Frucht; Baader verweist hier auf Böhmes Gleichnis der Blüte und Blume als »der lieblichen Konjunktion der Ewigkeit mit der Zeit« – es sind flüchtige Momente der Ewigkeit, Sprünge und nicht notwendig Wachstümer. »Weil das Reich dieser Welt nur eine Zeit ist, in welcher der Fluch (Gegenwartsflüchtigkeit), so geht diese paradiesische Eigenschaft mit ihrer Signatur bald dahin und transmutiert sich in das Korn« (Werke VII, S. 141 f.). Das ist die Poesie des jähen Sprungs ohne Vorboten, statt der Prosa des Prozesses, Pathos der erinnerten Jugend, die im Korn der Reife nicht alles hielt, was sie versprach. Doch gerade deshalb ein Gefühl der unvergessenen Antizipationen statt des alles aufarbeitenden pantheistischen Prozesses: »Und wenn diese Zeit nur der Winter der Ewigkeit ist, so vermag doch der Mensch, gleich einem verständigen Gärtner, auch mitten in diesem eisigen Winter wenigstens einzelne, wenn auch nur flüchtige und schnell sich wieder schließende Blüten der Ewigkeit hervorzurufen: jenen Paradieseszustand der Natur hiermit außer sich antizipierend, den er bereits in sich bleibender antizipierte« (Werke II, S. 121). Aber niemand hört die Natur und kann auch nur das Raunen ihrer Deutungen vernehmen, vor allem durch ihr Chiffriertes lesen, wenn nicht auch das darin unvordenklich Bedeutete mit uralter Lesekunst des Gewordenen mitbedacht wird. Das alles eben muß bei Baader im Zusammenhang mit seiner rezipierten Kabbala verstanden werden, hier mit ihrer »Gematria«, das heißt mit ihrer versuchten Schriftlehre der Natur insgesamt, als einer stummverschlossenen, in Chiffren aufblitzenden. Die Naturchiffer war ja auch ein Barockproblem; von Böhmes mythischen Signaturen reicht es hinauf bis zur Leibnizschen Characteristica universalis; von da ging es wieder ins Naturmythische zurück bei Novalis, Schelling (»die Natur ist ein uralter Autor«) und eben – besonders zentral – bei Baader. »Gerade in der taubstummen Region, der materiellen Natur«, sagt Baader, »bedarf der Mensch der Rede Gottes«: diese aber ist figürlich angezeigt. »Es hat seinen guten Grund, daß alles, was wir an der äußeren Natur sehen, schon Schrift an uns, sohin eine Art Zeichensprache ist, welcher indes das Wesentlichste, die Pronunziation fehlt, die dem Menschen schlechterdings anderswoher gekommen und gegeben sein müßte. Das Bestreben der meisten Naturforscher geht nun nicht dahin, diese richtige Aussprache zu finden, sondern sie begnügen sich mit der Beobachtung und Beschreibung der stummen Lettern« (Werke II, S. 129). Was also nicht mechanisch erklärbar sein soll, sondern vom »Griffel Gottes« in die Materie geschrieben, das erscheint in dieser nur verschlossen wie sie selbst: »Eine Natur wie diese materielle, welche sich nicht selbst zu offenbaren vermag, sondern nur offenbart wird, [kann] höchstens nur eine der Deutung bedürftige Hieroglyphenschrift (nicht Wortschrift) des schaffenden Worts an den Menschen sein« (Werke I, S. 130). Zwei Chiffrearten gibt Baader vor allem an: die der Klangfiguren und die der Sternbilder. Die Chladnischen Klangfiguren (im Staub auf einer angestrichenen Glasplatte sichtbar werdenden Tonschwingungen) stehen hier ersichtlich für mehr, nämlich für jene deutliche kristallinische, organische, ästhetische Gestalt. »Als ein gleichsam von seinem Material abgeschiedener, materiefrei gewordener Geist [beweist] der Klang sofort seine Meisterschaft über dieses Material damit..., daß er selber als Klangfigur sich zugebildet oder vielmehr als vestigium seines Scheidens oder Ausgangs zurückläßt. Welches vestigium das unlebhafte Bild dessen ist, was der Geist lebhaft und flüchtig in sich und mit sich fortträgt, und mit welchem er, als gleichsam mit einer Siegesbeute, seine Geburts- und Werkstätte verläßt. Denn es ist für die gesamte physische und psychische Morphologie der Satz festzuhalten, daß der Geist nicht im Eingang, sondern im Ausgang sich als plastisch signiert« (Werke XIII, S. 234). Nicht nur die Architektur also ist geronnene Musik, sondern der Klang ist vorher schon flüssige Architektur, ja alle Gestalten der Welt sind aus dem entsprechenden, in sie hineingesprochenen Klang geboren und ihm hermeneutisch verpflichtet. Die zweite Chiffer ist die Konstellationsschrift am Himmel, damit zusammenhängend liefert Baader auch eine eigentümliche, nämlich graphierende Theorie der Bewegung: »Alles Bewegen ist Figurbeschreiben, und diese himmlischen Naturen schreiben, weil sie nicht sprechen können ... bekanntlich betrachteten oder erkannten die Alten alle Gestalten der Elementarkörper als eine Sternenschrift« (Werke II, S. 396). Die Materie ist an dieser Stelle Baaders nicht Wachs von vornherein, worauf der Formsiegel sich aufträgt, sondern helfender, verhelfender Bildstoff, in den der Geist sich erst einzeichnet, indem er aus seinem bloßen Wehen, dem Tönen heraustritt. Der Bildstoff oder das Stoffbild der Schriftlehre ist hier ein bleibendes Ausdrucksmedium des Wesens, keine bloße vorläufige, uneigentliche, abfallende Hülle.

Was nun folgt, ist so noch nie in eines Menschen Kopf gewesen. Anfänge davon sind nur um 1800 bei St. Martin, dem französischen Magus, der ja deshalb auch le philosophe inconnu heißt, kamen aber über den Einfall nicht hinaus. Und das Seltsame betrifft gerade die *Materie*: Baader hat sie mit einem neuen, in ihrer ganzen langen Geschichte ungehörten Begriff bedacht. Der Begriff ist mythologisch von oben bis unten, indes schon deshalb bemerkenswert, weil hier zum ersten Mal, in Baaders Zubereitung, die Materie dem Idealismus keine – Verlegenheit ist. Freilich um den Preis, daß Himmel und Hölle in Bewegung gesetzt wurden, um die Materie sozusagen evident zu machen, um sie zu konstruieren. Nicht mehr aus lauter Mathematik wie bei Kant, sondern, mit völlig bizarrem »Axiom«: aus Gottes Mitleid mit dem gefallenen Menschen. Damit kommt auch ein anderer Aspekt auf die Materie als der oben angegebene eines Bildstoffs, in den und durch den ein sogenanntes göttliches Tönen hindurchgehen sollte, sich in den materiellen Gestalten gleich Chladnischen Klangfiguren inkarnierend. Das cogitor, ergo cogito et sum, Baaders erkenntnistheoretischer Grundsatz, wendet sich, in dem zweiten Aspekt, nun anders auf das idealistisch schwierigste Sum oder Esse an, aufs materielle. Ein göttliches Cogitari alles Seins bleibt, doch was Materie angeht, als ein Denken, Bedenken plus Mitleid. Das rational Unableitbare der Materie soll nun aus dem Sündenfall kommen, und an die Stelle eines göttlichen Figurentönens in der Stoffwelt tritt nun eine die Schlange bannende, rein erbarmungsreiche »Hylosophie«. Doch bevor solches entwickelt werde, ist eine Erinnerung fällig an die *kabbalistische* Lehre von der Materie, im Buch Sohar; denn Baaders Lehre baut ihr Neues auf diesem phantastischen Grund. Erst durch die Schlange, erzählt die Kabbala, kam der Stoff in die Welt, erst nach ihrem Fall wurden die ersten Menschen mit Häuten, also dem Leib bekleidet. Auf diesem Leib aber liegt außerdem die Unreinlichkeit (Tuman), welche nichts anderes als der Giftstoff ist, den die Schlange auf das Weib geschleudert hat. Ja die ganze Welt mit ihren Lüsten ist in die Haut der Schlange eingekleidet, sogar die menschliche Seele und der Geist; vermöge dieses Schlangengewands, das der Mensch mit zur Welt bringt, hat der Satan einen beständigen Griff oder Anhang an den Menschen. Andererseits sprechen die Kabbalisten von mehreren anderen Welten, welche der gegenwärtigen vorausgegangen, aber wieder untergegangen, weil der Mensch darin noch nicht vorgekommen sei. Ursache des Untergangs der letzten vorigen Welt ist der Aufruhr der Engel, jetzt erst wurde der Mensch geschaffen, als einzig gottebenbildliches Wesen, die Ruinen der eingestürzten Welt wurden der Ort der bösen Geister. Derart interpretiert der Sohar die Bibelstelle von den sieben edomitischen Königen, die vor den Königen Israels regiert haben und gestorben sind, aber nicht total vernichtet: sie sanken vielmehr unters Joch der Materie. Die Könige Edoms (Edom steht allemal als der Gegner Israels) wurden in die Räume der eingestürzten »Schalenwelt« als in ihren Körper eingeschlossen; in die Finsternis des völlig erloschenen Lichts oder des Nichts-als-Materie unterhalb der materiellen Natur. Baader nun – mit dem Satz: »Nicht bloß das Heil, auch die Wissenschaft kommt von den Juden« – hat die Materie mit dieser mythologischen Abart jüdischer Wissenschaft in eine dritte Beziehung gesetzt, jenseits der Unreinlichkeit und des Ruinenreichs. Das Stichwort gab St. Martin mit dem Satz: »La matière fut créée afin que le mal ne puisse prendre nature«; jedoch völlig einzigartig ist Baaders Ausführung. Er entwickelt des Genaueren folgende Hylosophie: Der gefallene Mensch wäre unendlich abwärts gefallen, wenn sein Sturz durch Hilfe von oben nicht aufgehalten worden wäre. Aber so erging Gnade vor Recht und zwar durch das Zeitlich-Räumlich-Werden, das ist Materiellwerden der Welt. *Negativ* bleibt in der Hylosophie: Zeit und Raum sind selber vom Fall erfüllt; die Zeit ist Auflösung wie der Raum Hohlheit, Zentrumslosigkeit. »Ganz so wie im Zeitlichen das Immer der Ewigkeit, ganz so ist im Räumlichen ihr Überall negiert und zerfallen«; beide sind ein fixiertes Herausgeratensein aus der Ewigkeit. Dasselbe gilt von der materiellen Schwere: wie schwer nur das ist, was von seinem zeugenden Prinzip sich getrennt hat, wie nur der sittlichen Bestimmung entleerten Menschen diese als Last erscheint, so besteht das Wesen der Materie wie des drückenden Gesetzes in einer Dislokation, einem Herausgetretensein aus der Mitte. Baader geht noch weiter, er bemerkt, »daß die Spannung und Gewalttätigkeit, welche ... alle Gebilde dieser äußeren Natur entstehen und fortbestehen macht (das Ausscheidungs-, Isolierungs- und Fliehbestreben ihrer Elemente), hinreichendes Licht über die innere Veranlassung sowohl des Entstehens als des Fortbestehens dieser Materie gibt, und daß, da das einende Prinzip überall nur als eine ihr äußere Gewalt sich kundgibt, ihr Dasein selbst nur durch einen Heraustritt aus der Region der Liebe und inneren Einheit begreiflich wird. *Die Ketten und Gefängnisse lassen mit Recht auf einen Gefangenen, und dieser auf ein Verbrechen schließen*« (Werke IV, S. 16). Daher denn, wie bei Schelling, »der Schleier der Schwermut über der Natur«, und aus dem gleichen Grund des Abfalls;

und weiter aber bei Schelling: »Durch alle Schönheiten der Natur hindurch vernimmt der Mensch bald leiser, bald lauter jene melancholische Wehklage derselben über den Witwenschleier, den sie aus Schuld des Menschen tragen muß« (Schelling, Werke II, S. 120). Indes das *Positive* in Baaders Hylosophie, nämlich die Milderung der Strafe, das Aufhalten des Höllensturzes, ist bereits im zeit-räumlichen Bestand dieser Welt selber. Hier eben erging göttliches Mitleid: Die Zeit ist Aufschiebung des Gerichtfeuers, der Raum Aufhaltung des Höllenfeuers, die Materie gar Brandmauer, Ringmauer gegen den Tartarus. Nichts anderes, meint Baader, bedeutet das Sechstagewerk der mosaischen Schöpfungsgeschichte oder die Gründung der Erde: indem Gott sie schwebend über dem Abgrund erhält, verhindert er, daß die Welt völlig falle, sich völlig »tartarisiere«. Gott fixiert den Fall in der materiellen Zeiträumlichkeit; die Schöpfung der Materie ist, wie Baader mit beispiellosem Ausdruck sagte, ein Akt der »Detartarisation«. Der Abgrund aber schimmert durch: »In der Tat müssen wir es der Barmherzigkeit Gottes verdanken, daß selber durch die schöne liebliche Außen- oder Lichtseite der materiellen Natur dieses ihr finsteres Radikal (Wurzel) uns verborgen hält« (Werke VI, S. 115). Desgleichen sieht Baader eben den Kern der Materie jederzeit als Gift, als umhüllten Wurm, Schlangenstich (und bezeichnend waren im demagogenriecherischen Zeitalter der Restauration auch nicht nur Vulkanausbrüche unter den »fürchterlichen Kräften« des folgenden Zitats gemeint): »Jene fürchterlichen Kräfte, die, wenn sie nicht immer niedergehalten und dienend gemacht würden, die ganze äußere Schöpfung zertrümmern würden, lassen schließen, daß in der Materie ein zerstörendes Prinzip wohnt, welches der weltrichtende Blick nicht zu ertragen vermag. Wegen dieser Gefahr, die in der Materie verborgen ist, hat mit Recht die Kirche bei jedem Genuß, bei jedem Mahl das Gebet angeordnet« (Werke XIII, S. 154). Bei so viel Antitartarus wäre zu fragen, warum nicht auch beim Koitus ein Gebet, doch hat die Kirche immerhin für ihre Priester den Zölibat eingeführt, damit sie kein Gebet zu sprechen brauchen. Zum anderen, immer wieder, das Gefängnisbild der Welt betreffend, durchs unvordenkliche Schuldgefühl gesehen: »nur ein ungeheures Verbrechen (minder ein Abfall als eine Empörung gegen die Einheit) konnte diese materielle Manifestation (als Krisis, Hemmungs- und Restaurationsanstalt) veranlassen, und nur die Fortdauer dieses Verbrechens macht den Fortbestand oder die Forterzeugung dieser Materie begreiflich« (Werke II, S. 490). Dieses Motiv erscheint hier also im Entstehungsgrund der Materie insgesamt als Unterbietung, Motivationsgrund des Weltstoffs durch unvordenkliche Schuld und Hölle. Doch eben auch, nie zu vergessen, das Positive liegt ebenfalls in der *Materie als abriegelndem Schutz, als »Hemmungs- und Restaurationsanstalt«*, als dem Ätnamassiv, das Zeus über die Titanen stürzte, als dem Sintflut-Wasser über Sodom und Gomorrha, damit dieses sich nicht über die ganze Erde ausbreite. Nach dem Fall drohten die bösen Geister sich die Natur zu unterwerfen, um sie durch den Menschen zu beherrschen; die Sintflut, der Ätnasturz, das ganze Pufferreich der Materie hat so das Böse nicht nur zur Strafe, sondern aus Erbarmen, aus Mitleid Gottes mit dem Menschen in die Unterwelt verschlossen. »Dem Zerfallen der Kreatur in sich steuert die Materie, indem sie eine zwar äußerliche, doch reale Einheit darbietet und so der korporeisierten Kreatur zum Bleiben (Beleibung) oder zur Subsistenz hilft, hindert sie die völlige Abymation, und wenn man mit der Hl. Schrift als erste Materie das Wasser nimmt, so kann dieses mit Recht als die Träne der Natur und der Liebe Gottes bezeichnet werden, welche den Weltbrand löscht«. Weiter mit einem anderen, noch mythologischeren Bild: »In dieser ganzen Scheinzeit ist es nur der Mensch, der den verderbten Wesen offen ist, ... die äußere Natur kann also betrachtet werden als ein furchtbarer und mächtiger Schild, durch welchen der Schöpfer dem Vater der Lüge immer den Mund verschlossen hält, damit die Gotteslästerung sich nicht ausspreche« (Werke II, S. 88). Die Materie ist also nicht, wie Gnosis und Kabbala annehmen, das Böse schlechthin oder durch und durch, sondern umgekehrt: gegen das Böse ist sie als Hülle geschaffen, ja ihr Schutz soll noch dies letzthin Positive, Gnadenzeit, Gnadenraum, Material der Bewährung bieten (eine Kategorie, die der Materie sonst sicher an keiner theologischen Wiege gesungen wurde). »So muß man von dem materiellen (zeitlichen) Produkt oder Wesen sagen, daß selbes unmittelbar erst eines anderen Produktes wegen da ist, zu welchem es sich wie eine Bauhütte oder Werkstätte zu dem herzustellenden Gebäude verhält.« Baader betont hier gegen die Fixierung des gegenwärtigen materiellen Naturzustandes, »daß die Materialisierung dieser nicht intelligenten Natur nur eine besondere Weise ihres Seins ist und zwar eine *Nichtnormalität* desselben, welche durch die Unnormalität der mit dieser Natur verbundenen intelligenten Wesen veranlaßt oder hervorgerufen wird und den doppelten Zweck hat, sowohl jener Unnormalität zu wehren, als zu ihrer Restauration behilflich zu sein, für welchen Dienst des Eitlen (wie Paulus sagt) diese Natur auch ihre eigene Integrität gleichsam als Lohn sich verdient« (Werke VIII, S. 288). Die Wiederherstellung ist die Aufhebung von Zeit, Raum und Schwere, mithin die Verklärung der Natur oder die ewige »Übermaterie«. Die irdische Materie aber vergeht durchaus, ist schon jetzt keineswegs unzerstörbar, sondern »in einer beständigen Fluxion begriffen und also kein Augenblick in der Zeit, in welchem nicht Materie aus Immateriellem (sc. dynamische oder psychische Faktoren) neu entsteht, und wieder vergeht, ... nur daß dieses Hypermaterielle nicht für ein Hypernatürliches zu nehmen ist. Diese beständige Fluxion als beständige radikale Auflösung der Materie in Immaterielles, so wie ihr beständiges Neuentstehen aus letzterem gleicht sich aus, und diese Ausgleichung hat zu dem falschen Schluß ihres Beharrens Veranlassung gegeben« (Werke IV, S. 401 f.). Überraschend freilich bleibt der Begriff einer Übermaterie, sogar am ewigen Wesen; durch diesen sehr unirdischen, hoch transzendent gemeinten Begriff gerade sucht sich Baader vom – Materialismus abzugrenzen. Denn dessen Grundirrtum ist nach Baader »die Vereinerleiung der Materie mit der Natur«; so wie der Grundirrtum des Spiritualismus »die Leugnung der (verklärten) Materie, Natur, Leiblichkeit am ewigen Wesen« ist. Die Zeit als unvergängliche Gegenwart (Immer), der Raum als unausgedehntes Überall, die Materie mit ausgetilgtem Schuldkern und aufgehobener Schwere (Last): darin sieht Baader das himmlische Jerusalem. Welches nichts anderes ist als neuer Himmel und neue Erde, mithin die *verklärte Natur*, gleichsam Materie in der Form eines völlig integren eschatologischen Kristalls. Mittler hierzu bleibt, wie bemerkt, einzig der erneuerte Mensch: »Denn wirklich sollte der Mensch der offene Punkt (Gottesleiter) in der Schöpfung in einem noch höheren Sinne sein, als dieses die Sonne ist. Wenn er folglich wieder ein solcher wird, wenn das höhere Leben frei und ungehemmt wieder in ihm aufgeht, so ist es wohl begreiflich, wie jede niedrigere Natur, die in die Beleuchtungs- und Wirkungssphäre dieses wieder geöffneten Sonnenwesens tritt, insofern auch ihr eigenes, bis dahin verschlossenes, weil dieses Sonnenblicks entbehrendes Leben aufschließen wird, und wie also der Mensch, jenem Orpheus in der Fabel gleich (dieser Orpheus stillte das Ixionsrad), Harmonie und Segen auch in der niedrigeren Natur um sich verbreiten und wenigstens in seiner Privatsphäre jenen Naturzustand (als Metamorphose) gleichsam antizipieren wird, dessen allgemeine Herstellung die Ethik in der Idee des höchsten Gutes apodiktisch fordert« (Werke V, S. 32 f.). Baader wird bis zuletzt, bis zur Apokalypse, der Versicherung dieser »wahren Technik« nicht müde: »Erwägt man..., daß der Fluch in die Natur (Erde) mit und durch jenen im Menschen zugleich eintrat, so wird man es auch nicht befremdend, wohl aber erfreulich finden, wie der irdische Wiederbringungsprozeß mit jenem im Menschen völlig gleiche Momente durchläuft, und wie sich also beide Prozesse ineinander spiegeln; denn der *Mensch und die Erde mit ihren Heimlichkeiten liegen im gleichen Fluch und Tod verschlossen und bedürfen einerlei Wiederbringung*« (Werke II, S. 122). Die Klangfigur einer letzten Naturleiblichkeit aber bleibt: »Zum Begriff der realen Freiheit gehört auch die Naturfreiheit, welche nicht Naturlosigkeit ist, sondern *Besitznahme der Natur*, weil die Naturfreiheit des Geistes auf seine Natur zurück wirkt, diese zur verklärten Leiblichkeit vollendend und sie hiermit aus der Unruhe ihrer sechs Tagewerke (Gestalten) in die Ruhe (den Sabbath) einführend« (Werke VIII, S. 292). Soweit Baader; mit Überlegung wurde er breiter zitiert, um die Vergessenheit dieser doch durchaus philosophischen Stimme von Patmos zu unterbrechen. Baader ist der deutsche philosophe inconnu (ein Titel, der zuerst ja St. Martin verliehen wurde); er ist aber zuweilen auch ein Philosoph des Unbekannten selbst, im fragwürdigen wie nachdenklichen Sinn des Worts. Das »Horizontproblem« der Natur ist rebus sic stantibus noch müßig, noch müßiger, nämlich gänzlich träge ist aber, sich seine Riegel nochmals zu verriegeln. Da gibt es bei Baader dauernde Theologumena mit noch mythologisch-großen Worten, nach denen »dieses ganze Schöpfungsall der Schauplatz der Herrlichkeit der Kinder Gottes und ihr Erbe werden solle« (Werke IX, S. 83). Wird dergleichen aus der Transzendenz herausgebracht, ohne aufzuhören, immanent zu transzendieren, so sieht sich hier – der Intension nach – das δυνάμει ὄν der Materie, ihre latente Möglichkeit zur allermenschlichsten Feierlichkeit staunenswert erweitert.

MATERIE ALS VORDERGRUND UND SCHLAF
(Schopenhauer; Bergson; E. v. Hartmann)

Das wollende Ich könnte dem sinnlichen Draußen näher stehen als das denkende. Hat doch das Wollen einen Trieb in sich, oft sogar einen sinnlich genannten, und der nimmt mindestens den sinnlichen Stoff leichter auf als der Geist. Trotzdem ist dem nicht ohne weiteres so, die Materie ist den Voluntaristen zwar sichtlich näher als den Geistigen, aber die Voluntaristen kommen ihr darum doch nicht immer mit offenen Armen entgegen. Um so weniger, wenn, wie bei *Schopenhauer,* ein erkenntnistheoretisch-idealistischer Blick der metaphysischen Allwillenslehre zugeordnet wird. Dergestalt daß Materie sowohl als Schein der Vorstellung herabgesetzt wird und derart nicht zum Wesen gehört, wie sie andererseits metaphysisch durchaus mit dem Willenswesen, auch seinen nicht so scheinhaften Objektivierungen verschränkt ist. Wird die Materie vor dem ersten Blick nichtig, nämlich bloß scheinhaft, so wird sie von dem zweiten, dem metaphysisch-voluntaristischen Aspekt, als Triebfleisch, Willensleib gefaßt. Hat aber der Stoff im voluntaristischen Zentralblick sowohl mehr wie leichter Platz als in der erkenntnistheoretisch-idealistischen Vorstellung, so sieht Schopenhauers Zentralblick doch nur indirekt auf Stoff, zentral auf Wille, Weltwille. Die Bedeutung, die Schopenhauer hier dem

Wort Wille gibt, hat fast nichts mehr mit der üblichen gemein, die auf Tatkraft geht, gar auf moralischen Willen im Kantischen Sinn. Der Verneiner des Willens gab diesem den – auch sprachlich neuen – Sinn einer passiven Wildheit, einer personlosen Getriebenheit, einer schlechthin allgemeinen Gier; die Materie kam darin mehr als eine Grunderscheinung des Willens vor, doch immerhin als diese.

Was nun Schopenhauers *erkenntnistheoretische* Behandlung des Stoffs angeht, so wird er ein kategorienhaftes Gewebe, diesfalls ein kausales. Er ist »durch und durch nichts als Kausalität ... Ihr Sein nämlich ist ihr Wirken: kein anderes Sein derselben ist auch nur zu denken möglich« (Werke, Grisebach, I, S. 39). Indem dies Wirken in der Zeit beharrt und den Raum erfüllt, ist es ebenso das Bleibende, das Substrat des Geschehens, ja dessen Substanz (eine Kategorie, die Schopenhauer sonst, außerhalb der Kausalität, als »Trugbild« verwirft): »Es gibt nur eine Materie, und alle verschiedenen Stoffe derselben sind verschiedene Zustände derselben: als solche heißt sie Substanz« (Werke II, Beilage zu S. 62). Die näheren Bestimmungen dieser Substanz lassen sich freilich mit der Materie als »objektivierter Verstandesform der Kausalität« nur schwer vereinen. Einerseits ist Materie lauter Wirken (Schopenhauer zieht dazu sowohl die Aristotelische ἐνέργεια wie Kants dynamische Theorie heran); andererseits ist sie, als Substrat, das »absolut Träge, Untätige, Formlose, Eigenschaftslose, welches jedoch der Träger aller Formen, Eigenschaften und Wirkungen ist« (Werke II, S. 358). Soviel über Materie im Vordergrund, als bloße Vorstellung; es sind vieldeutige Bestimmungen, und es sind, da ja noch die Welt als Wille besteht, nicht die einzigen, gar, wie bemerkt, die zentralen. Doch bevor diese erscheinen, finde noch die berühmte Attacke Platz, welche Schopenhauer – eben von der Welt als Vorstellung aus – gegen den Materialismus unternommen hat. Der transzendentale Idealismus erscheint Schopenhauer als der Weisheit, mindestens als der Erkenntnistheorie letzter Schluß; Kant wird hierbei durch Berkeley interpretiert, das heißt der Satz: kein Objekt ohne Subjekt wird Berkeleys Satz: this esse is percipi gleichgesetzt. Von dieser vermeintlich hohen Warte aus erscheint dann freilich der gesamte objektive Materialismus als Naivität, als kritisch längst überwundene. Wegen des Erfolgs, den Schopenhauers Attacke bis zu den Tagen des sogenannten Empiriokritizismus erzielt hat, sei sie in extenso hierhergesetzt. Sie ist das Original jeder idealistischen »Kritik« an der Materie, besonders auch der Materie als Prius der Seele, des Geistes, des Überbaus. Schopenhauer führt aus: »Am konsequentesten und am weitesten durchzuführen ist das objektive Verfahren, wenn es als eigentlicher Materialismus auftritt. Dieser setzt die Materie, und Zeit und Raum mit ihr, als schlechthin bestehend und überspringt die Beziehung auf das Subjekt, in welcher dies alles doch allein da ist. Er ergreift ferner das Gesetz der Kausalität zum Leitfaden, an dem er fortschreiten will, es nehmend als an sich bestehende Ordnung der Dinge, veritas aeterna; folglich den Verstand überspringend, in welchem und für welchen allein Kausalität ist. Nun sucht er den ersten, einfachsten Zustand der Materie zu finden und dann aus ihm alle anderen zu entwickeln, aufsteigend vom bloßen Mechanismus zum Chemismus, zur Polarität, Vegetation, Animalität; und gesetzt, dies gelänge, so wäre das letzte Glied der Kette die tierische Sensibilität, das Erkennen: welches folglich jetzt als eine bloße Modifikation der Materie, ein durch Kausalität herbeigeführter Zustand derselben, aufträte. Wären wir nun dem Materialismus, mit anschaulichen Vorstellungen bis dahin gefolgt; so würden wir, auf seinem Gipfel mit ihm angelangt, eine plötzliche Anwandlung des unauslöschlichen Lachens der Olympier spüren, indem wir, wie aus einem Traum erwachend, mit einem Male innewürden, daß sein letztes, so mühsam herbeigeführtes Resultat, das Erkennen, schon beim allerersten Ausgangspunkt, der Materie, als unumgängliche Bedingung vorausgesetzt war ... So enthüllte sich unerwartet die enorme petitio principii: denn plötzlich zeigt sich das letzte Glied als den Anhaltspunkt, an welchem schon das erste hing, die Kette als Kreis; der Materialist gliche dem Freiherrn von Münchhausen, der, zu Pferde im Wasser schwimmend, mit den Beinen das Pferd, sich selbst aber an seinem nach vorne übergeschlagenen Zopf in die Höhe zieht. Demnach besteht die Grundabsurdität des Materialismus darin, daß er vom Objektiven ausgeht, ein Objektives zum letzten Erklärungsgrund nimmt, sei nun dieses die Materie in abstracto, wie sie nur gedacht wird, oder die schon in die Form eingegangene, empirisch gegebene, also der Stoff, etwa die chemischen Grundstoffe, nebst ihren nächsten Verbindungen. Dergleichen nimmt er als an sich und absolut existierend, um daraus die organische Natur und zuletzt das erkennende Subjekt hervorgehen zu lassen und diese dadurch vollständig zu erklären; – während in Wahrheit alles Objektive, schon als solches, durch das erkennende Subjekt, mit den Formen seines Erkennens, auf mannigfaltige Weise bedingt ist und sie zur Voraussetzung hat, mithin ganz verschwindet, wenn man das Subjekt wegdenkt« (Werke I, S. 62 f.). Derart also wäre, meint Schopenhauer von Seiten seines rein erkenntnistheoretisch-idealistischen Ausgangspunktes her, Materialismus nichts anderes als »die Philosophie des bei seiner Rechnung sich selbst vergessenden Subjekts«, die echte Aporie im Materialismus als einem rein mechanischen betreffend, dessen Welt, wie Chesterton sagt, unendlich groß sein will und dabei so klein ist, daß nicht einmal ein menschlicher Kopf darin Platz hat. Kein Zweifel jedoch, daß Schopenhauer mit dem Münchhausen-Bild selber sich gefährlich vergriffen hat; denn das Bild zeugt gerade gegen seine idealistische Gebrauchsanwendung. Der am eigenen Zopf sich aus dem Sumpf befördernde Aufschneider ist eben der subjektive Idealismus; genau für diesen und nur für diesen trifft Schopenhauers Gleichnis zu. Wogegen es der objektive Materialist und nur dieser ist, welcher statt des eigenen Zopfs einen Anhaltspunkt außerhalb seiner sucht und benutzt, um zu sich zu gelangen, um aufs feste Land zu gelangen.

Bezeichnenderweise führt Schopenhauer selber, *nach* seiner Welt als Vorstellung, die *Welt als Wille* vor und zwar eine höchst objektive. Was also Schopenhauers andere Seite, die *zentrale Willensmetaphysik* angeht, da gibt es sehr viel Materialismus, sogar der Intellekt erscheint, genau in der belachten Weise, zuletzt als Frucht, ja ganz ausgesprochen als »Gehirnphänomen«. Die Willenswelt steigt durchaus vom Mechanismus über Chemismus, Animalität und dergleichen zum Bewußtsein auf; die Stufen dieses Aufstiegs aber heißen – ganz ohne Bezug zum Subjekt – »Objektitäten« oder »Objektivationen« des Willens. Hier kehrt auch Materie wieder, eine *zweite Materie*, sozusagen, vom bloßen Kausalitätsschein verschieden. Statt des »bloß Formellen der Vorstellung« wird Materie hier zum Kern der Sache, statt des abstrakten Begriffs sogar zur Anschauung. Eben zur Anschauung des Willens: »Zähne, Schlund und Darmkanal sind der objektivierte Hunger; die Genitalien der objektivierte Geschlechtstrieb« (Werke I, S. 161). Und ganz deutlich, vom Leib auf allen Stoff bezogen: »Demzufolge ist die Materie dasjenige, wodurch der Wille, der das innere Wesen der Dinge ausmacht, in die Wahrnehmung tritt, anschaulich, sichtbar wird. In diesem Sinn ist also die Materie die bloße *Sichtbarkeit des Willens* oder das Band der Welt als Wille mit der Welt als Vorstellung ... Was daher in der Erscheinung, das heißt für die Vorstellung, Materie ist, das ist an sich selbst Wille« (Werke II, S. 360 ff.). Materie ist an dieser Stelle nicht das Ding an sich, durchaus nicht; sie gehört auch als dessen »Sichtbarkeit« immer noch der Erscheinungswelt an, unterworfen den Formen der Erscheinung. Doch Übergänge zum Ding an sich (Weltwillen) bestehen; Materie und Wille entsprechen sich im Charakter der Einheit, Ganzheit, Substanz, Unzerstörbarkeit. So ergibt sich: Wenn das Ding an sich in der Selbsterfahrung, nur unter dem dünnen Schleier der Zeit verborgen, als Wille erscheint, so erscheint dieser in der äußeren Erfahrung, mit Zeit, Raum und Kausalität tingiert, als Materie, *differenziert* aber ist diese Materie in den Stufen der Willenswelt, eben in den natürlichen *Objektivationen des Willens*. Schopenhauer nennt jede materielle Darstellung des Weltwillens, sofern sie in allgemeiner Gattung geschieht, Objektivation; andererseits sollen diese Objektivationen, indem und sofern sie Objekte der Kunst sind, sogar dasselbe sein wie die platonischen Ideen. Ihr Realitätsgrad ist undeutlich, desto überraschender dann wieder das behauptete oder zugegebene Vorkommen von Materie auch in dieser Schicht, jenseits der Kausalität. Materie ist hier »das Bindeglied zwischen der Idee und dem principio individuationis, welches die Form der Erkenntnis des Individuums oder der Satz vom Grund ist« (Werke I, S. 286). Andererseits aber stellt Materie, ihren allgemeinsten, das heißt mechanischen Qualitäten nach, die unterste oder schwächste Objektivität des Willens dar; solche untersten Ideen sind: Schwere, Kohäsion, Starrheit,

Flüssigkeit, Reaktion gegen das Licht und so fort. Zugleich aber erhält die Materie bei dem Aufstieg ihrer Objektivationen, das heißt beim Eintritt in die organische Stufe, vorzüglich in die der Tiere und Menschen ein neues Amt: sie hört auf, bloße Sichtbarkeit des Willens zu sein, sie wird *Material* des Willens. Genauer, sie wird das Fleisch, das das fressende Tier, als Objektivation des stärkeren Willens, der gefressenen des schwächeren Willens entreißt, und um das hier aller Streit geht. Einverleibte Materie fundiert das Übereinander der Willensobjektivationen oder die Hierarchie der Entsetzlichkeit, Schildkröten werden von wilden Hunden ausgeweidet und Tiger fressen hernach die wilden Hunde. Freilich tritt die unterjochte Materie auch am starken Sieger im Tod wieder hervor; dieser macht, von hier aus gesehen, den bloßen Pyrrhussieg der Unterjochung, Assimilation kenntlich. Erst recht aber zeigt sich in dem durch Überwältigung entstandenen Stufenbau die Leerheit des Willens selbst: denn da außer ihm nichts existiert, so zerreißt der Wolf, der das Lamm zerreißt und dessen Materie frißt, allemal sich selbst, in bloßer Entzweiung des Einen Willens. Hier wird die Überraschung groß: *Materie und Wille rücken endgültig zusammen*; denn es ist eben ja Wille, den der Wille in Gestalt von Materie frißt, immer der gleiche, der Eine Wille, ohne Täuschung der Vielheit, der verschiedenen Individuationen, wo nicht gar der Objektivationen. Schon oben, als die Materie in ihrer Stellung zwischen der Vorstellungs- und der Willenswelt betrachtet worden war, wurden Einheit, Ganzheit, Substanz, Unzerstörbarkeit als die Charaktere bezeichnet, welche bei Schopenhauer die »Sichtbarkeit des Willens« mit diesem selbst gemeinsam hat; trotzdem war die Materie an dieser Stelle noch nicht gleich Ding an sich. Zu den erwähnten mehr formalen Gemeinsamkeiten tritt nun, an der jetzigen Stelle, eine inhaltliche; diese macht die Materie dem Willen gleich, wo nicht identisch, entfernt die kontemplative Schranke zwischen Sichtbarkeit des Willens und dem Inhalt der Sichtbarkeit. Wenn zwar die Materie der Nährboden der immer höheren Objektivationen ist (man kann sagen: der Scherbenberg gefressener Materie ist den Objektivationen ihr Piedestal), so ist sie der zentral-metaphysischen Hauptsache nach fressender Wille und gefressene Materie zugleich; eine Gleichheit, ja Identität, welche Schopenhauer ganz unverhohlen, im Spätwerk »Parerga«, auch so wiedergibt: »Der Wille, als das Ding an sich, ist der *gemeinsame Stoff* aller Wesen, das durchgängige Element der Dinge« (Werke V, S. 632). Von daher also, letzthin, die Nähe des Schopenhauerschen Willens zu zwei besonderen Bestimmungen, wie sie die Materie im Lauf ihrer Begriffsgeschichte gefunden hat: zur überwiegend noch schlafenden Monade, sodann vor allem zum Aristotelischen appetitus. Beide Kategorien (Schopenhauer wendet ohnedies genug Kategorien auf sein »metakategorisches Ding an sich« an), beide Kategorien heben Materie als ausschließliches Vorstellungsphänomen endgültig auf; Materie wird hauptsächlich *Schlaf* und *appetitus,* also unbewußter Wille. Der Schlaf darf freilich bei Schopenhauer nicht nur anorganisch verstanden werden, wie bei Leibniz, allein schon der Terminus Wille zum Leben würde dem widersprechen. Ja nicht nur die Exempla des heillosen Willens stammen bei Schopenhauer fast ausschließlich aus der Welt des Organischen, vielmehr, vor allem auch: der Wille erlangt erst dann seine volle Kenntlichkeit, wenn er sich auf seiner höchsten organischen Stufe, im Menschen, »das Licht des Bewußtseins angezündet hat«. Um so den Weg und das Befriedigungsmaterial seiner Begierde nicht mehr instinktiv, sondern im hellen Licht des Mittags zu sehen. Das alles führt zwar Schopenhauer völlig aus jeder mechanistischen Auffassung der Materie heraus, aber die Schwierigkeit ist erst recht dann geblieben, wieso plötzlich doch ein Münchhausen am eigenen Zopf aus dem wenn nicht mechanistischen, so doch organischen Sumpf sich herauszieht, dergestalt daß der Materialist nach Schopenhauer, »wenn er redlich zuwerke gehen will«, die ursprünglichen Kräfte nicht leugnen und auf rein mechanische zurückführen darf; sondern er muß »die den gegebenen Materien, das heißt den Stoffen, inhärierenden Qualitäten, samt den in diesen sich äußernden Naturkräften, und endlich auch die Lebenskraft, als unergründliche qualitas occulta der Materie unerklärt dastehen lassen und von ihnen ausgehen« (Werke II, S. 368 f.). Indes eben: der Sprung von den organischen Qualitäten zu denen des Bewußtseins wird auch bei einem Schopenhauerschen Lebenskraft-Materialismus nicht geringer als bei einem bloß organisch-mechanischen, obwohl Schopenhauer kraft des Willens in seiner Materie, das heißt kraft dieser doch von Haus aus anthropomorphen Bestimmung des Dings an sich ein anderes Medium zum Licht des Bewußtseins und seines Hervorgangs aus Schlaf und appetitus proponiert, als dies im rein quantitativen, total qualitätsfremden mechanischen Materialismus möglich ist. Wie gar erst, wenn der Wille nicht nur das Licht des Bewußtseins sich ansteckt, sondern darin und dadurch das völlige Gegenteil seiner sich anstecken soll, eben die Verneinung des Willens zum Leben; wirklich, das ist ein Kunststück, vor dem die bloße Bewußtseins-Crux materialistischer Art zu einem homogenen Kinderspiel würde. Diese Crux jedenfalls hat Schopenhauers Willensmaterie mit nicht so viel Leichtigkeit beiseite geschafft, wie es der Spott über Münchhausens Zopf vorher versprach und das sogar mit homerischem Gelächter. Das Licht des Bewußtseins und gar die dadurch mögliche Willenswende bis zu seiner vollen Selbstaufhebung und Weltvernichtung, als dem erlangten Paradies des Nirwana-Nichts, dieser Sprung auch aus dem Bewußtsein selber heraus bleibt im Schopenhauerschen Nichts-Materialismus der letzten Stufe, eben der des radikal verneinbaren Willens, erst recht ein Rätsel. Jedenfalls kommt Materie an diesem Ende in nichts mehr vor, der Wille ist des Teufels und Materie mit ihm nicht viel besseres, mit Ausnahme der ja nicht mitgelebten, sondern gesehenen Objektivationen in materieller Sichtbarkeit, die das Objekt der Kunst sind und so bereits ein Palliativ darstellen, doch keineswegs eine Erlösung vom Weltleid. Der Primat des Willens zum Leben ist und bleibt im Nirwana gänzlich abgeläutet, gar kosmische Materie ist völlig abgemeldet. Materie als Sichtbarkeit des Willens zum Leben oder Wille zum Leben als Materie der Sichtbarkeit erscheinen von hier aus endgültig wie die Seiten derselben Medaille, und es gibt keine Materie des Nichts. Mit der einzigen Ausnahme freilich, daß Schopenhauer zur Beschreibung Nirwanas nicht nur buddhistisch vom Verwehen und Verlöschen spricht, sondern von »gänzlicher Meeresstille des Gemüts«, und diese Meeresstille selber ist noch ein Phänomen aus dieser materiellen Welt, ja sogar dies Bild, dieser Ausdruck (γαλήνη) findet sich zur Bezeichnung letzter Heiterkeit bei Demokrit, mitten in dessen wenig idealistischer Philosophie und Welt.

Es ist das Recht großer Denker, ungestraft große Fehler machen zu dürfen. Dieses Sinns zitiert Schopenhauer Voltaire und wendet den Satz auf Kant an. Die »Fehler« des Denkers Schopenhauer gehören nicht hierher, der statische Katzenjammer dieser Philosophie, wohl aber der falsche Reichtum, womit hier, wie ersichtlich geworden, Materie ausgestattet wird. Sie ist nacheinander kausales Wirken, träges Substrat, Sichtbarkeit des Willens, Material des Willens, das er dem schwächeren entreißt, der alleine Wille selbst, dann wieder bloßes caput mortuum. Nachwirkend aus Schopenhauers Materieauffassung war zweierlei: Materie als kausal-dynamischer Vordergrund und als Schlaf des Willens, so wurde sie bei Bergson eingeschlafenes caput mortuum, bei Eduard von Hartmann aber Dynamik-Gleichgewicht. Dies Verschiedene breitet sich also bei selbst höchst verschiedenen, auch zeitlich weit voneinander entfernten »Willens«-Metaphysikern aus. Beide sind, wie gesagt, an sich unvergleichbar, nicht zuletzt sind die Zeiten andere: die Zeit des Vollbarts, worin Hartmann wunderliches halbes Epigonentum trieb, freilich auch kühne Verbindungen und Systematik; die Zeit des Straußschen Unternehmerschwungs, des Impressionismus, der Sezession, worin Bergson blühte, mit dem Erlebnis Nietzsche zwischen sich und Schopenhauer. Trotzdem arbeitet in beiden Schopenhauers Willensmetaphysik weiter, mit der entsprechenden Einreihung der Materie (als Schein, als caput mortuum). *Bergson* wendete den Willen ins bejahend Dionysische, *E. v. Hartmann* verband ihn, besonders lehrreich in der Kategorienlehre, mit Hegel.

Mit einem neuen, überaus lebhaften Zug setzt der erste ein. *Bergson* lehrt durchaus pulsendes zeitliches Fließen, es gibt darin kein bloßes Nacheinander, diese Art Zeit ist keine, sondern nur Abklatsch des Raums, sie reiht auseinander liegende gleichartige Momente auf. Der wirklich (das heißt »unmittelbar«) gegebene Zustand ist strömende Dauer, worin Früher und Später, statt eine Reihe zu bilden, sich allemal durchdringen. Reine Dauer ist die Form, welche die Folge unserer Bewußtseinsvorgänge annimmt, wenn unser Ich sich dem »Leben« überläßt. Metrische Zeit dagegen und erst recht deren Modell, den quantitativen Raum, gibt es nur für den lebensfernen »Verstand«. Alles Verstandesdenken ist Raumdenken, auf praktisches Handeln in der Körperwelt gerichtet und darauf begrenzt. Es zerlegt und fixiert, es ist von Haus aus geometrisch und mechanisch, folglich trifft es draußen dasselbe teilbar-starre Wesen an – die mechanische Materie. Der Verstand faßt das Draußen lediglich nach dieser toten »Außenseite«, er kennzeichnet einzig den »geometrischen Ballast«, den das Materielle, ja bereits das Dinghafte im wirklichen Leben darstellt. Ja, der Verstand entstammt bei Bergson derselben »Entspannung« des Lebens, die der Materie selber ihr schlafhaft-schweres Dasein gibt; Wirklichkeit ist weder hier, im mathematischen Gedanken, noch dort, im quantitativen Gegenstand. Der mathematisch-physische Begriff gibt lediglich Fiktionen oder »Symbole«, er erreicht die metalogische, die allemal meta-physische Wirklichkeit nicht. Das gelingt erst der »Intuition«, das ist der Selbsteinkehr des Geistes in seine schöpferische Freiheit, in den gesetzfreien, materiefreien Lebensstrom, den élan vital, der ihr entspricht. All das ist bekannt genug geworden, spricht es doch die Abkehr der Bourgeoisie vom Materialismus so glatt als glänzend aus. Naturwissenschaft überhaupt wird verlassen, sie ist nicht einmal mehr eine besondere Art Wahrheit, neben der historischen, sondern überhaupt keine. Dilthey hatte die Loslösung einer »historisch-verstehenden«, auch wertenden Vernunft von der bloß kausal-erklärenden, naturwissenschaftlichen verlangt und gefeiert; Bergson aber feiert den Abschied von der Materie wie einen Abschied vom Winter, wie ein falsches Frühlingsfest. Und doch nicht ganz ein falsches; denn eben im élan vital wollte wieder Jugend sprechen gegen Herkommen und Gesetz sezessionierend, späte Nora, das Wunderbare suchend, Hedda Gabler, mit Weinlaub im Haar. Dieser bürgerliche, aber ausbrechenwollende, durchbrennende Johannistrieb, öfter ununterscheidbar mit naturalistisch-sozialistischen Einflüssen tingiert, hielt Bergson sowohl liberal als auch diesesfalls reaktionär ziemlich unbrauchbar. Obwohl die bloße Intuition schließlich jede Art von Materialismus unmöglich machte, am meisten eine nicht nur kausal-genetische, sondern eben ökonomisch-materialistische Geschichtsauffassung, dialektisch-materialistische Weltauffassung. Statt dessen wird Materie bei Bergson immer mehr einem bloßen statischen Gedächtnis gleichgesetzt, worin nichts Neues geschieht. Sie sinkt zur Erloschenheit jeder *tension*, das ist zur bloßen *Ex-tension*, zum Abhang und schließlichen Abgrund des Wärmetodes, woraus *l'élan original de la vie* sich immer wieder herausarbeiten muß: »Toutes nos analyses nous montrent en effet dans la vie un effort pour remonter la pente que la matière descend« (L'évolution créatrice, p. 267). Entsprechend »antimaterialistisch«, das heißt gegen »Schlacke« und »Schwere« gerichtet, das Gleichnis des Feuerwerks aus dem Lebenszentrum, »d'où les mondes jailliraient comme les fusées d'un immense bouquet, – pourvu toutefois que je ne donne pas ce centre pour une *chose*, mais pour une continuité de jaillissement« (l. c., p. 270). Da ist nicht verwunderlich, daß der materielle Boden, die bloße »Schlacke der Rakete« nicht mehr viel zu melden hat. Bergson nimmt von diesem caput mortuum selbstverständlich die ganze organische Natur aus, sie ist ja die Regel, und das Tote unterbricht sie nur, wenn auch in großer Masse. Ja Bergson betont nicht nur eine selbständige Lebenskraft, sondern auch ein selbständiges Seelenleben, ohne überall notwendige oder gar lückenlose anatomische Grundlage. Das Gehirn ist danach nicht Träger, noch weniger Produzent der Seele, sondern ihr bloßes Werkzeug, wodurch die Seele materielle Reize empfängt und in die Materie handelnd eingreift. Das ist mehr, als Aristoteles und Thomas zusammengenommen der Seele an Selbständigkeit zugewiesen haben; denn diesen war sie durchaus Entelechie des Leibs, also der Materie notwendig verhaftet, forma inhaerens und keineswegs forma separata. Dafür fehlen die Bezüge zu Schelling nicht, wenigstens in der Lehre vom organischen Prius, vom anorganischen Residuum; diese Bezüge wären wichtig, wenn sie nicht auf Kosten der Materie, der schlechthin tot erklärten Materie geschähen. Und was den Elan des Feuerwerks selber angeht, so wäre er ohne Schopenhauers Willen zum Leben nicht; denn Schopenhauer rückte ganz anders als Schelling den appetitus ins Zentrum. L'élan vital unterscheidet sich aber von Schopenhauers Willen nicht nur durch das Bejahte und Dionysische; er überbietet ihn auch dadurch, daß er – von den données immédiates de la conscience her – durchaus Bewußtsein bleibt, ja höchstes ist. Schlaf kommt der Materie zu, nicht mehr dem Willen; Materie also, obwohl sie nichts als Entspannung des Lebens ist, wird diesem (gerade weil er höchstes Bewußtsein ist) doch wieder entgegengesetzt. Hauptunterschied des élan vital vom Willen zum Leben wird schließlich freilich nicht nur das Bejahte daran, das Dionysische, sondern ein schöpferisches *Moment des Neuen;* an diesem Punkt ist das Schöpferische und Novum bei Bergson selber hinzugetragen. Schopenhauers Wille war so statisch wie irgendein entronnener Geist oder eine mathematische Wahrheit; er war insofern gar kein »Wille« im heftigen, unberechenbaren Sinn des Wortes. Bergsons Elan dagegen ist das Prinzip der Überraschung selbst: er ist jeden Augenblick jeder Richtungsänderung fähig; er spottet der Kausalität, die von einem Anfang her determiniert; er spottet jedoch ebenso der Finalität, deren fixer Zweck die Richtung der »Realisierung« determinieren möchte. Beide, Ursache wie Zweck, sind mechanistisch und der Flüssigkeit fern, die Bergson meint: »l'être vivant est surtout un lieu de passage, et ... l'essentiel de la vie tient dans le mouvement qui la transmet« (L'évolution créatrice, p. 139). Ein kleiner Schritt von hier, wie es scheint, zu den flüssig-dialektischen Begriffen; nur: der Schritt bleibt Schein, er geschieht in der Luft, im bloßen Lebensschäumen, in ewigem Feuerwerk. Bergsons Versuch, das Sein in Bewegung zu denken, zeigt, daß es keinen mehr geben kann außerhalb der dialektischen Materie; dasselbe übrigens gilt vom Problem des Schöpferischen, des Neuen. In Wahrheit ist lauter Bewegung still, lauter Überraschung langweilig, lauter Ziellosigkeit das engste und tyrannischste Ziel. Elan vital jenseits der Materie, die er durcharbeitet, ohne greifbaren Gehalt, den er artikuliert, ist ein Künstler ohne Kunstwerk. Gebrauchte Bergson nicht ein Zerrbild von der Materie als Gegenpol zum Leben, so hätte er für diesen seinen élan vital – als bloße Freiheit der Freiheit, Leben des Lebens, Novum des Novum – gar keine genuine Bestimmung aus ihm selber; denn nur in Negation zur Materie vermag er sich auszusagen. Bergson kämpft scheinbar für die Entdinglichung; doch eben indem er in den starren Gegensätzen: »Materie« – Leben, Verstand – Intuition, Automatismus – Freiheit und dergleichen dachte, blieb sein lehrreicher, ja mahnender Vital-Ausbruch selber in Verdinglichung und Fixation. Die Materie ist ihm ein für allemal die mechanische, das »Leben« ist ein begriffsmechanisches Fixum par excellence, mit unwandelbarer Wandelbarkeit, ewig verdinglichter Entdinglichung. Vor allem aber ist das Neue (da Bergson ihm die Materie entzieht und eine dialektische nicht einmal dem Namen nach kennt) nirgends wirklich neu, nämlich inhaltlich; es bleibt eine rasende Einöde. Trotzdem erscheint eine nicht-mechanische Materie auch in der schöpferischen Entwicklung, wenigstens in ihrem, wenn man so sagen darf, schöpferischen Raum. Denn das ganze Feuerwerk wäre nicht, und der Pfeil des élan vital flöge nicht einmal ins Leere, wäre hier nicht der Riesenraum einer ausgelassen-vorhandenen Materie geblieben, der Materie – Brunos. Bergson wirkt als Zeichen, wie arm die bloß mechanistisch gefaßte Materie ist, aber wie leer die vitale, gar psychische Energie, die er feiert, wenn sie nicht ihre eigene unverdinglichte Materie als Problem wie Halt in sich, vor sich hat.

Der zweite, der hier zu behandeln ist, folgt keinem lebhaften Zug, eher einem erleidenden. Das Wollen bei *Hartmann* merkt sich erst, wenn es draußen an ein ihm entgegengesetztes anderes anstößt. Es kann also innen, als einsam versenktes Ich sich seiner durchaus nicht bewußt werden; der Kern der Sache, ihr formierender Antrieb wird nicht intuitiv erlebt, er wird allemal nur aus den Wirkungen, die er ins erlebende Bewußtsein hereinschickt, induktiv erschlossen. Der Antrieb ist Wille, das Formierende Vorstellung, beide aber sollen »geistartig« sein, der Wille nicht weniger als die ihn logisch formierende Vorstellung. Da hat nun die Materie wieder sehr geringen Platz und überhaupt keinen des Gegensatzes zum Geist; denn es gibt nichts als Geist, wenn auch doppelt, thetisch-logisch ausgefertigten. Hier ist nicht der Ort, um das unbekannt gewordene Hartmannsche System auch nur andeutend in Erinnerung zu rufen; obwohl das nötig wäre, weil der Epigone E. v. Hartmann nicht damit erschöpft ist, daß er Wille und Vorstellung, die Erzfeinde Schopenhauer und Hegel miteinander verheiratet hat. Nur soviel: Das Sein besteht in Hartmanns *Philosophie des Unbewußten* (1869) und vor allem in der bedeutenden *Kategorienlehre* (1897), zu der sie sich entwickelt hat, aus den zwei Komponenten: Wille (Trieb, Spannung, Unbegrenztheit, Intensität, Setzung des leeren Daß) und Vorstellung (Idee, Logos, Begrenztheit, Ursprung des Wie und Was, der kategorialen Differenzierung und Formung, des reichen logischen Inhalts). Der Wille hat sich grundlos erhoben, das ist der »Urzufall«, auch »Fauxpas« der Weltentstehung; die Idee, welche durch den Willen mit in die Welt hineingerissen wurde, formiert diese als entwicklungsgeschichtlichen, vom Logos der Kategorien durchwirkten und geleiteten Prozeß, mit dem Ziel, die Weltinitiative wieder rückgängig zu machen und den Willen ins Nichts der Unruhe wieder zurückzuführen. Wille und Vorstellung sind die zwei Glieder in jedem kategorialen Verhältnis (alle bisherige Kategorienlehre hatte die Kategorien lediglich als logische Gebilde betrachtet); diese »Zweiseitentheorie« der Kategorien erklärt nach Hartmann überhaupt erst die kategoriale Differenzierung (statt der absoluten Identität, worin reiner Logos an und für sich beharren müßte). Schopenhauer freilich hat das Unlogische so übersteigert, daß »die Entstehung sowohl des subjektiv Logischen als auch der streckenweise logischen Abläufe in der objektiv realen Sphäre unerklärlich bleibt. Der Panlogismus Hegels dagegen kann aus seiner Logik des sich selbst bestimmenden Begriffs weder das sinnliche Dieses noch die Vielheit der Exemplare, in denen ein Begriff existiert, noch die Zufälligkeit der Abweichung der Existenz vom Begriff, noch die Bewegung, in die der Begriff gerät, noch den Umschlag der logischen Idee in ihr Anderssein noch das zeitlich-räumliche Auseinanderfallen der Momente der Idee bei diesem Umschlag, noch überhaupt die existierende Realität neben und außer der logischen Idealität erklären« (System der Philosophie im Grundriß IV, S. 61). Hartmann glaubt diese Erklärungen eben mittels der Hochzeit Schopenhauer–Hegel bewerkstelligen zu können (wobei ihm übrigens Hegels Dialektik nicht im mindesten wichtig oder überhaupt diskutierbar erscheint). Ersichtlich bleibt diese Einführung des »thelischen Prinzips« (wenn auch eines völlig mythologisierten) gerade in die Kategorienlehre höchst bemerkenswert, die bislang ausschließlich logisch behandelte. Wille und Vorstellung sind nun übergriffen von einer »unpersönlichen, absolut unbewußten Substanz«; der Wille ist, wie bereits bemerkt, genauso geistartig wie die Vorstellung, beide sind die weltlich verbundenen, vorweltlich getrennten Attribute dieser Substanz. Wo freilich steht nun, um derart vorbereitet zum Thema *Materie* zu kommen, diese selber in soviel, ob auch thelisch-energetisch vermehrtem Idealismus? Hartmann unterscheidet in seiner Kategorienlehre *Stoff* und *Materie*; beide sind geistig, »durch und durch Kategorialgespinste«, beide aber haben in der jeweils subjektiven, dann objektiven Sphäre der Kategorien einen verschiedenen Ort und die Materie selber, im Unterschied zum Stoff, einen geprägt objektiv-realen. Eine gewiß nicht unbedeutende Unterscheidung trotz des Lockeschen darin, sekundäre und primäre Qualitäten betreffend und die ersten objektiv-real ausscheidend. Ausscheidend in der zwiespältigen Art, daß zwar durch die Relativierung des bloß subjektiv-idealen Stoffhaften der billige, vulgäre Materiebegriff, der der Putzfrau, abgeschieden wurde, damit aber auch der qualitative, wie er in der ganz unvulgären Goethischen Farbenlehre erscheint im Unterschied von der Newtonschen, sofern und soweit sie ausschließlich auf quantitative Verhältnisse und Unterschiede von Schwingungen im objektiv-realen Feld sich bezieht. Der sinnliche *Stoff*, also auch der statische Klotz des Vulgärmaterialismus kommt hier jedenfalls einzig in der subjektiv-idealen Sphäre vor, ist »nur die räumlich ausgebreitete Empfindungsqualität selbst« (Kategorienlehre, S. 146). Er erscheint starr, passiv, leblos und ist es auch, doch eben ausschließlich als sinnlicher Stoff, zum Unterschied von der objektiv-realen Materie; seine Starrheit und Leblosigkeit beruht darauf, daß er lediglich die nach außen projizierte und angeschaute Empfindung ist. Hartmann parallelisiert sogar das Ich mit diesem Stoff, sofern beide nichts anderes darstellen als subjektiv-ideale Substanzbilder, denen keine objektive Wirklichkeit entspricht. »In beiden wird nur ein kleiner Teil des Dings an sich widergespiegelt, während der größere Teil unbewußt bleibt. In beiden wird nur die individuelle Einheit höherer Ordnung reflektiert, aber ihre Zusammensetzung aus einer

Vielheit von Individuen niederer Ordnung unterdrückt« (l. c., S. 511). Ersichtlich steht also der Stoff, etwa als Leib, nicht im Gegensatz zum Ich, als der sogenannten Seele, dieser Schnitt ist nach Hartmann falsch tranchiert. Das Ich wie der Stoff liegen beide noch innerhalb der subjektiv-idealen Seinssphäre, und der wirkliche Gegensatz: nämlich der zwischen Wille und Vorstellung, geht quer durch Ich wie Stoff, quer durch die subjektive wie ebenso durch die objektive Sphäre. Denn auch die *Materie*, im Unterschied zum Stoff kein sinnliches, sondern ein objektiv-reales Phänomen, steht in keinem Gegensatz zum Geist, der sie, in seinen beiden Attributen, vielmehr durchaus umfaßt. Mit anderen Worten, mit solchen aus der Schule Hartmanns, ist die Materie »dem Wesen nach dasselbe, was unsere eigene Psyche ist, nämlich Einheit von unbewußtem Willen und bewußter Vorstellung« (vgl. Drews, Das Ich als Grundproblem der Metaphysik, S. 263). Ich und Stoff, Materie und Geistiges sind also nicht prinzipiell verschieden; wohl aber trennt Hartmann, wie bemerkt, den Stoff entschieden von der Materie (wenn auch nur durch die verschiedene Kategorialsphäre, die verschiedene Wirklichkeit ihres Erscheinens). Es ist diese Trennung ein kleines Novum in der Geschichte des Materiebegriffs: »Während der Stoff den subjektiv idealen Raum durch sein bloßes Sein ohne jedes Wirken erfüllt, erfüllt die Materie den objektiv realen Raum gar nicht durch ihr Sein, sondern nur durch ihr Wirken, das ihn erst setzt. Während der Stoff ein völlig passives caput mortuum der Abstraktion ist, erweist sich die Materie als durch und durch aktiv. Der Stoff ist als solcher schlechthin kraftlos, und etwaige Kräfte müssen erst als Accidentien zu ihm hinzukommen, die Materie ist schlechthin stofflos, aber durch und durch Kraft, sie ist nichts als eine Konstellation von Kräften oder ein Dynamidensystem ... Der Stoff ist in sich homogen und stetig, die Materie ist in sich nicht homogen und ihrer Zusammensetzung nach unstetig, weil man beim Übergang von einem Atom zum anderen in ihr die größten Unterschiede der Kraftwirkung durchläuft. Trotzdem kann die Materie die homogene und stetige Erscheinung des Stoffes im wahrnehmenden Bewußtsein hervorrufen, weil diese Unstetigkeit ihrer Zusammensetzung nach molekulare Entfernungen betrifft, die sich der gesonderten Wahrnehmung entziehen, in größeren Abständen aber, wo sie wahrnehmbar werden, sich gleichmäßig wiederholen« (l. c., S. 510). Kurz, der Stoff ist die bewußtseinsimmanente Erscheinung dessen, was als bewußtseinstranszendentes Ding an sich die Materie ist. Zugleich ist diese ein durch und durch dynamisches Gebilde (Hartmann möchte hier die Kantische Auffassung von der Materie mit den ersten Anfängen der Elektronentheorie verbinden); Materie ist »ein System von Atomkräften mit bestimmtem Gleichgewichtszustand«. Metaphysisch sind diese Atomkräfte für Hartmann selbstverständlich Willensäußerungen; ist der Stoff »die subjektive Erscheinung der Materie«, so ist diese selbst »die objektive Erscheinung der Naturkräfte, die an sich unbewußte Willenskräfte sind«. Und doch nicht nur Willenskräfte, nicht ausschließlich; denn es gibt nirgends Willen ohne Vorstellung, die Zweiseitentheorie der Welt gilt auch hier, auf ihrer »niedersten Stufe, das heißt Basis«. Wie der Stoff, obwohl er ein bloßes Empfindungsphänomen des passiven, affizierten Willens darstellt, dennoch das Logische der Raumbeziehung in sich hat, so ist das aktive Willensphänomen der Materie von lauter höheren Kategorialfunktionen durchzogen und determiniert: vom gesetzhaften Logos der Mechanik. Dieser mechanische Logos ist – wie bei einem Neovitalisten und bei einem Finalisten des Weltprozesses selbstverständlich – nicht der einzige, die physikalisch-chemische Materie also nur Basis. Der Hartmann der »Philosophie des Unbewußten« hatte sich »anheischig gemacht, den ganzen Materialismus in sein System aufzunehmen«; unter der großspurigen Voraussetzung, daß Materialismus in den wichtigeren Partien des Systems ohnehin überwölbt und wesenlos sei: derart ist Hartmann Neovitalist (und sozusagen der erste, lange vor Boutroux, Bergson, Driesch). Das Zweckhafte ist eine der Kausalität nicht nur ebenbürtige, sondern übergeordnete Kategorie, die Kausalität selber kommt zweimal vor: als »mechanisch-isotrop geschlossene« und als »psychophysisch übergehende und allotrope« Kausalität. Letztere schlägt einen gewissen Übergang: »Nicht daß die mechanistische Weltanschauung Grenzen hat, sondern nur, wo sie liegen, ist heute noch fraglich ... Daß auch in der organischen Natur alles natürlich, kausal und gesetzmäßig zugeht, bezweifelt niemand; wohl aber ist man bedenklich geworden, ob die kausalen Zusammenhänge sich in mechanischen erschöpfen, ob die Kausalität die Teleologie ausschließt oder nicht vielmehr einschließt, und ob die organischen Naturgesetze nichts weiter sind als sekundäre Resultate aus dem Zusammenwirken unorganischer Naturgesetze« (Das Problem des Lebens, 1906, S. 377 f.). Hartmann lehrt statt dessen »Eigengesetzlichkeit der Lebensvorgänge«, der mechanischen Gesetzlichkeit durch ein »höheres dynamisch-logisches Prinzip übergelagert«, also auch den bloß »materiierenden Naturkräften« und ihrem Produkt, der Materie. »Die reaktive Kraftäußerung der nicht-materiierenden Kraft (so des Lebens) greift als Bildungstrieb, Reflexwirkung, Naturheilkraft und so weiter in die physischen Vorgänge ein, sodaß die Ergebnisse als Selbsterhaltungsakte in die objektiv reale Erscheinung treten« (Das Problem des Lebens, S. 430). Die Finalität macht hier ersichtlich der Materie, der völlig physikalisch fixierten, ein Ende; die Lebenskraft soll hier übermaterielle Selbstgestaltung, Selbsterhaltung sein. Ebenso läßt Hartmanns höchste Kategorie: Substanzialität, die bloße Basisbestimmung Materie durchaus hinter sich; sein Unbewußtes – als zentrales Charakteristikum der Substanz – setzt er nicht nur so sehr geistig, sondern auch so hoch, so sehr als Absolutum selbst, daß es mit keiner Materie sich berührt. Das Unbewußte ist dem Bewußtsein nicht untergeordnet wie die Materie dem Leben, sondern es ist der Weltgrund selbst, alles umfassend, einschließlich seiner Bewußtseinsepisoden und noch aller sich darin reflektierenden Kategorialfunktionen. Echte Substanz findet sich dergestalt bei Hartmann nur in der »metaphysischen Sphäre«, nicht in der objektiv realen und ihrer Materie. Immerhin hat Hartmann mit dem *Pathos des Unbewußten*, dieser höchsten Fassung des Schlafs, Akzente verwendet, die bisher *eher auf der Materie lagen als auf dem Geist*. Hartmann benutzt sozusagen – mit dem Unbewußten – einen Reiz der Materie, einen romantisch vorhandenen, wenn auch romantisch nicht ausgeführten, um seinen »absoluten Geist« damit zu schmücken. Eine seit Descartes mögliche, in Schopenhauer greifbar gewordene Bestimmung der Materie brach damit durch, doch sie wurde an einen ganz anderen Ort versetzt, eben ins Hinterweltliche einer urgeistigen Substanz. Dies Unbewußte ist freilich dicke Nacht und erst recht Mythologie; es fehlt ihm völlig die Dämmerung noch nicht bewußter, gar in der Materie (Substanz) schlafender »Möglichkeiten«. Auch ist dies Unbewußte von der Materie, aus der es romantisch herkommt, völlig abgehoben worden und auf einen hintergründigen Urgeist appliziert. Bei alldem trägt man aus Hartmann als Lohn davon: erstens die kategorial einbezogene Fassung eines »thelischen Prinzips« (abgesehen von dessen nur pessimistischer Rolle); zweitens die Statuierung eines Unbewußten nicht nur unter, sondern rings um das Bewußtsein, zum Unterschied von der, wie Hartmann meint, bloßen »Bewußtseinsphilosophie seit Descartes«.

SINNLICHKEIT ALS DAS EINZIG WAHRE, DER MATERIELLE MENSCH
(Czolbe, Feuerbach)

Das überreizte Denken dankte hier ab. Leider nicht nur als überreiztes und als Spiel in der Luft. Sondern fast insgesamt fiel es als philosophisches aus, sobald es, erneut materialistisch, den Boden berühren wollte. Deutschland holte die kapitalistische Entwicklung der Westländer in verblüffend kurzer Zeit ein; philosophisch aber hatte sein arrivierendes Bürgertum fast nichts mehr zu sagen. Von 1850 bis 1860 hatte sich die rheinisch-westfälische Kohlenförderung ums Dreifache, die Produktion von Roheisen ums Fünffache gesteigert, die technischen Produktivkräfte und dem entsprechend die Naturwissenschaften stiegen ungeahnt. Nüchterne Beobachtung, zuverlässige Berechnung, auch positivistische Gründerzeit breitete sich aus. Die liberale Opposition war einschließlich Religionshaß in der deutschen Bourgeoisie bis zur Reichsgründung noch echt, stellenweise hitzig. Was aber nun aus der Synthesis von Opposition und Naturwissenschaft entstand, philosophisch entstand, dies Kind achtbarster Eltern, war beklagenswert. Trotz seiner materialistischen Züge und wegen ihrer, indem sie vulgär geworden waren, nicht nur Aufklaricht aus der Aufklärung, sondern (wie Engels sagte) Abspülicht aus dem Aufklaricht. So erschienen als Stoffhuber die Ludwig Büchner, Vogt und Moleschott, Wanderapostel eines vulgarisierten, rein mechanisch gebliebenen Materialismus. Moleschott besaß noch Reste philosophischer Bildung; doch auch er erklärte auf der Göttinger Naturforscherversammlung 1854: wie das Bein seine Gehmuskeln, so habe das Gehirn seine Denkmuskeln, und wie der Urin eine Ausscheidung der Nieren, sei der Gedanke nichts anderes als eine Ausscheidung des Gehirns. Der Philosoph Lotze brach hier zwar in den denkwürdigen Zwischenruf aus: Höre man Kollegen Moleschott reden, so könne man fast glauben, es wäre so; indes wenn Lotze einige Lacher für sich hatte, so Moleschott die philosophische Unbildung seiner Zeit. Lange Jahre nachher hat Karl Stumpf auf dem Münchener Psychologen-Kongreß 1896 die mechanische »Reduktion« des Bewußtseins auf die Hirnrinde, mithin den angeblich bloßen Nebeneffekt, bestenfalls Parallelismus der seelischen Vorgänge so ironisiert: »Die Organismen leben und handeln, die Menschen gründen Staaten, schreiben Gedichte, halten sogar Psychologen-Kongresse, getrieben durch physische Kräfte, genau so, als ob gar kein Denken, Fühlen und Wollen existierte. Ja man könnte, wie es soeben doch geschieht, über das Bewußtsein sprechen, auch wenn es gar keines gäbe.« Der »philosophische« Hauptvertreter des trivial-mechanischen Materialismus war freilich nicht Moleschott, sondern Dühring, derselbe, den Engels unsterblich gemacht wie eine Fliege im Bernstein. Dieser »Wirklichkeitsphilosoph«, wie er sich nannte, bestimmte ganz unverhohlen: »Das Sein überhaupt fällt mit dem materiellen und *mechanischen Sein* zusammen« (Cursus der Philosophie 1875, S. 62), wobei Materie nicht einmal eine sie verändernde Geschichte haben soll, sondern »den sich selbst gleichen Träger aller Veränderungen vorstellt« (l. c., S. 73). Derart ist dieser Träger nicht weniger »allgemein« als sich selber überall statisch gleich: »Die allgemeine Materie ... hat das zeitliche Differenzenspiel (!) nicht zur Voraussetzung und kann insofern von keinem Entstehen und Vergehen berührt werden« (l. c., S. 66). Dührings arrogante und erstarrte Banalität, in einem Feld, wo hundert Jahre vorher die Schlachten der Aufklärung geschlagen worden waren, ist lehrreich abschreckend; sie zeigt, wie epigonal abgesunkener mechanischer Materialismus nach Hegel, ohne Dialektik und Hegel aussieht. Solcher Materialismus ist eine abstrakte Totgeburt geworden; seine »allgemeine« Materie ist, wie Engels sagt, so real wie Obst im allgemeinen (statt der Äpfel, Birnen, Aprikosen). Ungeachtet dessen war immerhin noch eine materialistische Überlieferung tüchtigerer Art aufgegriffen worden, genährt und eingekleidet vom bürgerlich-liberal überkommenen Kampf gegen Kirche und Jenseiterei. Das sowohl sittlich wie epikurisch zugleich motiviert oder auch nur garniert; so bei *Czolbe,* der ein gewisses erfrischtes, nämlich diesseitiges Lust-, ja Haltungsmotiv in den banalen Materialismus brachte. Dieses meint, daß es »anständiger« sei, sich mit dieser Welt zu begnügen, als eine zweite, übersinnliche zu erträumen. Nicht nur wissenschaftliche, sondern ebenso sittliche, ja hauptsächlich sittliche Gründe zwängen zum Materialismus. Der sei Ehrensache, die Zeit unmündiger Träumerei sei vorüber. Nach Czolbe ist jede sittliche Handlung erst dann sittlich, wenn es keinerlei Jenseits mit strafendem, gar belohnendem Gott, sondern nur materielles Diesseits gibt. Czolbes atheistisches Motiv ist männlich, jedoch nicht spartanisch, sondern noch genießend, steht einem epikurischen Leben von allen, für alle höchst gönnerisch gegenüber. Solches schließt auch jeden Traum von einem erst zu verändernden Diesseits aus, das schon besitzende Grundgebot bleibt: Begnüge Dich mit der gegebenen irdischen Welt. Alle Unzufriedenheit mit ihr scheint für Czolbe nur aus der Annahme einer zweiten, übersinnlichen Welt zu stammen, und aus der Entwertung, die diese dem irdischen Stoffleben schafft. Wobei das Stoffleben noch allerhand heitere Züge hinzuerhielt, eben die des Lustgewinns im Diesseits, ohne pfäffischen Triebverzicht, ob auch als Lust eines bloßen Rentnerlebens, das das angeblich schon als solches hübsche Diesseits wie eine gelungene Speise sich zu Gemüte führt.

Der Mensch ist, was er ißt, dieser Satz klingt nun freilich ähnlich. Aber das Wort Mensch steht darin, mit Bedeutung, und wenn zwei dasselbe sagen, ist es nicht dasselbe. Der scheinbar allzu einfache, ja besonders vulgär-materialistische Satz stammt von Feuerbach, nicht von Moleschott, und es ist darin ein anderes Subjekt als bloßer Druck und Stoß. *Feuerbach* war der letzte bürgerliche Materialist von Format; »mein erster Gedanke«, sagte er, »war Gott, mein zweiter die Natur, mein dritter und letzter ist der Mensch«. Öfter zu allgemein im Begriff, doch äußerst bestimmt und durchschlagend im Grundgedanken hat Feuerbach den ersten Übergang von Hegel zum Materialismus bewerkstelligt. Schon dadurch unterscheidet er sich vom mechanischen Abklatsch seiner Zeit, von einem Materialismus, der sich höchstens an Darwin erneuert hatte (ohne selbst hier sprunghafte Mutationen zu begreifen). Ausgang nun bilden auch beim Eß-Satz die Sinne, sie allein gewähren zweifelsfreies Wissen. Aber die Sinnlichkeit wird sogleich weiter gefaßt, gewollt verschwommene Anklänge an alles »Farbenvolle« und »Lebenswarme« geraten herein. Wo der Geist insgesamt dürr geworden war und als Dürre schlechthin verschrieen wurde, verband sich das Sensuelle sehr leicht mit mehr, mit dem Kult des Fleisches. Und nicht nur mit der irdischen Liebe, sondern eben aufgrund der starken Menschbetonung mit Sympathie schlechthin. Feuerbach benutzt jeden Doppelsinn oder Mehrsinn der Empfindung: »Das Sein ist ein Geheimnis der Anschauung, der Empfindung, der Liebe«. Dem Sensualismus sind derart keine Grenzen gesetzt: »Wir fühlen nicht nur Steine und Hölzer, wir fühlen auch Gefühle, indem wir die Hände oder Lippen eines fühlenden Wesens drücken; wir vernehmen durch die Ohren nicht nur das Rauschen des Wassers, und das Säuseln der Blätter, sondern auch die Seelenvolle Stimme der Liebe und Weisheit; wir sehen nicht nur Spiegelflächen und Farbengespenster, wir blicken auch in den Blick der Menschen ... Alles ist darum sinnlich wahrnehmbar, wenn auch nicht unmittelbar, so doch mittelbar, wenn auch nicht mit den pöbelhaften, rohen, doch mit den gebildeten Sinnen, wenn auch nicht mit den Augen des Anatomen oder Chemikers, doch mit den Augen des Philosophen« (Grundsätze der Philosophie der Zukunft, 1849, § 42; Werke (Bolin-Jodel) II, S. 304). Im Sinnlichen lebt (mit neuer Äquivokation) zugleich der Trieb und zwar der nach allgemeiner Glückseligkeit, das Wollen des eigenen, das Mitwollen des fremden Glücks. Glück selber ist nichts anderes als »mangello-

ses, gesundes, normales Leben«; Marx sprach hier freilich von
Feuerbachs »schwülem Liebestau«, auch in bezug auf das »allgemein Menschliche« und seine wahllose Umarmung. Eindeutig sensuell-materialistisch aber der Satz, das »wahre Verhältnis vom Denken zum Sein« betreffend: »Das Sein ist Subjekt,
das Denken Prädikat« (Werke II, S. 239). So werden auch viele
Elemente des bisher klassischen Materialismus versammelt:
Vorrang der Sinne (des Leibs), Pathos des Glücks. Es kommt
noch das dritte klassische Element: die Befreiung von der
Transzendenz; und das nun spezifisch Feuerbachisch, genau als
starke Menschbetonung, das ist nicht nur als naturwissenschaftliche, sondern als »*anthropologische* Kritik der Religion«. Hier
wird Feuerbach bedeutend, er brachte, wenn kein völlig neues
Prinzip, so ein erstmals zentral gestelltes. Der Mensch wird
von Feuerbach als Maß aller Dinge gefeiert und zugleich als
Ursprung jener religiösen Nicht-Dinge (Nicht-Realitäten), die
die menschliche Sehnsucht einem imaginären Jenseits geliehen
hat. Physiologische Psychologie soll der Schlüssel sein zur Genesis der Religion, Anthropologie der Schlüssel zum religiösen Inhalt (soweit er humanistisch beerbbar ist). »Die neue Philosophie macht den Menschen mit Einschluß der Natur, als der
Basis des Menschen, zum alleinigen, universalen und höchsten
Gegenstand der Philosophie – die Anthropologie also mit Einschluß der Physiologie zur Universalwissenschaft« (Werke II,
S. 315). Zunächst zwar blüht hier wieder nur Liebesethik auf,
Emanzipation des Fleischs vom Geist, wie im Jungen Deutschland beliebt: »Das Geheimnis des Lebens ist die Sinnlichkeit,
und die Basis der Sittlichkeit selber ist der Geschlechtsunterschied. Das Weib ist das lebendige Kompendium der Moralphilosophie, und sein Bauch der Tempel der Liebe.« Wieder verschränkt sich diese Anbetung des Stoffs (in seiner lieblichst-lüsternen Gestalt) mit einer altruistischen Liebesreligion, einem
optimistischen Anti-Hobbes, einem »homo homini deus«. Ja im
Menschbegriff Feuerbachs kulminieren alle seine Allgemeinheiten und Äquivokationen, so setzte hier – bevor auf dem erreichten Grund weiter zu bauen war – die Feuerbachkritik von Marx
und Engels ein; eine dankerfüllte Kritik selbstverständlich,
doch überlegen scharfe. Marx, in seinen »Thesen über Feuer-

bach«, hatte bereits dessen »Sinnlichkeit« als eine rein betrachtende, theoretische kritisiert, als eine, der das Verändern der Welt genau so fern liegt wie dem abstrakten Denken. Vor allem aber vermißt Marx an Feuerbachs »wirklichem Menschen« eben die Wirklichkeit; der Mensch bleibt hier teils ein isoliertes Individuum (wie es nur in der bürgerlichen Gesellschaft sich findet), teils erscheint er als bloße Gattung, das ist »als innere, stumme, die vielen Individuen bloß *natürlich* verbindende Allgemeinheit« (These VI). Indem Feuerbach auch hier auf dem Standpunkt der sinnlichen »Unmittelbarkeit« verharrt, bleibt er tatsächlich im Reich der Abstraktion, im selben Reich, das er doch verlassen wollte; daher seine Allgemeinheiten über »menschliches Wesen« schlechthin, daher seine Mythologie einer bloßen menschlichen Gattung. Feuerbach, sagt Engels, »klammert sich gewaltsam an die Natur und an den Menschen; aber Natur und Mensch bleiben bei ihm bloß Worte... Vom Feuerbachschen abstrakten Menschen kommt man aber nur zu den wirklichen lebendigen Menschen, wenn man sie in der Geschichte handelnd betrachtet«. Dieses aber, Geschichte, Sozialgeschichte, blieb außerhalb des Feuerbachschen abstrakten Humanismus; folglich auch das menschliche Wesen in seiner nicht nur natürlichen Gattungshaftigkeit, in jener Wirklichkeit, die Marx kurz und bündig umreißt als »das Ensemble der gesellschaftlichen Verhältnisse«. Trotzdem wird ja dieses Ensemble gerade bei Marx nicht im mindesten als konkretes Fixum genommen oder auch nur dergestalt, daß in diesem sozialen Ensemble, sogar gegen dasselbe nicht das menschliche und so allein kanonische Ensemble gültig wäre. Nun hat Marx doch nicht ohne Feuerbachsches statuiert und ermahnt: »Wenn der Mensch von den Umständen gebildet wird, so muß man die Umstände menschlich bilden.« Aber selbst das unverwirklicht, das sozusagen normativ und moralisch Menschliche, das jedes Ensemble gesellschaftlicher Verhältnisse überbietet, selbst diese dauernde Anwesenheit des Feuerbachschen Humanismus im marxistischen wurde durch Marx konkreter berichtigt. Nicht einfach sozialhistorisch, wohl aber dialektisch; denn steht der Mensch, wie bei Feuerbach, als normatives Absolutum, dann kehrt in ihm genau der fixe Dogmatismus wieder, den bisher die transzendenten Mächte innehatten. Nicht die Unbestimmtheit ist dabei die Gefahr; denn diese kann hier eine sachliche sein, eine Unbestimmtheit des Gegenstands, der normativen Velleität, der vorläufigen Allgemeinheit, worin der dunkle Drang auf seinem rechten Wege sich noch bewegen mag. Einem non liquet der noch so unzureichend gelungenen *menschlichen Materie* entsprechend, der ja noch kein Sprung aus dem Reich der Notwendigkeit in ihr Reich der Freiheit geworden ist. Wohl aber ist die undialektische Verabsolutierung des Menschlichen eine Gefahr, die Fernhaltung des *dialektischen* Maßstabs vom *humanistischen* Maß aller Dinge. Auch das Normative, auch das »Göttliche im Menschen«, wie Feuerbach zu sagen liebt, hat seine Geschichtsphilosophie; sie ist desto dringender, als Feuerbachs normativer Humanismus eben in der bürgerlichen Gesellschaft beschlossen bleibt, in den Grenzen, die auch ihrem wohlmeinendsten »Ideal« gesetzt sind. Andererseits aber eröffnete Feuerbachs anthropologischer Einsatz das früheste kritische Programm bei Marx, samt seiner Sprengkraft gegen Selbstentfremdung, wie sie zuerst auch an der Religion, dann erst an der Ware entwickelt wurde; Marx sagt so: »Radikal sein heißt eine Sache an der Wurzel fassen, die Wurzel für den Menschen ist aber der Mensch selbst«. Feuerbachs Arbeit bestand darin, die religiöse Selbstentfremdung, die Verdoppelung der Welt in eine religiös-phantastische und eine wirkliche zu durchschauen und die erstere auf die letztere reduzieren zu wollen. Hat er die Arbeit nicht zu Ende geführt, hat er die weltliche Grundlage dieser Verdoppelung nicht selber analysiert und die Entäußerung, die Entfremdung in der »wirklichen Welt« nicht selber ökonomisch erfaßt, so gab er doch den Fingerzeig, und Marxismus wäre nicht ohne Feuerbachs erste Reduktion. Ihr Prinzip ist bekannt: Götter und Gott sind verdinglichte, zum Fetisch gewordene Wunschbilder. Was der Mensch nicht ist, aber zu sein wünscht, stellt er sich in seinen Göttern als seiend vor, sie sind der in der Phantasie befriedigte Glückseligkeitstrieb des Menschen; oder wie Marx in seiner »Kritik der Hegelschen Rechtsphilosophie« das ausdrückt: die Religion »ist die phantastische Verwirklichung des menschlichen Wesens, weil das menschliche Wesen hier keine wahre Wirklichkeit besitzt«.

Statt Vernunft in der Religion nachzuweisen, soll der Philosoph bei Feuerbach deren Unvernunft durchschauen, er verwandelt die Menschen »aus Theologen zu Anthropologen, aus Theophilen zu Philanthropen, aus Kandidaten des Jenseits zu Studenten des Diesseits«. Doch ist die Entzauberung, welche aus der Theorie der imaginären Wunscherfüllung folgt, nicht nur negativ gemeint; im Gegenteil, sie geschieht auch, damit das religiös Gewünschte irdisch durchbreche. So heißt es bei Feuerbach gerade im »Wesen des Christentums«, Kapitel 2: »Ich verneine das phantastische Scheinwesen der Religion und Theologie nur, um das wirkliche Wesen des Menschen zu bejahen«. Feuerbachs Atheismus fehlt das Nichts – als Negativität, er vermeidet sie bewußt: »Der Atheismus verneint nur das vom Menschen abstrahierte, das phantastische, durch die Einbildungskraft verselbständigte Wesen des Menschen, welches aber Gott genannt wird, und will an seine Stelle das wirkliche Wesen des Menschen setzen«. Atheismus ist also in Wahrheit bejahend, jedoch »der Theismus ... ist in Wahrheit verneinend; er verneint die Natur, die Welt und die Menschheit« (Vorlesungen über Religion, No. 30). Feuerbach verhält sich also nicht nur zynisch zur Religion, sondern in gewisser Art, nota bene was ihre helleren, humanen Züge angeht, erbend. Er selber betont die immer nähere Selbstvergottung im Prozeß der Illusionen, den anthropologischen *Inhalts*-Unterschied zwischen Christentum und Naturreligion: »Das Wesen der christlichen Religion ist Gemüt, Christus die Allmacht der Subjektivität, das von allen Banden und Gesetzen der Natur befreite Herz«. Feuerbach zitiert dieser Art den Satz Sebastian Francks, Gott sei ein unaussprechlicher Seufzer im Grund der Seelen gelegen; und nennt das – nicht nur vom Seufzer, sondern vom Grund der Seelen betroffen – »den merkwürdigsten, tiefsten und wahrsten Ausspruch der deutschen Mystik« (Wesen des Christentums, Kapitel 13). Einige Zeitgenossen Feuerbachs sahen diesen Bogen von der Entmythologisierung zur Mystik, und sie erstaunten über das unabgeschlossene Paradox. Gottfried Keller reflektiert im Grünen Heinrich (Kapitel: Der gefrorene Christ) diesen Effekt der »Anthropologisierung« sehr lehrreich. Da erscheint zwar Feuerbach durchaus als Atheist, der das

Übersinnliche auf seinen egoistisch-materiellen Ursprung gebracht hat, wenn auch in betörender Sprache; er erscheint, wie er »gleich einem Zaubervogel, der in einsamem Busch sitzt, den Gott aus der Brust von Tausenden wegsang«. Doch unmittelbar danach verschränkt sich mit dem Atheisten Feuerbach der Mystiker Angelus Silesius, mit dem »Schwungvollen Philosophen« der »Kräftige Gottesschauer«; tertium comparationis bei beiden ist »der Mensch in Ewigkeit«. So eng also verbindet sich hier, in keineswegs zufälliger oder lediglich mißverständlicher Weise, anthropologische Kritik der Religion mit mystischer Anthropologie der Religion; so nahe auch ein allgemeinmenschliches Fixum, wie Feuerbach es abstrahierte, mit der ebenso allgemeinen »Ewigkeit im Menschen«. Aber freilich ist dies Fixum für Feuerbach, obwohl es besteht, doch noch nicht erschöpft, ist überdies noch unverwirklicht. »Der Glaube an das Jenseits ist der Glaube an die Freiheit der Subjektivität von den Schranken der Natur – folglich der Glaube des Menschen an sich selbst.« So wies das phantastische Jenseits für Feuerbach auf die Entbehrungen, doch ebenso auf die Hoffnungsfülle im menschlich-materiellen Diesseits. Ein Materialismus also, ganz verschieden von dem mechanisch gewordenen, dem das Weltall und seine Materie zwar einerseits unendlich groß war, doch andererseits so klein, daß nicht einmal ein menschlicher Kopf darin Platz hatte; dieser Mangel ist nun bei Feuerbach mehr als irgendwo bisher verlassen.

BÜRGERLICHE AUFLÖSUNGEN
DER MECHANISCHEN MATERIE
(Mach; F. A. Lange)

Auch sonst drehte man auf Mensch und Ich um, aber verdächtig anders. Da wurde nicht darauf geachtet, den Stoff mit dem menschlichen zu vermehren, ihn in den Menschen hineinzutreiben. Sondern idealistische Auflösung war erwünscht; das Bürgertum, einmal an der Macht, wollte statt des materialistischen Denkens, des gar noch proletarisch brauchbaren, etwas Besseres, Vornehmeres für sich. Da es nur mechanische Materie kannte, so glaubte es mit der mechanischen alle Materie aufgelöst oder wenigstens eingegrenzt. Zunächst sperrte der Bezug aufs Ich dieses völlig in sich ein, nicht nur stofflos, sondern geradezu weltlos werdend. So bei *Schuppe,* der für viele dergleichen steht: übers Bewußtsein und das darin unmittelbar Gegebene darf nicht hinausgeschritten werden. Alles Bewußte ist aber jederzeit nur ein »mir Bewußtes«, ein aufs eigene Ich Bezogenes; das allein ist gewiß. Folglich macht der streng unmittelbare Standpunkt solipsistisch: es gibt nichts als mein Ich und das in ihm unmittelbar Erscheinende. Dergleichen blieb dann freilich etwas weniger solipsistisch, also weniger närrisch, wenn es sich auf Berkeley berief, auf dessen Satz: Esse ist Percipi, auf die primäre Selbstverständlichkeit, daß alles draußen Wahrgenommene zunächst unter der allgemeinsten Bedingung steht, wahrgenommen zu werden. Von hier ging der extrem sensualistische und doch nun ganz unmaterialistisch sich wendende Weg zu Ziehen, Avenarius, Mach. Das Ich, im Sinn von Berkeleys Geist (mind), gaben sie preis, aber den »Sparren« Materie desgleichen, im selben agnostizistischen Bausch und Bogen. Die Welt, sagt *Mach,* ist eine Masse von Empfindungen, die im und als Ich nur stärker zusammenhängen, im und als Dingkörper sich nur in einem gewissen Gleichgewicht befinden. Es gibt nichts als »Empfindungen« oder besser, neutraler: »Elemente«; diese (Farben, Töne, Wärmen, Räume, Zeiten) sind bald einer Ichreihe, bald einer Körperreihe bequemer zuordenbar. Sind aber weder einem Ich noch einem Ding, Körper, Stoff substantiell verbunden; Machs Phänomenalismus, Hume überbietend, hebt Materie und Individuum, Objekt und Subjekt gleich großzügig auf. »Eine Farbe ist ein physikalisches Objekt, sobald wir zum Beispiel auf ihre Abhängigkeit von der beleuchtenden Lichtquelle (anderen Farben, Wärmen, Räumen und so weiter) achten. Achten wir aber auf ihre Abhängigkeit von der Netzhaut, so ist sie ein psychologisches Objekt, eine Empfindung. Nicht der *Stoff,* sondern die *Untersuchungsrichtung* ist in beiden Gebieten verschieden« (Analyse der Empfindungen, 1900, S. 14). Ein gewissermaßen objektiv Konstantes liegt dem Ich- und Körperbezug freilich ebenfalls zugrunde, eben ein dichterer Zusammenhang der Elemente hier, ein relativer

Gleichgewichtszustand dort. Aber das eine fundiert kein Ich, das andere erst recht keine Materie: »Nicht die Körper erzeugen Empfindungen, sondern Elementenkomplexe (Empfindungskomplexe) bilden die Körper. Erscheinen dem Physiker die Körper als das Bleibende, Wirkliche, die ›Elemente‹ hingegen als ihr flüchtiger vorübergehender Schein, so beachtet er nicht, daß alle ›Körper‹ nur Gedankensymbole für Elementenkomplexe (Empfindungskomplexe) sind« (l. c., S. 23). Auf diese Art sind Mensch und Materie gleichmäßig untergegangen, in purem »empiriokritizistischem« Idealismus. Da überdies Kausalität als eine bloße anthropomorphe »Introjektion« beseitigt wird und von ihr bei Mach nichts übrig bleibt als die mathematisch-funktionale Beziehung (ändert sich x, so ändert sich y und umgekehrt): so hat sogar das Gesetz, nicht nur die Substanz des Materialismus ausgespielt (von Dialektik, die Mach nicht kennt, zu schweigen). Und als Folge ergibt sich: Da nichts real ist als die Erlebniswirklichkeit der »Elemente«, da jede Verwendung von »Gedankensymbolen« über ihren bloß denkökonomischen Gebrauch hinaus die Grenzen der Wissenschaft introjizierend überschreitet, da es kein Jenseits der sinnlichen Erscheinung gibt und geben kann: so ist für Mach (der sogar das Atom ein bloßes Gedankensymbol nennt) die Materie insgesamt Schein und der Materialismus – Metaphysik. »Genau« solche Metaphysik wie der christliche Jenseitsglaube (gegen den der Materialismus dann einen bloßen Bruderkampf führt), wie der Glaube der Australneger an Geister und Dämonen. Hat Engels Dühring heimgeleuchtet, so hat Lenin auf die Berkeley-Gefahr des Machismus, selbst für Austromarxisten hingewiesen; hatte der plumpe Dühring zuviel »Wahrheiten letzter Instanz« und darunter nur keine dialektische, so hat der überkritizistische Mach überhaupt nur Erscheinungen als letzte Instanz und darunter keine materialistische. Und der Neopositivismus, wie er ja dem Empiriokritizismus sich nachher anschloß, hat gerade noch gefehlt, nun lauter »Anpassung an (fixe) Tatsachen«. Da wird denn der sinnenhafte Befund gänzlich zur allein »reinen Erfahrung«, auch noch zu einer angeblich ideologiefreien gestempelt und alles Wahre darauf beschränkt. Hierzu nicht stimmige Gedanken, vorab die revolutionären, mit Materie im Tornister, fliegen nun sämtlich von Bord; was nicht tautologisch ist im mathematischen Sinn und im empiristischen nicht konform mit dem, »was der Fall ist«, gilt hier durch die Bank als spekulativ. Dialektisches Denken, Probleme des Prozesses, seines Wegs, gar Ziels, gar die Frage nach der Materie dieses Prozesses: alle Eulen solcher Minerva wurden dem Neopositivisten völlig grau und noch weniger als das, nämlich meaningless. –

Es gibt auch feinere Art, von dem Stoff bürgerlich Abschied zu nehmen. So neukantianisch, deutlich in F. A. *Langes* »Geschichte des Materialismus« (1866), die ihn als naturwissenschaftlich allein gültig anerkennt. Doch darüber erhob sich, schroff und stoffrei, der »Standpunkt des Ideals«, des nichts durchbohrenden, erhaben schwebenden. Einzigartig spiegelt sich in dieser Trennung die Unfähigkeit der Bourgeoisie, ihre mechanistische Wirklichkeit zu ertragen, und die noch größere Unfähigkeit, sie dem »Ideal« gemäß zu gestalten. Einzigartig auch verband sich hier die Trennung von mechanischem Alltag und Plüsch der guten Stube mit dem Kantischen Dualismus von realer Notwendigkeit und intelligibler Freiheit. Beginnende Furcht der Bourgeoisie vor dem Materialismus des Proletariats lieferte – noch nicht bei Lange, wohl aber bei den späteren Neukantianern – den deutlichen Anlaß. Der Dualismus zwischen idealem Wert und materieller Wirklichkeit wurde bei ihnen bequem, die eine Seite hat zwar alle schönen Ideale, doch keine reale Wahrheit, die andere alle reale Wahrheit, doch nicht den schönen Zug des Ideals. Ohne schon so bequem zu werden, trennt Lange immerhin Mechanik und Ideal folgendermaßen: »Jede Verfälschung der Wirklichkeit greift die Grundlagen unserer geistigen Existenz an. Gegenüber metaphysischen Erdichtungen, welche sich anmaßen, in das Wesen der Natur einzudringen und aus bloßen Begriffen zu bestimmen, ist daher der Materialismus als Gegengewicht eine Wohltat. Auch müssen alle Philosopheme, welche die Tendenz haben, nur Wirkliches gelten zu lassen, notwendig nach dem Materialismus hin gravitieren. Dafür fehlen diesem die Beziehungen zu den höchsten Funktionen des freien Menschengeistes. Er ist, abgesehen von seiner theoretischen Unzulänglichkeit, arm an Anregungen, steril für Kunst und Wissenschaft, indifferent oder zum Egoismus neigend in den Beziehungen des Menschen zum Menschen. Kaum vermag er den Ring seines Systems zu schließen, ohne beim Idealismus eine Anleihe zu machen« (Geschichte des Materialismus, Reclam, S. 516). Lange selber fürchtete zwar die revolutionären Konsequenzen des Materialismus noch nicht, im Gegenteil, er wünschte von Herzen die Heraufkunft einer neuen sozialen Welt; nur: er sah, beim mechanischen Materialismus stehenbleibend, die Antriebe zu dieser Heraufkunft ausschließlich in einem abstrakten, stofffreien, irrealen Sollen. »Den Sieg über den zersplitternden Egoismus und die ertötende Kälte des Herzens wird nur ein großes Ideal erringen, welches wie ein Fremdling aus der anderen Welt unter die staunenden Völker tritt und mit der Forderung des Unmöglichen die Wirklichkeit aus ihren Angeln reißt« (l. c., S. 529). Hatte selbst Feuerbach bekundet: rückwärts stimme er den Materialisten vollkommen bei, aber nicht vorwärts, so überrascht die kupierte oder abgebrochene Materie Langes nicht, der Materialismus unten, der Idealismus oben. Feuerbach aber hatte mit seinem Idealismus nach vorwärts eine berechtigte Unzufriedenheit mit dem rein naturwissenschaftlich orientierten Materialismus ausgesprochen. Er hatte das Bedürfnis nach einem noch Unvorhandenen: nach historisch-sozialwissenschaftlichem Materialismus ausgesprochen und diesen, ihm unbekannten, nicht etwa – wie Lange – abgelehnt. Feuerbach, beim abstrakten Menschen in einer abstrakten Natur verharrend, hat den Durchbruch nur nicht gefunden, ihn jedoch intendiert und nahegelegt, Lange dagegen betrachtet die Feuerbachsche Hervorhebung des Menschen als einen Zug der Hegelschen Philosophie, der damit übernommenen »Begriffsdichtung«, die Feuerbach »von den eigentlichen Materialisten trennt«. Umgekehrt sieht Marx (in den »Ökonomisch-philosophischen Manuskripten«) gerade hier »die Gründung des *wahren Materialismus* und der reellen Wissenschaft, indem Feuerbach das gesellschaftliche Verhältnis ›des Menschen zum Menschen‹ ... zum Grundprinzip der Theorie macht«. Erst recht hat der Sozialismus bei Marx »keine Ideale zu verwirklichen, sondern einzig die vorhandenen Tendenzen der Gesellschaft in Freiheit zu setzen«; eine materialistische Erweiterung allerdings, die den bloßen mechanischen Materialismus, den Lange einzig kennt, ebenso weit hinter sich läßt, wie sie ihn mit den Begriffen »Tendenz«, »In Freiheit setzen« sprengt. Auch der Marburger Neukantianismus, der Lange noch nahestand und bürgerlich-fortschrittliche, sozial-philanthropische Züge sich zu bewahren wußte, machte vom Nichtsprengen keine Ausnahme. Ja seine Fetischisierung der »transzendentalen Funktion«, die erz-idealistische, entfernte die Materie sogar aus der Natur, wieviel mehr aus der »Idee der Gesellschaft«. Vor lauter Transzendentalem soll hier schon die sinnliche Gegebenheit eine Art Schandfleck des Denkens sein, der durch weitere Bestimmung erst entfernt werden muß; die Materie ist eine bloße Vorläufigkeit in diesen Bestimmungen. Hatte bereits Lange die Materie zu einem Rest herabgesetzt (»der unbegriffene oder unbegreifliche Rest unserer Analyse ist stets der Stoff«), so genießt der Stoff bei *Cohen* nicht einmal die Ehre eines solchen Dings an sich auf Abbruch. Wissenschaftliche Naturerkenntnis sei nur freischwebende Gesetzesrelation, zeige im Fall Materie also deren Aufhebung durch wägbare Masse oder meßbare Energie. Erst recht Cohens Ethik kennt keinen Menschen als triebhafte Gegebenheit, sie »hört« nicht auf den Menschen als bedürftiges Naturwesen, sondern »verhört« ihn unter der Zweckidee einer reinen Rechtsgesellschaft, damit er als Person gelte; und das erst nennt er das »anthropologisch Reale«. Die »ins Riesenhafte gewachsene Tauschwirtschaft« (materielle Verhältnisse also) ist diesem Idealismus lediglich ein Stein des Anstoßes, nicht ein möglicher Anstoß selbst, der materialistisch zu erforschen und zu verändern wäre, statt ihn nur idealistisch zu verwerfen. Die Bourgeoisie, der Entzauberung überdrüssig und sie fürchtend, übersteigerte entweder die »Aufklärung« so weit, daß alles zu Schein wurde, auch die Materie. Oder sie griff gar dasjenige, wogegen die Aufklärung gerade vorgegangen war, nämlich die Verteufelung der Materie, halbwegs auf, indem sie die Materie, wenn auch nicht als Anti-Wert, so doch als Wertfremdheit, Wertlosigkeit setzte. Die überkritische, nämlich empiriokritizistische »Aufklärung«, mit Materie als Schein, findet sich bei Mach und weiter; das Abdrehen der Materie zu Hemmung und

Sterilisierung der Idealfunktionen des Menschengeistes, zum Nicht-Wert ihrer Gegebenheit findet sich von Lange bis Cohen und weiter. Im bloßen Ideal-Sozialismus, soweit er von Marburg her beeinflußt war, erlangt auch das Wort »Unterbau« nur einen herabsetzenden Sinn, einen der Untergeordnetheit. Nicht das Nüchterne, Solide der Basiserforschung wurde betont, erst recht nicht das Detektivische oder die Wissenschaft von des Pudels Kern. Dabei geht bei Cohen freilich ein Pathos durchgängiger ratio nicht verloren, diesesfalls gerade von einem rein vernunfthaften Idealbegriff her, als einem auch völlig unmythisch seinwollenden. Das macht ihn nun nicht nur gegen den sinnlichen, allzu sinnlichen Restbestand empfindlich, als den er Materie fälschlich definiert, sondern auf nicht unwichtig beisteuernde Weise gegen alle eventuell noch mythischen Restbestände in Begriffen von der – Materie selber. So wäre von diesen Epigonen der »Vernünftigkeit« etwas zu erfahren, wenn es sich gerade um noch archaische, also mythische Verschwägerungen handelt; wie sie etwa gewittert werden könnten in der Liaison »Notwendigkeit«-Materie bei Demokrit. Cohen behandelt zwar den Begriff Ananke = Notwendigkeit (zusammen übrigens mit der Tyche = Zufälligkeit), als wäre er rein rational entsprungen und ausgemacht mythosfrei. Aber die Notwendigkeit, Ananke, könnte ja auch vorrationale Wurzeln haben, als wäre sie eine mutterrechtliche Göttin gewesen. Wenn Cohen immerhin empfindlich war gegen alles »Neuheidentum« und einen radikalen Gegensatz zwischen archaischem Mythos und messianischer »Religion der Vernunft« behauptete, dann wäre von hier ein Beitrag zur Notierung von möglicherweise noch Vorrationalem selbst in materialistischen Überlieferungen denkbar gewesen, das in petto einer so sehr nichtmythisch seinwollenden Vernunft. Doch die Auflösung des Materierangs war ja dem späten Bürgertum wichtiger, es galt zuletzt vor allem den Marxisten die Grundlage zu entziehen, auf der sie fußten. Daher soll denn der Materieglaube nicht nur, wie vordem, keinen Sinn fürs Höhere insgesamt haben, sondern ausgerechnet keinen fürs sozialistisch Höhere. In Cohens Einleitung zu seiner Neuherausgabe von Lange (S. 112) nennt er den Materialismus »den unversöhnlichsten Widerspruch zum

Sozialismus« und dekretiert: »Mit diesem falschen Schlagwort, das nur zur Übertrumpfung der widerstreitenden Parteien seine agitatorische Bedeutung haben mag, kommt nicht nur ein Affekt (!) in die Gesinnungsrichtung der Kämpfer, der sie in der Beurteilung der Gegner und der Weltlage überhaupt verbittern und verwirren (!) muß; sondern es droht darin die schwerste Schädigung, die einer Partei der Zukunft drohen kann: die, ihres eigenen Prinzips verlustig zu gehen und so unrettbar in Selbstauflösung zu verschwinden. Der Sozialismus ist im Recht, sofern er im Idealismus der Ethik begründet ist. Und der Idealismus der Ethik hat ihn begründet, aber er setzt sich ins Unrecht, in das Unrecht des prinzipiellen Widerspruchs, sobald er zum Wortführer des Materialismus wird.« Damit wäre also die bürgerliche Begegnung des philosophischen Idealismus mit dem Materiebegriff zur Ruhe gekommen; weder Existenzialismus noch Strukturalismus haben zum Thema Materie Nennenswertes geäußert; ersterer nicht wegen seines überwiegend introvertierenden Charakters, letzterer nicht trotz der alten engen Verbindung von »Form«, »Figur«, »Gestalt« mit deren »Substrat«, dem Stoff. Auf einem anderen Blatt steht, wie man sehen wird, die energetische Formulierung durch die moderne Physik, wonach statt eines Stoffsubstrats völlig unanschauliche Energiefelder mit Feldgleichungen bleiben und die Korpuskulartheorie neben der Wellentheorie höchstens in der Optik rein rechnerisch angewandt wird. Auf jeden Fall aber ging der Aufweichung des Stoffbegriffs die rein operative, das heißt bloß denkökonomische Herabsetzung jeder naturwissenschaftlichen Erkenntnis zu einem bloßen Zurechtlegen bequem vorher. Alles Esse wurde bei Mach und so fort zu einem bloßen Beobachtetwerden, an dem, gar hinter dem kein Stoff eines inhaltlichen Begriffs, gar Begriff eines Stoffs steht.

ÜBERGANG /
MARXISTISCH EINGELEITETE PRÄZISION
DER EIGENTLICH MATERIALISTISCHEN CRUX:
APORIE SEIN – BEWUSSTSEIN, ANTINOMIE
QUANTITÄT – QUALITÄT
(Marx, Engels, Lenin)

Der Bürger ist wendig und steckt noch fest. Er ist wie ein Fisch im Zuber, kommt über den starren Rahmen nicht hinaus. Ja auch wo ein Rahmen gar nicht besteht, im eigentlichen Fluß der Dinge, wird er gesetzt, hart aufeinander stoßen die Sachen, ihr Gegensatz ist ihr Ende und ihr Stillstand. Dialektisches Denken ist hier verlorengegangen, und wird es erinnert, dann ausschließlich als eine Form des Denkens allein. Nicht als Bewegung des Daseins selber, wie Marx sie ökonomisch-historisch, im ganzen materiellen Sauerteig nachgewiesen hat. Marxistische Dialektik bedeutet seitdem: der Widerspruch ist nicht nur eine Form des Denkens, sondern unabhängig vom Denken in der Materie gegeben, das heißt die Bewegung der Materie erfolgt objektiv dialektisch. Der materialistische Dialektiker legt in die Welt nicht etwas hinein, was nur in seinem Denken ist, sondern er erfaßt mittels der Sinnesorgane und des Denkens den Widerspruch des Keims zur Hülle, der Produktivkräfte zur überalterten Produktionsform, den Umschlag der Quantität zur Qualität und dergleichen mehr. Es sind das Verhältnisse, von denen der alte Materialismus, als kontemplativer und statischer, wenig oder nichts wahrnehmen konnte. *Engels* findet daher die schärfsten Worte gegen den banalen Aufguß La Mettries in einer Zeit, die Hegel erfahren, aber vergessen hatte; gegen die Vogt, Büchner und Moleschott, gegen den »plattesten Abspülicht des deutschen Aufklärichts«, wie Engels ja im Anti-Dühring sagt. Auch kritisiert er nicht nur die ephemeren Schriften eines Dühring, kritisiert wird vor allem die statische Schematik eines Materialismus ohne Hegel. Zwanzig Jahre vor dem Anti-Dühring bemerkte Engels bereits (in der Rezension »Zur Kritik der praktischen Ökonomie«): »Hegel war verschollen, es entwickelte sich der neue naturwissenschaftliche Materialismus, der sich von dem des achtzehnten Jahrhunderts theoretisch fast gar nicht unterscheidet und meist nur das reichere naturwissenschaftliche, namentlich chemische und physiologische Material voraus hat. Bis zur äußersten Plattitüde reproduziert finden wir die bornierte Philisterdenkweise der vorkantischen Zeit bei Büchner und Vogt, und selbst Moleschott, der auf Feuerbach schwört, reitet sich jeden Augenblick auf höchst ergötzliche Weise zwischen den allereinfachsten Kategorien fest. Der steife Karrengaul des bürgerlichen Alltagsverstandes stockt natürlich verlegen vor dem Graben, der Wesen von Erscheinung, Ursache von Wirkung trennt; wenn man aber auf das sehr kupierte Terrain des abstrakten Denkens par force jagen geht, so muß man eben keine Karrengäule reiten.« Desto lebhafter lag Marx wie Engels daran, ihren Materialismus, als einen historischen und nicht nur physikalischen, von der verschlissenen Statik zu unterscheiden; auch von Feuerbach. Die Unterscheidung vom *Idealismus* ist ja ohnehin klar (trotz des »subjektiven Faktors«, der sich gerade im nicht-kontemplativen, nicht nur objektivistischen Materialismus findet). Engels spitzt in seinem »Ludwig Feuerbach« diese Unterscheidung etwas zu vereinfachend, doch polemisch scharf zu, nämlich auf die Frage: »Was ist das Ursprüngliche, der Geist oder die Natur?« *Erkenntnistheoretisch*, sozusagen, ist hier ein jeder Materialist, der sich entschließt, »die wirkliche Welt – Natur und Geschichte – so aufzufassen, wie sie sich selbst einem jeden gibt, der ohne vorgefaßte idealistische Schrullen an sie herantritt«. *Kosmologisch*, gleichsam, wird der Unterschied zwischen Idealisten und Materialisten folgendermaßen dargestellt: »Diejenigen, die die Ursprünglichkeit des Geistes gegenüber der Natur behaupteten, also in letzter Instanz eine Weltschöpfung irgendeiner Art annehmen ..., bildeten das Lager des Idealismus. Die anderen, die die Natur als das Ursprüngliche ansehen, gehören zu den verschiedenen Schulen des Materialismus«. Entscheidend aber wird, sich nicht nur den Unterschieden vom Idealismus zuzuwenden, sondern denen *innerhalb des Materialismus selber,* besonders dem Novum der menschhistorischen, der bewußten Materie. Engels stimmt Feuerbach zu, »daß der bloß naturwissenschaftliche Materialismus zwar die ›Grundlage des Gebäudes des menschlichen Wissens ist, aber nicht das Gebäude selbst‹. Denn wir leben nicht nur in der Natur, sondern auch in der menschlichen Gesellschaft, und auch diese hat ihre Entwicklungsgeschichte und ihre Wissenschaft nicht minder als die Natur. Es handelt sich also darum, die Wissenschaft von der menschlichen Gesellschaft... mit der materialistischen Grundlage in Einklang zu bringen und auf ihr zu rekonstruieren«. Dabei aber werden die »idealen Strömungen« oder »idealen Mächte« (seelische Beweggründe, gar Begeisterung für menschliche Vervollkommnung, Moralität) nicht etwa geleugnet, – im Sinn des banalen Materialismus oder gar des bestialischen, wie der Philister ihn versteht. Was die idealistischen Beweggründe angeht, so verweist Engels auf die französischen Enzyklopädisten: »Wenn irgend jemand der ›Begeisterung für Wahrheit und Recht‹ – die Phrase im guten Sinne genommen – das ganze Leben weihte, so war es zum Beispiel Diderot.« Was aber die Beweggründe im weniger idealen, im ideologischen Sinne angeht, so werden auch sie nicht geleugnet, denn »alles, was die Menschen in Bewegung setzt, muß durch ihren Kopf hindurch«. Nur fragt es sich – und diese Frage hat sich der alte Materialismus nie vorgelegt –: »welche treibenden Kräfte wieder hinter diesen Beweggründen stehen, welche geschichtlichen Ursachen es sind, die sich in den Köpfen der Handelnden zu solchen Beweggründen formen«. Diese Ursachen, als gesellschaftliche, sind aus dem Novum einer historischen – nicht mehr physikalischen – Materie, haben nur innerhalb der menschhistorischen den Rang einer »letzten Instanz«. Den Rang eines ökonomisch-technischen Letztelements und der dialektischen Wechselwirkung dieses Elements mit den ideologischen Reflexen seines Überbaus. Damit ist die Dürre des physikalischen Materialismus ebenso verlassen wie die stupide Total-Reduktion auf nichts als Atombewegungen letzthin, wie lediglich mechanische – statt entwicklungsgeschichtlich-dialektische – Gesetzlichkeit der Materie. Ein Stück Reichtum der Materie ist wiedergewonnen, auf völlig neue Art; das (notwendig gewesene) Verlustprinzip, das totale Reduktionsprinzip des Mechanismus ist aus ihrem Begriff wieder ausgeschieden. Entscheidend sind in diesem Zusammenhang die Worte des frühen *Marx* über die Lebensgeschichte der bürgerlichen Materie, vielmehr über ihre Jugendbestimmungen bei Bacon: all das ist wichtig, was er an diesen Bestimmungen als solche der – Materie anerkennt. Marx schreibt in der »Heiligen Familie«, nachdem er Bacon als englischen Materialisten gefeiert hatte: »Unter den der Materie eingeborenen Eigenschaften ist die Bewegung die erste und vorzüglichste, nicht nur als mechanische und mathematische Bewegung, sondern mehr als Trieb, Lebensgeist, Spannkraft, als Qual – um den Ausdruck Jakob Böhmes zu gebrauchen – der Materie« (sc. bei Böhme hängt »Qual« mit »Quellen«, schließlich mit »Qualität« zusammen). »In Bacon, als seinem ersten Schöpfer, birgt der Materialismus noch auf eine naive Weise die Keime einer allseitigen Entwicklung in sich. Die Materie lacht in poetisch-sinnlichem Glanze den ganzen Menschen an... In seiner Fortentwicklung wird der Materialismus einseitig. Hobbes ist der Systematiker des baconischen Materialismus. Die Sinnlichkeit verliert ihre Blume und wird zur abstrakten Sinnlichkeit des Geometers... Der Materialismus wird menschenfeindlich... Er tritt auf als Verstandeswesen, aber er entwickelt auch die rücksichtslose Konsequenz des Verstands« (Die Heilige Familie, Marx-Engels-Gesamtausgabe I 3, S. 304 f.). Marx identifiziert hier auch Materialismus mit »realem Humanismus«, denn die Materie der Geschichte ist der Mensch, keineswegs mehr mechanisches oder mathematisches Wesen. »Wenn der Mensch aus der Sinnenwelt und der Erfahrung in der Sinnenwelt alle Kenntnis... sich bildet, so kommt es also darauf an, die empirische Welt so einzurichten, daß er das wahrhaft Menschliche in ihr erfährt, sich angewöhnt, daß er sich als Mensch erfährt... Wenn der Mensch von den Umständen gebildet wird, so muß man die Umstände menschlich bilden« (l. c., S. 307 f.). Beziehung von Menschen zu Menschen und zur Natur – das und nichts anderes ist bei Marx die spezifische Materie der Geschichte; sie erhebt sich auf der physisch-organischen Basis, doch sie fällt durchaus nicht mit ihr zusammen. Gerade die Betonung dieses Spezifikums ist Marxens Radikalismus; eben: »Radikal sein«, sagt Marx in der Einleitung zur Kritik der Hegelschen Rechtsphilosophie, »heißt eine Sache an der Wurzel fassen. Die Wurzel für den Menschen ist aber der Mensch selbst« – der gesellschaftlich wirkliche wie der gesellschaftlich noch nicht verwirklichte. Damit aber tritt ein völlig neues (wenn auch bei den Enzyklopädisten stets impliziert gemeintes) Substrat des Materialismus auf den Plan: das Substrat der menschlichen Bewegung, der menschlichen Tätigkeit. Nicht mehr das angeschaute Objekt der Physik, sondern das Objekt des tätig-menschlichen Subjekts, das ist der menschlichen Arbeit. Das undeutliche Subjekt der physischen *Bewegung* erhebt sich zum deutlichen Subjekt der menschlichen *Arbeit*; die Dialektik der Natur springt über in die Dialektik der menschlichen Geschichte; Leben wie Denken sind Bewegungsformen einer höher qualifizierten Materie und der Geist kein total Anderes, gar dualistisch Entgegengesetztes, sondern deren »höchste Blüte«.

Es erhellt, daß der Stoff hier sehr verschieden vorkommt. Ja, nur als verschieden und immer nur mit seinen besonderen Bewegungen verbunden. Ist die jeweilige Bewegungsform des Stoffs erkannt, so ist dieser selbst erkannt; es gibt für Engels keinen Stoff ohne Bewegung und seine dadurch entstehenden Besonderheiten, es gibt keine Materie als solche, schlecht allgemein. Lenin scheint zwar einen Begriff von »Materie überhaupt« anzuerkennen, aber dies nur im erkenntnistheoretischen, nicht im konkreten Sinn. Der allgemeine Begriff Materie bedeutet hier »nichts anderes als: die objektive, unabhängig vom Bewußtsein existierende und von ihm abgebildete Realität« (Materialismus und Empiriokritizismus, Werke XIII, S. 262). Eben weil dies »die einzige ›Eigenschaft‹ der Materie, an deren Anerkennung der philosophische Materialismus geknüpft ist«, ist der Materialist auf keine allgemeine Daseinsweise seines Objekts festgeschworen. Seine Materie verschwindet auch dann nicht, wenn sie aus Elektrizität besteht, sie verschwindet erst recht nicht im Sprung vom mechanischen zum organischen, zum ökonomischen Dasein. Derart bemerkte ja Engels gegen Begriffsrealisten wie vor allem gegen jede quantitativ-mechanische Allgemeinheit: »Die Materie als solche ist eine reine Gedankenschöpfung oder Abstraktion... Wenn die Naturwissenschaft darauf ausgeht, die einheitliche Materie als solche aufzusuchen, die qualitativen Unterschiede auf bloß quantitative Verschiedenheiten der Zusammensetzung identischer kleinster Teilchen zu reduzieren, so tut sie dasselbe, wie wenn sie statt Kirschen, Birnen, Äpfel das Obst als solches ... zu sehen verlangt« (Noten zum Anti-Dühring, M.-E.-G. I, Sonderausgabe, S. 473). Die Abstraktion des Warendenkens, das alle sinnliche Verschiedenheit der Dinge quantifiziert und eingeebnet hat, und die Abstraktion des homogenen Mechanismus sind also eine und dieselbe. Engels zieht das quantifizierende Waredenken von der Materie wieder ab, das heißt: die Daseinsformen der materiellen Bewegung, also die Daseinsformen der bewegten Materie werden wieder konkret verschieden – trotz der atomistischen Basis. »Bewegung im Weltraum..., Molekularschwingung als Wärme, elektrische Spannung, magnetische Polarisation, chemische Zersetzung und Verbindung, organisches Leben bis zu seinem höchsten Produkt, dem Denken hinauf« (M.-E.-G. I, Sonderausgabe, S. 403 f.) – es ist eine qualitative Hierarchie, keine Einebnung auf Klötzchen-Materie. Es ist eine Hierarchie, worin der Sprung von der Quantität zur Qualität Platz hat und vor allem das relativ neue Dasein organischer Zellen, dann ökonomischer Subjekte als eigener, wie Engels sagt, »starting points«. Dieser dialektisch-prozessuale Materialismus kennt die Kluft zwischen mechanischen und organischen, organischen und psychischen Vorgängen durchaus, aber er stirbt daran nicht, im Gegenteil. Daß das Bewußtsein aus stofflichen Bewegungen nicht erklärbar ist – diese berühmte »Widerlegung« des Materialismus ist für Engels nur eine des mechanischen; die Dialektik pariert sie sofort, ja macht sie sich zunutze. Engels selber greift die Diskrepanz in seiner »Dialektik der Natur« auf: »Wir werden sicher das Denken einmal experimentell auf molekulare und chemische Bewegungen im Gehirn ›reduzieren‹; ist aber damit das Wesen des Denkens erschöpft?« (M.-E.-G. I, Sonderausgabe, S. 618). Die Anführungszeichen um das Wort »reduzieren« hätte kein Dubois-Reymond mit seinem »Ignoramus et ignorabimus« ironischer setzen können, die Frage selber kein Spiritualist triumphaler, dennoch kommt bei Engels weder ein Ignorabimus heraus noch gar eine Jenseiterei. Engels verurteilt schärfer als sämtliche Agnostiker »die Wut, alles auf mechanische Bewegung zu reduzieren – wodurch der spezifische Charakter der anderen Bewegungsformen verwischt wird«; dafür aber setzt er gewiß keinen in Adam eingeblasenen transzendenten Odem, sondern er vertraut der Materie (einer anderen freilich als derjenigen »des Geometers«), er setzt die Dialektik des immanenten Sprungs. Bewegung wird Veränderung, schon deshalb kann der Materie die Quantität nicht dauernd wesentlich sein, weil diese zur Qualität umschlägt und zu »höheren Bewegungsformen«. Derart statuiert Engels keine Anti-Physik, nicht einmal eine Anti-Biochemie, wohl aber eine Entwicklungsgeschichte der Materie, bei der kein Stein auf dem anderen bleibt und zuletzt überhaupt kein Stein: »Wenn ich die Physik die Mechanik der Moleküle, die Chemie die Physik der Atome und weiterhin die Biologie die Chemie der Eiweiße nenne, so will ich damit den Übergang der einen dieser Wissenschaften in die andere, also den Unterschied, die Diskretion beider ausdrücken. Weiter zu gehen, die Chemie als ebenfalls eine Art Mechanik auszudrücken, erscheint mir unstatthaft ... Bewegung ist nicht bloß Ortsveränderung« (Noten zum Anti-Dühring, S. 470 f.). Boutroux, der französische Neovitalist, hat eine solche Stufentrennung gerade als Todesstreich gegen den Materialismus vorzunehmen versucht (und N. Hartmann machte das mit seiner Überordnung verschiedener sich tragender Seinsschichten etwas materiefreundlicher nach). Boutroux hat acht »Gruppen von Naturgesetzen« oder »Hauptstufen des Daseins« unterschieden, deren jede irreduzible Bestandteile enthält, deren jede die nächste Stufe vorbereitet, doch die schöpferische Kraft ist in allen diesen Seinssphären übereinander eine getrennte. Engels aber hat gerade in dieser Stufenreihe vermittelnde Dialektik, dialektischen Materialismus angesiedelt; er lehrt ebenfalls Stufen, durchaus, doch die schöpferische Kraft ist ihnen letzthin ungetrennt immanent, ja der letzte sprengende Faktor ist gerade der immanenteste, nämlich der subjektive Faktor des Proletariats. Das macht: der dialektische Materialist hat sich vom Boden der alten Mechanistik kräftiger abgestoßen als der Spiritualist, indem er eine Dialektik auch im Anorganischen vertrat; er hat sich überall dem Elan der Materie verbündet, dem Sprengpulver in der *dialektischen* Materie. Dabei ist der Realitätsgrad selber innerhalb des vorbewußten und außerbewußten Seins für Engels selber ein Problem; zwar ist ihm eine organische Verbindung selbstverständlich genau so real wie eine anorganische, jedoch sind die Scheidungen von Engels nicht immer eindeutig, wenn es sich um das Realitätsproblem des *Bewußtseinszustandes* handelt im Verhältnis zu seiner leiblichen Grundlage oder gar der jeweiligen *Ideologien* im Verhältnis zu ihrer ökonomisch-gesellschaftlichen Grundlage. Zuweilen wird gar der Realitätsgrad von Ideologien (und nicht nur solcher aus ausschließlich falschem, gar betrügerischem Bewußtsein) völlig geleugnet, mindestens auf ein Minimum herabgesetzt; Marx spricht dann von bloßen dunstigen Wolkenreflexen am Himmel, zum Unterschied von eben den allein realen materiellen Produktionsverhältnissen hier unten. Auf der anderen Seite aber kann bei Engels wie bei Marx Ideologie, nämlich als revolutionäre, so wenig passiver Reflex und so real sein, daß Wechselwirkung zwischen diesem Überbau und seinem Unterbau besteht. »Es ist nicht«, sagt Engels, »daß die ökonomische Lage *Ursache allein aktiv* ist und alles andere nur passive Wirkung. Sondern es ist Wechselwirkung auf Grundlage der *in letzter Instanz* stets sich durchsetzenden ökonomischen Notwendigkeit.« Das gerät später zur Stalinschen Formel, daß der Überbau politisch-revolutionären Bewußtseins den Unterbau des neuen ökonomischen Seins, aus dessen Tendenz er entsprungen ist, entfesselnd aktiviert. Beispiele dafür sind die der französischen Revolution vorhergehenden Enzyklopädisten, die der Oktoberrevolution vorhergehenden marxistischen Theoretiker selber. Dennoch besteht hier, eben was den Realitätsgrad, vor allem auch die besondere materielle Qualität der im Bewußtsein sich reflektierenden Materie angeht, noch eine *Aporie*, und was Umschlag von Quantität in Qualität überhaupt angeht, noch oder bereits eine *Antinomie* (vgl. des näheren über diese Aporie, das heißt über die Unwegsamkeit, schwierige Wegsamkeit zwischen Sein – Bewußtsein und über die davon umschlossene, durch den dialektischen Umschlag bereits präzisierbare Antinomie: Quantität – Qualität das Kapitel 46 dieses Buchs). Der dialektische Sprung vom Atom zur Zelle, von einem physischen Quantum zu einem organischen Quale ist via Aminosäure nicht schwer nachdenkbar, aber freilich von der Zelle zum Gedanken, von einem noch so organisch gewordenen Quantum zu einem psychisch sich selbst reflektierenden Quale schwierig, dergestalt daß, auch wenn man in einem Gehirn umhergehen könnte wie in einer Mühle, man nicht darauf käme, daß hier Gedanken erzeugt werden. Und die elektrischen Schwingungen in der Hirnrinde sind von einem Geniephänomen innerhalb des Gedankenreichs noch weit entfernt, der große Zwischenraum zwischen beiden ist noch längst nicht vermittelt. Ja, die Anderheit dessen, was nach und durch den Sprung von organischem Sein zum Bewußtsein noch materielles Substrat genannt wird, erscheint so groß und das Wort Materie ist populär derart nur mit üblich-Stofflichem tingiert, daß für die Umsetzung materieller Vorgänge im Kopf, für diese sublimere Art Materie auch eine andere terminologische Bezeichnung hätte gebraucht werden können, ebenso immanent, versteht sich. Zweifellos, im Ökonomischen wird ohne alle terminologische Skrupel von materieller Produktions- und Austauschweise gesprochen, hier klingt alles Materielle reinlich, obwohl es gewiß nicht nur aus einem Ensemble von Rohstoffen und Maschinerie besteht. Jedoch bei der radikalen Erweiterung des Materiebegriffs vom mechanischen Klotz und auch noch vom blühenden Fleisch weg auf den Liebesinhalt Romeos und Julias, auf die letzten Quartette Beethovens und ihre Aussage und andere ähnlich hochliegende Exempla bleibt auch den nichtvulgären Materialisten freilich kein Erdenrest zu tragen peinlich; denn sie setzen hier, bei der Umsetzung des Materiellen ins Ideelle, aus beidem gemischte, versuchend gemischte Zwischenglieder der Vermittlung ein. Es wäre also vorerst zu sagen, daß eine eigene Terminologisierung des psychisch-anthropologischen Agenssubstrats und seiner neuen Potenz gar nicht so dringend ist, indem diese marxistisch ja gerade nicht mit der physisch-organisch materiellen Daseinsweise zusammenfällt. Ohnehin unterscheiden die Epitheta »historisch« und »dialektisch« im historisch-dialektischen Materialismus diesen gründlich vom mechanisch-statischen, das mindestens unvulgär genug. So eben konnte gerade Marx den Ausdruck »realer Humanismus«, den er in seiner Jugendzeit für das Anliegen der ökonomischen Geschichtsauffassung verwandte, gegen die handfestere und durchaus welthaltige Bestimmung »Materialismus« auswechseln. Und was die Aporie letzthin angeht, so sei hier eine lehrreiche, wenn man will sogar trostreiche Überraschung angefügt, wie sie ausgerechnet vom ärgsten Idealismus herkommt, der nicht schlecht genug von der Materie denken konnte, diesen Terminus und seinen Inhalt aber gerade an der höchsten Geiststelle wiederkehren ließ. So, wie erinnerlich, bei Plotin: Hier bestand keine Denkschwierigkeit, den Stoff, obwohl er in der unteren Welt als das Urböse schlechthin ausgegeben wurde, doch als ὕλη νοετή (intelligente Materie) ganz hoch droben bei der göttlichen Usia anders zu etablieren. Es gibt bei Plotin auch dort eine Materie, welche die höchsten Ideen aufnehme und für jede das Substrat sei; so bilde sie einen intelligenten Kosmos, von dem der irdische ein Abbild sei. Für Plotin bestand also keine Denkschwierigkeit, wenigstens seiner direkt geistigen Materie geisthaftes Leben zuzuschreiben, ja das ist ihm ausgesprochenermaßen sogar eine Denknotwendigkeit, weil sonst, ohne dieses himmlische Urbild von Stoff-Form-Verbindung, auch keine abbildlich-irdische Materie existieren könne. Item, der Materialist braucht in der Anfechtung durch Aporie nicht päpstlicher als der Papst zu sein und nicht skrupulöser als der Spiritualist eine »geistige Materie« zu scheuen, als wäre sie ein Sidroxylon, ein hölzernes Eisen; statt mit Engels den Geist als »höchste Blüte« dieses Eisens zu erkennen. Besonderes Gewicht mußte Engels, in diesem Hauptgebiet des Idealismus, allerdings darauf legen, daß dem Bewußtsein die aus sich selbst entspringende oder vom Himmel gefallene Autonomie entzogen wurde, auch der Schein einer selbständigen Geschichte der Staatsverfassungen, der Rechtssysteme, der ideologischen Vorstellungen auf jedem Sondergebiet. Die materialistische Geschichtsauffassung unterschätzt die Realität des ideologischen Bewußtseins durchaus nicht, weder des falschen noch gar des echten. Es ist eine kinetische Realität, denn sonst könnte es mit den Vorgängen des Unterbaus nicht in Wechselwirkung treten; und es ist ebenso eine latente, denn sonst könnte die Theorie nicht »zur materiellen Gewalt werden, sobald sie die Massen ergreift«. Dabei blieb das schwierige Problem hier noch unangetastet, welcher Realitätsrang hier dem Überbauraum und seinen Sondergebieten im Verhältnis zueinander zukommt. Dazu ist auch der »starting point« des ideologischen Sondergebiets selber und seiner Realität nicht bereits deutlich ausgezeichnet noch gar der »starting point« des »kulturellen Überschusses« oder Erbsubstrats einer Ideologie, etwa der griechischen (der Fortwirkung und Nachreife ihrer in späteren Zeiten, obwohl doch der Unterbau dieser Ideologie gänzlich verschwunden ist). Weniger auch ist der »starting point« der Ideologie des revolutionären Proletariats behandelt, die den Übergang (den durchaus noch nicht wirklichen) aus dem Reich der Notwendigkeit ins Reich der Freiheit antizipiert und dadurch betreibt. Desto kräftiger wird die *spezifische Materie der Freiheit* von der mechanischen der Notwendigkeit abgehoben; Dialektik überhaupt ist die Theorie-Praxis der materiellen Freiheit, folglich die Algebra der Revolution. Im mechanischen Materialismus war alles ebenso blind notwendig wie ebendeshalb von ungefähr; denn mechanische Notwendigkeit und Zufall sind Wechselbegriffe. Wie im Würfelspiel von ungefähr alle Sechse zu werfen sind, so war es bei La Mettrie auch möglich, daß sich durch Zufall, von selbst, im Rahmen unermeßlicher Zeit, die Atome auch einmal zu einem Apollo konfigurieren können. Der dialektische Materialismus dagegen lehnt solche Art von Kausaldeterminismus ab: »Die Zufälligkeit ist... hier nicht aus der Notwendigkeit erklärt, die Notwendigkeit ist vielmehr heruntergebracht auf die Erzeugung von bloß Zufälligem« (Engels, Dialektik der Natur, Sonderausgabe, S. 658). Engels setzt statt dieser abstrakten die »innere oder dialektische« Notwendigkeit; dergestalt »daß in der Natur dieselben dialektischen Bewegungsgesetze im Gewirr der zahllosen Veränderungen sich durchsetzen, die auch in der Geschichte die scheinbare Zufälligkeit der Ereignisse beherrschen« (Anti-Dühring, M.-E.-G. I, Sonderausgabe, S. 11). Dabei wird mit der Erkenntnis dieser dialektischen Notwendigkeit die blinde, undurchschaute der Mechanik und ebenso des »sozialen Schicksals« aufgehoben: die dialektisch *erkannte* Notwendigkeit ist für Engels dasselbe wie die dialektische und *folglich der Hebel zur Freiheit*. »Die eigne Vergesellschaftung der Menschen, die ihnen bisher als von Natur und Geschichte oktroyiert gegenüberstand, wird jetzt ihre eigene freie Tat... Erst von da ab werden die Menschen ihre Geschichte mit vollem Bewußtsein selbst machen, erst von da an werden die von ihnen in Bewegung gesetzten gesellschaftlichen Ursachen vorwiegend und in stets steigendem Maße auch die von ihnen gewollten Wirkungen haben. Es ist der Sprung der Menschheit aus dem Reich der Notwendigkeit in das Reich der Freiheit« (l. c., S. 294 f.). Das ist, wie Lenin sagt, als Theorie-Praxis die »saltovitale Methode« des dialektischen Materialismus; in ihrem Gefolge kommt zweifellos nicht nur die Durchschauung (Interpretation), sondern die wachsende Aufhebung (Veränderung) auch der dialektischen Notwendigkeit als einer – Notwendigkeit. »In Wahrheit«, sagt Engels (Dialektik der Natur, Moskau 1935, S. 654), »... ist es die Natur der Materie, zur Entwicklung denkender Wesen fortzuschreiten, und dies geschieht daher auch notwendig immer, wo die Bedingungen ... dazu vorhanden.« In Wahrheit wird also auch die letzte Bewegungsform der Materie, der Sprung ins Reich der Freiheit, die Notwendigkeit der Vorstufe nicht mehr über sich haben. Es sei denn, das Denken der »Materie nach vorwärts« begriffen in wahrhaft ultimativer Instanz auch die anorganische Vorstufe nicht nur als Vorstufe, sondern darüber hinaus als einen gerade die menschlich gelungene Freiheitswelt umgreifenden Kosmos in unabgeschlossener, mit der menschlichen wie erst recht mit seiner eigenen Freiheit vermittelten Latenz. Dies erst und nicht nur das Reich der menschlichen Freiheit erschüfe dann die noch gänzlich ausstehende Daseinsweise der »letzten Materie«. Damit erst wäre auch das Reich der Freiheit aus menschlich, allzu menschlichem Lokalpatriotismus entlassen, und die Entropie wäre gerade physisch, gerade der materialistischen Weisheit nicht ihr falsch letzter, nämlich ergebnisloser Schluß.

ZUM KÄLTESTROM-WÄRMESTROM
IN NATURBILDERN

OFFENE KRISE

Der bürgerliche Tag geht dem Ende zu. Mit ihm die gewisse Helle, welche er auf seine Dinge fallen ließ. Begriffe ändern ihren Sinn, wie das Kapital ihn braucht. Nur naturwissenschaftlich hat die schmierige Trübe noch keinen Platz; denn Granaten lassen sich nicht mit Blubo füllen. Die Schärfe des Begriffs hat hier noch Schonzeit, dafür aber kam, der allgemeinen Börsenlage gemäß, ein Begriff, der sich wenig mehr zu erkennen zutraut. Er beschränkt sich aufs bloße Beschreiben beobachteter Vorgänge, er will rechnerisch nur darstellen, was jeweils der Fall, nicht erkennen, was wirklich ist. Daneben aber auch wurde der Begriff elastisch, offen, viele neue Erfahrung hat in ihm Platz. Die starre Auffassung weicht, im Kleinen wie im Großen wird der Stoff des Geschehens widersprüchlicher zurechtgelegt, ganz formal gedacht, und aufgelöst, doch energetisch. So spiegelt sich eine schwankende Zeit auch im Ausdruck der scheinbar zeitfernsten Gegenstände, der physischen. Diese drängen, durch ihr zerbrochenes bisheriges Bild, mit immer neuen Zügen an.

»VERSCHWUNDENE«, FORMALISIERTE, ABER AUCH ENERGETISCH GEFASSTE MATERIE IN DER GEGENWÄRTIGEN PHYSIK, FORMALISMUS UND DIALEKTIK

Bemerkung: Wenn einige Einflüsse des bürgerlichen Zerfalls auf formalistische Begriffsbildungen und auf Auskreisung möglicher qualitativer Naturinhalte philosophisch notiert werden, so ist davon unberührt, daß vor allem in der Quantenphysik ein eigener, bisher unentdeckt gebliebener Sektor der Natur bedeutet und erforscht wird und seine Bestätigung nicht nur durch eintreffende Vorausberechnungen, sondern ebenso durch subatomare Industriepraxis technischer Art gefunden hat. Im Zusammenhang der bisherigen Materiebestimmungen hat die neue Physik als eine der Energetik gerade philosophisch Bedeutung, indem sie jede statische Darstellung der Materie (sei es als einer Summe von Stoffklötzchen, sei es auch als eines anders statischen Äthers) allein schon mittels einer durchgehend elektromagnetischen Feldtheorie aufhob. Wider jeden rein formalistischen oder das Formalistische wieder neu verdinglichenden Ansatz wurde dadurch sogar ein neuer Zugang zur Dialektik für das philosophische Durchdenken des Energetischen in the long run eröffnet. Darum ist es keine Einmengung, durchaus nicht, in einzelwissenschaftlich-physikalische Forschung, wenn man, bei Betonung ihrer und des durch sie derart erweiterten Blicks auf einen vorhandenen eigenen Natursektor, das trotz allem auch *qualitativ* Strukturierte der Natur nicht so sehr ausspielt als kenntlich macht, philosophisch im Gewissen hält. Hier gibt es allein schon jenes »Charakteristische«, das nicht nur ästhetisch, sondern vor allem geographisch und neuerdings ökologisch als Landschaft, weiter als Gruppierung von Landschaftscharakteren, mithin durchaus qualitativ ausgezeichnet wird. Kurz, es gibt eine ununterschlagbare Fülle heimatlos gewordener Gegenstände und Inhalte der Natur, die bereits in dem nur mechanischen und extrem in dem rein formalistischen approach an die Natur offensichtlich nicht unterkommen. Das muß philosophisch notiert werden, auch gemäß dem Satz Alexander von Humboldts: »Jeder Erdstrich bietet die Wunder fortschreitender Gestaltung und Gliederung nach wiederkehrenden oder leise abweichenden Typen dar« (Kosmos II, Cotta S. 53). Bis hin zu dem, in diesem Zusammenhang freilich hochübertriebenen Satz aus poetischer Gegend, eine Landkarte, auf der das Land Utopia fehle, verdiene keinen Blick.

Sieg der Elektrodynamik

Mit Druck, Stoß und ähnlichem geht es nicht weiter. Auch nicht mit festen Klötzchen und der unveränderlichen Masse, auf die

die Kräfte wirken. Lange genug hat man selbst so feine, nicht anfaßbare Erscheinungen wie das Licht mechanisch erklärt, nämlich nach Art des rüttelnden Schalls. Das wurde untunlich, je weiter man gerade ins Novum der *strahlenden* Materie eindrang, der elektrischen zunächst. Unangefochten galt lange, was das Licht angeht, die Huygens'sche Annahme, wonach der leuchtende Körper den umgebenden Äther so in Schwingungen versetzt wie eine Stimmgabel die umgebende Luft. Dieser undulatorischen stand die emanatistische Hypothese Newtons gegenüber, wonach das Licht aus einem feinen gewichtlosen Stoff besteht, den die Lichtquellen aussenden. Aber beiden Hypothesen ist ein gewisser sinnfälliger Charakter gemeinsam, eine Übertragung mechanischer Bewegungsvorgänge aus der uns bekannten Welt auf höchst unbekannte Gebiete. Gesiegt hat schließlich die Wellenhypothese von Huygens: wie der Schall eine longitudinale Wellenbewegung der Luft, so ist das Licht eine transversale Wellenbewegung des sogenannten Äthers. Widersprüche zeigten sich bereits hier, sie hingen mit dem merkwürdigen Doppelbegriff des postulierten Äthers zusammen. Dieser mußte, als physikalischer Äther, so hart sein wie Stahl: denn nur dann war er elastisch genug, um Wellen von Lichtgeschwindigkeit fortpflanzen zu können. Andererseits mußte er, als astronomischer Äther, das allerdünnste und feinste Medium vorstellen; denn nur so war es möglich, daß die Planeten (die außer dem Licht auch noch da sind) im Äther ohne allen erzeugten »Ätherwind«, ohne erkennbare Minderung ihrer Geschwindigkeit, mithin ohne Reibung rotieren. Der Ätherbegriff war derart doppelt gesetzt, sowohl von der mechanischen Lichttheorie wie von Newtons Bezugssystem. In letzterem unterbaute er, als im Ganzen ruhend, Newtons Begriff des absoluten Raums durch eine (freilich stets hypothetisch angenommene) physische Wirklichkeit. Für den Äther der Schwingungslehre, den eigentlich physikalischen, aber blieb wichtig: transversale Wellen überhaupt gibt es nicht im Innern von Gasen oder Flüssigkeiten, nur in starren Körpern; die »Lichtluft« mußte also, um diese Wellen zu tragen und zu übermitteln, sich verhalten als ein starrer Block. Da kam durch Faradays Entdeckung der Induktionselektrizität (und ihrer Folgen) in den Äther ein neuer Begriff. Die Analogie des Lichts mit dem Schall wurde aufgegeben, des Äthers mit der Luft, ja mit mechanischer Materie überhaupt und ihren festen, flüssigen, gasförmigen Aggregatszuständen. Faraday hatte die ganz neuartigen Begriffe eines elektrischen und magnetischen Kraftfeldes gebracht; das erzeugte magnetische Kraftfeld ist ein sogenanntes Wirbelfeld, das heißt, in heutiger Sprache ausgedrückt: um jedes bewegte Elektron schlingen sich geschlossene magnetische Kraftlinien. Maxwells berühmte Differentialgleichungen sind die konzentrierte Darstellung dieser magnetisch-elektrischen Kraftlinien und ihrer Verknüpfung, ja sie nahmen in den siebziger Jahren, wo sie aufgestellt wurden, bereits das gesamte Bild der heutigen Elektrodynamik vorweg. Die Newtonsche Fernwirkung wurde durch Nahwirkung, das Integralgesetz durch das Differentialgesetz ersetzt. Seit der glänzenden experimentellen Bestätigung der elektromagnetischen Lichttheorie durch Heinrich Hertz steht fest: das Licht ist elektromagnetischer Natur, die Optik ist kein Spezialfall der Mechanik, sondern der Elektrodynamik und ihres nicht aus Körperchen, sondern aus Wellen gebildeten Feldes. Damit aber droht nicht nur die Analogie des Äthers mit mechanischer Materie zu verschwinden, sondern Materie überhaupt; die Vorgänge im induzierenden Zwischenfeld erscheinen immateriell im Vergleich mit denen an der Sende- oder Empfangsstelle. In den erhitzten Atomen eines rotglühenden Körpers kreisen Elektronen im Rhythmus von vierhundert Billionen um den Kern; diese Bewegung verursacht die Ausbreitung elektromagnetischer Wellen, die mit Lichtgeschwindigkeit den »materiefreien Raum« nach allen Seiten im gleichen Rhythmus durchlaufen. Solche Wellen regen dann erst wieder die Elektronen des Körpers, auf den sie treffen, zu gleichem Rhythmus an und erzeugen alle die bekannten Erscheinungen der Spiegelung, Brechung, Farbenzerstreuung, Interferenz und Beugung. Genau also wie nach den Maxwellschen Gleichungen magnetische Felder im Raum entstehen, ohne daß dort Magnete sind, genauso könnten auch elektrische Felder im Raum sich bilden, ohne daß dort Elektronen sind (diese ohnedies bereits dynamisch aufgelöste Materie). Der Raum des elektrischen Feldes ist zwar nicht leer geworden, das elektrische Feld duldet keinen leeren Raum, auch war Materie- oder Ätherlosigkeit der elektromagnetischen Lichttheorie nicht an der Wiege gesungen worden. Faraday, der Begründer der Feldtheorie, konnte sich dies Feld noch gar nicht anders denn als materiell denken, sein ausgesprochener Grundsatz war: »Es gibt keine Kraftwirkung in die Ferne ohne Vermittlung des Zwischenstoffs«, und sein Begriff der Kraftlinien suchte gerade zwischen den aufeinander einwirkenden Körpern einen materiell-kontinuierlichen Zusammenhang neuer Art herzustellen. Aber im ausgereiften Feldbild ist diese Ätherfreundschaft jedenfalls geschwunden; die elektrischen und magnetischen Kräfte, welche die Maxwellschen Gleichungen als Funktionen der Raumkoordinaten und der Zeit angeben, enthalten nicht nur keine direkten Angaben über Bewegungen des Äthers, sondern sie haben überhaupt keine Beziehung zum Ätherzustand in beliebig kleinen Volumenelementen. So wird hier der Äther ein geometrisches Abstraktum, er entkleidet sich seines physischen Charakters, und es bleibt, wie Hermann Weyl die Elektrodynamik nach dieser Seite interpretiert, vom Äther »nichts weiter zurück, denn der absolute Raum als Medium der elektromagnetischen Feldzustände« (Philosophie der Mathematik und Naturwissenschaft, S. 143). Derart bereitete sich – unterstützt durch den Dualismus zwischen Mechanik und Elektrodynamik, zwischen Masse und Ladung – das Feldgeschrei: »Die Materie ist verschwunden«.

An ihre Stelle trat die Kraft, vielmehr als punkthaft Geladene an sich. Das Zeichen, unter dem die dynamische Auffassung vollends siegte, heißt Elektron. Verbindet man einen positiven Pol mit Kupferblech, einen negativen mit Platinblech und taucht man das Ganze in Wasser, das durch etwas Schwefelsäure leitfähig gemacht worden ist, dann geht nicht nur der Strom hindurch, sondern auch Kupferatome wandern hinüber. Zugleich aber zeigt sich, daß auch der elektrische Strom aus Teilen besteht, die mit den Metallatomen hinüberwandern; beim Kupfer sind es zwei, beim Aluminium drei, beim Zinn vier Einheiten, niemals aber Bruchteile davon. Helmholtz bereits hat diese Vorgänge bei der Elektrolyse durch atomistische Beschaffenheit der Elektrizität erklärt; es gibt elektrische Elementarladungen, später nannte man sie Elektronen. Aber auch ohne die Krücke metallischer Leiter wandern die Elektronen: sie fliegen im Blitz (und bringen die getroffenen Luftmoleküle zum Glühen), in den Kathodenstrahlbüscheln der Geißlerschen Röhre, in den β-Strahlen beim radioaktiven Zerfall. Die Atome selber erwiesen sich elektrischer Natur, es sind unkompakte Bauwerke aus lauter elektrischen Spannungen und Elektronen. Der elementare »Baustein« der Welt erwies sich als weit davon entfernt, ein Stein zu sein; besonders die Radioaktivität machte unter Atomen die Strahlung heimisch. Wird durch radioaktiven Zerfall Materie zertrümmert, so wird Energie frei, die gebundene Materie zerstrahlt, umgekehrt erscheint Materie als »zusammengedrängte Energie«. Das Elektron selbst wird definiert als »Energieknoten« und seine Masse rührt größtenteils von dem mitgeführten elektromagnetischen Feld her. Aber noch von ganz anderer Seite wurde die Materie in eine Art ruinöse Abhängigkeit von der Energie gebracht, nämlich relativitätstheoretisch. Einstein hat zwar in seinen frühen *optischen* Untersuchungen eine Art neuer Stoffe gesetzt und zwar gerade in die Lichtwelle: die sogenannten Photone oder Lichtkörperchen, die die Geschoßwirkung des Lichts zu erklären hatten. Aber für den *Relativitätstheoretiker* Einstein besteht ein Stoffbegriff mindestens nicht mehr als Substanz; konträr: Masse (als frühere unveränderliche Grundeigenschaft des Stoffes) wird eine bloße Variable der Geschwindigkeit, mit der Zunahme der Geschwindigkeit wächst die Masse, letztere ist keine unveränderliche Größe mehr. Die Masse der einzelnen Stoffe kann sich ändern, sie erleichtert sich mit abnehmender, sie hemmt mit steigender Geschwindigkeit; die beiden physikalischen Größen Masse und Geschwindigkeit (Energie) sind äquivalent, jedes Massenquantum ist daher einem Energiequantum zugeordnet, jede Energie dem – Gravitationsgesetz unterworfen. Ein Raum voll Wärme- und Lichtstrahlen ist träger und schwerer als ohne diese; das heißt eben, Strahlung ist aufgelöste, im Raum verteilte Masse, Masse ist Zusammenballung von Energie, verdichtetes Licht. Die Materie der Weltkörper (der heißen Fixsterne) wandelt sich fast unerschöpflich in Licht um, umgekehrt kann das Licht vielleicht wieder zu Materie sich konzentrieren – Nernst nennt die Welt eine »Insel aus Schießbaumwolle«, sie ist jedenfalls hochgeladen. Kurz: die gesamte moderne Physik ist auf dem Weg zu einer Art Elektrifizierung der Materie, auf einem physikalisch großartigen Weg – mit dem freilich einseitigen und philosophisch nicht begründeten Nebeneffekt, daß dadurch die Materie überhaupt zu verschwinden scheint. Und das nicht nur erkenntnistheoretisch wie im nominalistischen Positivismus schon vorher, sondern trotz der Auflösung auch noch des Quantitativen zu einem bloßen In-Beziehung-Stehen doch immerhin so, daß ein energetisches In-Beziehung-Stehen die verlorene Substanz bevölkern will. Es verschwindet damit wenigstens die *mechanische* Materie samt dem noch statisch gehaltenen Bild eines die Wellen tragenden Äthers; Weyl formulierte die Sachlage so: »Da das elektromagnetische Feld offenbar einerlei Wesens ist mit dem Strukturfeld, das ja unter anderem die Gravitationserscheinungen verursacht, so ist jetzt Äther ein Synonym von Feld geworden, im Sinne des vereinigten elektromagnetischen und Strukturfeldes« (l. c., S. 143). Das Elektron wie die materielle Masse als Variable der Geschwindigkeit erweisen die Materie als fließend, als Prozeß aus Prozessen, die mit anderen in enger Wechselwirkung stehen. Nicht die Materie ist verschwunden, wie der abstrakte Formalismus es nahelegt und mit dem bloßen In-Beziehung-Stehen allerdings behauptet, sondern es ist ungeheures Material geliefert zu ihrem immer noch ausstehenden dialektisch-physikalischen Begriff. Die Bewegung bleibt die Daseinsweise des Stoffs und ist ohne diesen Bewegung von – Nichts.

Quantentheorie und Atommodelle

Lange war auch die strahlende Kraft als gleichmäßig fließend gedacht worden. Als »Strom«, der fast selber körperhaft, jedenfalls dicht und unaufhörlich läuft. *Planck* stellte experimentell fest: Licht (strahlende Energie) wird vom strahlenden Körper nicht stetig abgegeben, sondern stückweise, ruckweise; der Strom fließt gleichsam in Tropfen. Er wird unterbrochen gesendet und ebenso absorbiert, in unteilbar kleinen energetischen Mengen. Diese elementaren Wirkungs-Mengen nennt

Planck Quanten; der Energiegehalt des strahlenden und absorbierenden Körpers kann sich also nur um solche Quanten, ruckweise, vermehren oder vermindern. Im ganzen Spektralgebiet, von dem weichsten Infralicht bis zum härtesten Ultralicht der Röntgen- und Höhenstrahlen, geschieht immer nur quantenhafter Energieaustausch, das heißt: Atome senden und empfangen nicht Energie beliebiger Größe und kontinuierlich, sondern lediglich bestimmte Quanten und diskontinuierlich. Galt bisher das undialektische Dogma: natura non facit saltus, so bemerkt Planck hierzu, auf Grund seiner thermodynamischen Forschungen: »Die Natur scheint in der Tat Sprünge zu machen und zwar solche von höchst sonderbarer Art« (Physikalische Rundblicke, S. 72). Über das historische Novum dieser Erkenntnis (innerhalb der Physik) ließ Planck in seiner Nobelpreisrede keinen Zweifel übrig: »Entweder war das Wirkungsquantum nur eine fiktive Größe ... oder aber der Ableitung des Strahlungsgesetzes lag ein wirklich physikalischer Gedanke zugrunde; dann mußte das Wirkungsquantum in der Physik eine fundamentale Rolle spielen, dann kündigte sich mit ihm etwas ganz Neues, bis dahin Unerhörtes an, das berufen schien, unser physikalisches Denken, welches seit der Begründung der Infinitesimalrechnung durch Leibniz und Newton sich auf der Annahme der Stetigkeit aller ursächlichen Zusammenhänge aufbaut, von Grund aus umzugestalten« (Die Entstehung und bisherige Entwicklung der Quantentheorie, S. 17). Der Energietransport ist also durchaus intermittierend, er besteht aus Energieatomen sozusagen, die durch die natürliche Konstante des Wirkungsquantums charakterisiert werden. Die Quantentheorie ist die Grundlage der gesamten neueren Atomphysik geworden; jeder atomare Vorgang ist einer des Übergangs von einem Quantenzustand in den anderen. Einstein selber, der nicht nur makrokosmisch denkt, hat 1907 bereits die Quantenlehre aufs Licht angewandt und dem Licht dadurch eine völlig neue – Partikelnatur zurückgewonnen. Gerade aus der reinsten Energielehre kam, so überraschender- wie lehrreicherweise, diese neue Körperchenlehre, das heißt dieser schöpferische Rückgriff von Huygens auf Newton, von der Wellen- auf die Korpuskulartheorie. Einstein nahm an, daß die ausgestrahlten Lichtquanten nach der Ausstrahlung dauernd zusammenbleiben; das Licht pflanzt sich dann nicht in Wellen fort, sondern in Quanten von bestimmter Energiegröße. Diese Quanten bezeichnete Einstein als Lichtkörperchen oder Photone, die atomistische Struktur der »Wirkung« derart zu wirklichen Energieatomen, zu unteilbaren Strahlungsquanten verdichtend. Die Photonen sind in der Lichtwelle, was die Elektronen in der (allgemeineren) Materiewelle, nämlich ein Körnchen alter materialistischer Ländereien im Meer der neuen Elektrodynamik. Es verwandeln sich nicht minder Elektronen und Positronen in Licht, also in Photonen; trotzdem freilich bleibt zwischen beiden Letztelementen noch ein Unterschied, ein äußerst merkwürdiger, der nämlich, daß es den Photonen an Ruhemasse fehlt. Das Licht verdankt seine Masse lediglich der Geschwindigkeit seiner Bewegung, die Materieteilchen dagegen, obwohl ihre Masse mit der Geschwindigkeit wächst, haben neben der bewegten doch noch eine Ruhemasse, deren Betrag nicht von der Geschwindigkeit, sondern lediglich vom Energieinhalt des Körpers abhängt. Auch ist der »Lichtstoff« – dieser mögliche Anfangsstoff der Welt – ganz ungeheuerlich klein; Photone stellen die geringst vorhandene Energie-Massengröße dar; trotzdem ist die Impulswirkung dieser Photonen erwiesen und zwar beim Austritt wie besonders beim Aufprall von Licht (Compton-Effekt): Lichtgeschosse werden beim Auftreffen auf ganze Atome mit dem gleichen Wert des Impulses reflektiert, wie ein Ball von der Wand; aber auch beim Auftreffen auf locker gebundene Elektronen werden diese aus der Bahn geschleudert, wie Billardkugeln. Die Realität der Lichtquanten (als körperhafter, mindestens körperähnlicher Partikel) ist also am Phänomen des Lichtdrucks eindeutig erwiesen. Anders freilich verhält sich das Licht in den Phänomenen seiner Beugung, Interferenz und dergleichen, das heißt beim Durchgang durch einen engen Spalt. Hier und während seiner Fortpflanzung überhaupt (bis zum Moment seines Aufpralls) verhält es sich durchaus nicht körperhaft, sondern durchaus und ohne Rest als elektromagnetische Welle. So daß die Lichttheorie (und, wie der nächste Absatz zeigen wird, die nach ihrer Analogie gearbeitete Wellentheorie der Materie insgesamt) einen Doppelcharakter aufweist, der sich – mutatis mutandis – der Widersprüchlichkeit der alten Äthertheorie durchaus zur Seite stellen kann. Soweit das Licht sich fortpflanzt, verhält es sich als Welle, soweit es auftrifft, als Korpuskel – freilich als unstarres, immer auf dem Sprung, sich ins Wellenfeld aufzulösen oder aus ihm zurückzukehren. Die Lichtquantentheorie fand ihre großartigste Anwendung in der allgemeinen Wellen- und Elektronentheorie überhaupt; die Photonen wurden Leuchtraketen fürs Studium des Atombaus.

Es war die strahlende Welle, welche auch weiterhin Rätsel aufgab und zwar grundlegende. Denn sie rückte ins Atom selbst und machte dieses, das lange so schiere und unteilbare, zum verworrensten Tummelplatz. Alle Atome erscheinen nun als zusammengesetzt aus zwei verschieden schweren, entgegengesetzt geladenen Urstoffen: dem positiv geladenen Kern (Proton) und dem 1800 mal leichteren Elektron mit gleich großer, nur negativer Ladung. Der Wasserstoff als das leichteste Element, mit der Zahl 1 im periodischen System, hat im »Innern« nur 1 Proton und demgemäß auf der Oberfläche nur 1 Elektron, das die positive Kernladung ausgleicht. Aber von Element zu Element wächst die positive Kernladung und damit die Zahl der Außenelektronen um eine Einheit bis zum schwersten Element, dem Uran. Auch der Kern ist bei den schweren Elementen kompliziert zusammengesetzt; vor allem sind die Kerne der schwersten Elemente aus sich selber unbeständig, zerplatzen unter Aussendung von Elektronen oder ß-Teilchen großer Geschwindigkeit. *Rutherford* gelang 1919 die erste Kernzertrümmerung, damit Atomverwandlung; er führte Stickstoff in Wasserstoff über, später sind noch bei vielen anderen Elementen solche Umwandlungen gelungen. Rutherford stellte auch das erste »Atommodell« auf, eben das oben beschriebene, in Analogie mit dem Planetensystem; es war aus sehr genauen radioaktiven Messungen erwachsen. Aber dies Modell weist große Schwierigkeiten auf; denn die Elektronen, die wie Planeten um den Atomkern kreisen, sind zum Unterschied von den Planeten elektrisch geladen, sie müssen daher im Takt ihres Umlaufs elektromagnetische Wellen aussenden, sie müßten folglich nicht nur dauernd leuchten, sondern durch diese Lichtausstrahlung stetig Energie verlieren. Nun leuchten aber die Atome durchaus nicht dauernd, sie werden auch nicht energieärmer im Ausmaß der geforderten Ausstrahlung; denn sonst könnte kein Atom lange bestehen, seine Elektronen müßten sich bei abnehmender Energie nach sehr kurzer Zeit spiralförmig in den Kern stürzen. Aber das Rutherfordsche Modell wurde trotzdem nicht aufgegeben, sondern verbessert, das heißt gewisse ihm innewohnende Voraussetzungen der klassischen Physik wurden eliminiert, um es mit der Erfahrung besser in Einklang zu bringen. Diese Arbeit leistete *Bohr*; er hat zuerst Einsteins Hypothese der Lichtquanten in die Atomphysik eingeführt. Die Hypothese schien tauglich, das (mittels der klassischen Physik ganz unerklärbare) Rätsel des inneren Atombaus zugleich zu lösen. So entstand das Bohrsche Modell, es begrenzte die Energiebeträge im Atom auf bestimmte Quanten und derart (da die Anzahl und Weite der Kreisbahnen von der Anzahl und Größe der Energiebeträge abhängt) die möglichen Bahnen der Elektronen um den Kern. Durch das Einführen der unklassischen Quantenbedingung wurden aus den vielen klassisch möglichen Bahnen einige dieser Bedingung entsprechende herausgehoben, nämlich diejenigen, in denen das Elektron, im Gegensatz zur klassischen Annahme, strahlungsfrei, folglich ohne Energieverlust rotieren könne. Bohrs Grundgedanke war derart: unter den unendlich vielen möglichen Bahnen sind im elektromagnetischen Atomsystem nur diejenigen ausgezeichnet, von denen die Plancksche Quantenbedingung gilt. Im Fall einer Störung können die Elektronen also nicht in eine beliebige andere Kreisbahn übergehen, sondern nur in eine quantentheoretisch erlaubte: dieser Übergang ist folglich ein Sprung, und nur bei diesem Sprung – von einer Quantenbahn zur anderen – senden die Elektronen Strahlen aus. Aber auch Bohrs Modell erwies sich experimentell als unvollständig, es erläuterte vollkommen das einfache System von Energiestufen, das der Wasserstoff darstellt, doch es versagte bei Anwendung auf die Struktur höherwertiger Atome; bereits für das dem Wasserstoff folgende Element, das Helium, reichen die Bohrschen Prinzipien nicht mehr aus. Damit freilich wurde die schöne, wenigstens relative und halb noch anschauliche Analogie des Atombaus mit dem Planetensystem selber relativiert. Auch die Übertragung des dem Newtonschen Gesetz entsprechenden Coulombschen Anziehungsgesetzes auf Kern und Elektron hat sich trotz anfänglicher Erfolge als undurchführbar erwiesen. Diese Analogie hatte zuletzt noch die Zusatzhypothese einer Drehung der Elektronen um sich selbst, eines sogenannten Elektronendralls möglich gemacht, auch diese Achsendrehung, im planetarischen Sinn, fällt. Ja die Analogie zwischen dem Kleinsten und dem Größten, zwischen der atomaren Mikrowelt und dem astronomischen Makrokosmos stellte sich insgesamt als brüchig heraus: die Atomwelt und die makrokosmische fallen in der modernen Physik als unvergleichbar auseinander. Das ganze anschauliche Wesen stimmt im Mikrokosmos noch weniger als im Makrokosmos (der immerhin, trotz nicht-euklidischer Geometrie und Relativitätstheorie, noch mit Körpern rechnet). Rutherfords, Bohrs Atommodelle sprechen von »Elektronenbahnen« und meinen lediglich Zustände der Elektronen, die durch Quantenzahlen bestimmt werden, durch eine Grundkonstante, eben das Plancksche elementare Wirkungsquantum h, das in der gesamten Makrophysik nicht vorkommt. Da überrascht es nicht, daß das Körperhafte – als letzter Rest der mechanischen Physik – auch hier aufgegeben wurde, daß das Elektron (das bei Bohr noch als Körperchen angesehen wird) völlig vor der Welle abdankt. Und nicht einmal die Welle im halbwegs anschaulichen Sinn bleibt in den späteren Atommodellen, denen de Broglies, Heisenbergs, Schrödingers erhalten (wenn auch die »Wellenmechanik« Schrödingers noch die relativ sinnfälligste geblieben ist). Welle bedeutet in der elektromagnetischen Physik schlechterdings nichts anderes mehr als eine durch die Schwingung des Elektrons verursachte Verzerrung des elektrischen Feldes, wodurch die elektrischen Spannungen außer Gleichgewicht geraten. Die Anleihen aus der mesokosmischen Anschauungswelt (welche übrigens auch in den Begriffen Schwingung, Spannung, Verzerrung vorliegen) werden bei der immer weitergehenden Elektrifizierung der Atommaterie bloße Ausdrucksmittel; mit anderen Worten: verstanden wird in den rein elektromagnetischen Atombegriffen, welche hinter Bohr aufgetreten sind, unter Welle lediglich eine periodische Veränderung der elektromagnetischen Feldstärke. Dergestalt ersetzte *de Broglie* die Kreise, besser Ellipsen der Bohrschen Elektronenbahn durch Wellen, das heißt: den korpuskularen Teilchen wurden Eigenschaften des Lichts beigelegt, Frequenz und Amplitude. Aber nicht nur die Bahn der Elektronen ist nach de Broglie wellenhaft, sondern in diesem Atommodell bestehen die Elektronen selber aus Schwingungen, sie sind keine geladenen Massenpunkte, sondern eine dauernd ihre ganze Bahn erfüllende Welle. Dadurch wurden genau die Ursachen für die erlaubten Bahnen im Bohrschen Modell aufgestellt; denn wenn jedem Elektron eine bestimmte Wellenlänge zukommt, so kann seine gesamte Wellenlinie nicht auf jedem Radius laufen, sondern nur auf bestimmtem, wo sie geschlossen Platz hat. Die Daseinsweise der Elektromaterie ist nach de Broglie also gleichzeitige Welle auf der gesamten Elektronenbahn; eine phantastische Annahme. Und dennoch hat sich das »Wellenkorpuskel« oder die »Korpuskularwelle« zum Teil experimentell bestätigt; das an Kathodenstrahlen. Bestehen die kleinsten Materieteilchen wirklich als Wellen allein, so müßten sie sich verhalten wie Licht; sie müßten also – durch enge Gitter geschickt – abgebeugt werden, beim Zusammentreffen eines »Wellenbergs« mit einem »Wellental« sich auslöschen. In der Tat zeigten die Elektronen des Kathodenstrahls – im Durchgang durch Kristallgitter – solche Beugungsbilder, solche Interferenz; es zeigte sich sogar, in anderen Versuchen, daß nicht nur Elektronen, sondern ganze Moleküle, wie Wasserstoff und Helium, gebeugt werden können. Auch de Broglies Atommodell spiegelt erst von ferne und unzureichend das atomare Geschehen; das sonderbare Elektron, das auf jedem Punkt seiner Bahn zugleich sein kann, das als Welle längs der ganzen Bahn verteilt ist, hat seine Einseitigkeiten. De Broglie gibt überhaupt mehr ein Elektronen- als ein Atommodell, es beschränkt sich auf die Umlaufslinie. Es läßt den ganzen Raum, der den Kern umgibt, außer Acht, es stellt die Kraft, die gerade der elektrisch geladene Kern auf die Ladung der Elektronenwelle ausübt, nicht in Rechnung. Immerhin stellt dies Modell einen bisherigen Endpunkt in der Reihe der Rutherford-Bohrschen Intuitionen dar; einen Endpunkt auch in der von Heisenberg bereits »klassisch« genannten Quantenphysik. Und in all diesen Anwendungen der Quantentheorie auf atomare Vorgänge steckt eine gewisse Konkretisierung ihres unstetigen, ruckhaften Wesens. Denn wenn Planck zeigte, daß die Strahlungsenergie zeitlich wie dem Quantum nach nur in Portionen abgegeben wird, so entdeckt diese Vorstellung eine Art Atomistik der Aktion. Es ist immer wieder das elementare Wirkungsquantum h, das, wie jede experimentelle Korrektur der Atommodelle gezeigt hat, in allen Elementarvorgängen der unbelebten Natur mitspielt. Danach wären also Materie und elektrische Ladung eben deshalb atomistisch geteilt, weil die »Wirkung« quantenhaft geteilt ist. Die Atome sind dann keine von Anfang an gesetzten Wesen, sondern sind durch die Unterbrechung gesetzt, worin jeder Vorgang verläuft. Wie aber, wenn überhaupt keine Atome und Elektronen in irgendeinem Partikelsinn übrig bleiben, wenn die weitere Deutung der atomaren Vorgänge bei einer Art Schwingen-an-sich anlangt? – das gerade ist der Fall bei den letzten vorliegenden Atommodellen, vielmehr: bei den reinen Wellengleichungen, wie sie von *Heisenberg*, sodann von *Schrödinger* ausgebildet worden sind. Die Schwierigkeit war, daß das Elektron nicht eigentlich eine Bahn bestreicht, als bewegter Kraftpunkt, sondern gleichzeitig »auf seiner ganzen Bahn wie verwischt erscheint«. Heisenberg interpretierte diese Erscheinung durch die sogenannte Unschärfebeziehung oder Unsicherheits-Relation, das heißt: für die subatomaren Elemente sind Ort und Impuls nicht gleichzeitig scharf bestimmbar. Raumzeitliche Lokalisierung und energetische Beschreibung eines Elektrons können nicht zugleich mit genauer kausaler Zuordnung gegeben werden, ja letztere ist, worüber man allerdings, nach dem späteren Heisenberg, noch nicht ganz entscheiden kann, in der Sache selbst nicht gegeben. Daher ist der Aufenthalt der Elektronen in der Atomhülle jeweils nur statistisch, im Bild einer »Wahrscheinlichkeitswelle« angebbar; das heißt: Gleichungen, die formal Verallgemeinerungen der gewöhnlichen Wellengleichungen sind, geben die Wahrscheinlichkeit an, mit der ein Elektron an einer betrachteten Raumstelle anzutreffen ist. Die Welle selbst ist ein bloßes Symbol für Hebung und Senkung der Wahrscheinlichkeit des Eintreffens von Elektronen geworden; der Begriff der Bahn fällt gänzlich, er erklärt nichts mehr. Nicht anders als Heisenberg hat auch Schrödinger die klassisch-mechanischen Grundbegriffe der räumlichen Lagerung und des Impulses von Körpern aufgegeben. Aber: das Partikel oder Korpuskel selbst ist im Objekt der Schrödingerschen Wellengleichung nicht (oder nicht so ganz) gefallen. Scheinbar allerdings löst gerade Schrödinger die Korpuskeln in Wellen auf, während Heisenberg, indem er lediglich mathematische Wahrscheinlichkeitswellen lehrt, bloße Wellensymbole, den Begriff eines körperlichen Etwas wenigstens freistellt. Aber sofern Schrödinger, anders als Heisenberg, die Welle als real setzt, rettet er doch zugleich das Korpuskel; denn letzteres kehrt im Begriff der »stehenden Welle« (das heißt der in sich zurückreflektierten) wieder. Die Korpuskeln werden hier aufgelöst und neu bestimmt als »elektrische Ladungswolken«; die Ladung ist an den »Wellenknoten« mit geringster, an den »Wellenbäuchen« mit stärkster Intensität verteilt. Auch die Korpuskeln der Kathodenstrahlen (wo elektrische Ladungen nicht schwingen, sondern auf kleinste Räume verteilt sind) werden in Schrödingers Modell als eine Überlagerung vieler Wellen zu erklären versucht. Die körperhaften Elektronen des Kathodenstrahlbündels sind danach ein »Wellenpaket«, das heißt eine relativ konstante Übereinanderlagerung mehrerer Wellen von verschiedener Wellenlänge. Im Gegensatz zum Bohrschen Atommodell ist das Wellenmodell Schrödingers kein auf eine Ebene noch projizierbares, sondern ein besonders vieldimensionales (wodurch auch hier die Analogie zum Planetensystem aufgegeben ist). Und zwar ein vieldimensionales aus ebensoviel »Dreidimensionen«, als ein Atom Elektronen enthält. Das Wasserstoffatom mit seinem einen Elektron ist noch im einfach dreidimensionalen Raum denkbar; das Helium als Atom mit zwei Elektronen dagegen geschieht bereits in einem sechsfach ausgedehnten Raum – und so fort bis zu immer höher dimensionierten Räumen, bis zu den kompliziertesten »Konfigurationsräumen« am atomaren Saum unserer Wirklichkeit. Dunkel freilich bleibt auch hier, wieso eine Welle an jeder Stelle Körperwirkungen ausüben kann, und wieso sich andererseits Körper nicht strahlenförmig, sondern wie Wellen fortpflanzen. Dunkel bleibt vor allem die hiermit ausgedrückte *Doppelnatur* der physischen Materie (wie auch des

Lichts), das heißt des Etwas, das Welle und Korpuskel zugleich ist. Das Unerwartete, ja Unheimliche eben ist immer wieder: Elektronen verhalten sich nicht nur als Korpuskeln, sondern – beim Durchgang durch Kristallgitter – auch völlig analog den Lichtwellen: mit Beugung, Interferenz und so fort. Licht und Materie verhalten sich aber als Körper, indem sie Energie, Impuls austauschen, und sie verhalten sich in ihrer raumzeitlichen Ausbreitung als Wellen – die Letztelemente des Lichts wie der Materie, die Photonen wie die Elektronen haben beides: Wellen- und Partikelcharakter. Diese Charaktere ergänzen sich, sie lassen sich gemäß den Planck-de Broglieschen Beziehungen jederzeit ineinander überführen, das »Wellenkorpuskel« alterniert mit der »Korpuskelwelle«. Ja *Eddington* läßt diese Letztelemente nicht einmal alternieren, dergestalt daß ein Elektron als Körper aus der Kathodenstrahlröhre fliege, in engen Ritzen oder im Umkreis eines einfangenden Atoms zur Materiewelle werde, beim Zusammenstoß mit einem Atom aber wieder zum Körper gerate. Sondern Eddington bestimmt die Elektronen als Wellen und Körperpartikel zugleich, er nennt sie »Wellikel« – die Energie der Elektronen und die Frequenz der Materiewellen gehen ineinander über und auf. Die Atomtheorie auf Planck-de Brogliescher Grundlage gipfelt also in zwei Grundlehren, die über die »verschwundene Materie« hinwegtrösten, ja zu zeigen imstande sind, daß nur die mechanische Auffassung der Materie verschwunden ist. Die erste Lehre lautet: Jeder atomare Vorgang ist sprunghafter Übergang von einem Quantenzustand in den anderen; die zweite: Wellen und Körperpartikel sind Wechselbegriffe, deren objekthaftes Korrelat sich offenbar dialektisch verhält.

Mikro- und Makrowelt in zerbrochener Fassung ihrer

Die anschaulich gegebenen Dinge gaben lange das Maß für alle übrigen her. Sie wurden naturwissenschaftlich außerordentlich umgerechnet, rein quantitativ gemacht, aber damit schien auch genug getan. Das atomare Geschehen erschien als verkleinerte, das kosmische als vergrößerte Ausgabe der Vorgänge in der mittleren Welt; einheitlich regierte deren klassische Mechanik.

Jetzt dagegen geht es am unteren wie auch am oberen Saum unserer Wirklichkeit außerordentlich verschieden her, nämlich unklassisch. Die Welt der klassischen Mechanik gilt hier auch nicht mehr etwa als ein breites Land zwischen zwei abnormen Saumgürteln, sondern umgekehrt; sie ist zu einem bloßen Grenzfall der Quantenmechanik geworden. Zu einem Grenzfall der mittleren Dimension, worin die Plancksche Konstante und auch die Heisenbergsche Unschärfebeziehung nur deshalb vernachlässigt werden können, weil beider Größen für die gegebene Mittelwelt zu geringfügig sind. Die Gesamtwelt zerspringt also in drei Schichten: in die atomare vorzüglich Plancks, in die mittlere Galilei-Newtons, in die makrokosmische vorzüglich Einsteins oder der Relativitätstheorie. Jede dieser Schichten hat eine eigene Physik; was zunächst die Schicht des *Atomaren* angeht, so ist sie, im Unterschied zu den anderen, wesentlich quantentheoretisch bestimmt. Besonders bekannt geworden ist, daß innerhalb dieser Atomwelt und ihrer Vorgänge der Kausalbegriff nicht mehr statthaben soll. Heisenberg setzte statt dessen, wie erinnerlich, bloße Wahrscheinlichkeit, gedacht unter dem Bild der Welle (Wahrscheinlichkeitswellen); der Ablauf atomarer Vorgänge unterliegt stets der sogenannten Unschärfebeziehung oder Ungenauigkeits-Relation. Sie bedeutet, wie hier nochmals definierbar: quantenmechanisch können die Größenpaare Raum und Zeit einerseits, Energie und Impuls andererseits nicht gleichzeitig scharf angegeben werden. Das hat zunächst einen in der Schranke des Experiments gegebenen Grund: denn soll der Ort eines Elektrons genau bestimmt werden, so muß es beleuchtet werden; die Beleuchtung ändert aber die Bahn des Elektrons, das Meßmittel beeinflußt sein Objekt. Doch hindert nicht nur diese Schranke, sondern da für Heisenberg überhaupt nur das Meßbare existiert, so beziehen sich raumzeitliche Lokalisierung und energetische Beschreibung auf zwei verschiedene Ebenen der mikrokosmischen Wirklichkeit selber. Will man also quantenphysikalisch die möglichen Energiezustände des Moleküls berechnen, so muß man auf die raumzeitliche Bestimmung der Elektronen verzichten und sich mit statistischen Angaben über deren wahrscheinliche Verteilung begnügen. Es bleibt derart nur die Wahl: entweder verfolgt man die Partikel rein ablaufshaft genau in Raum und Zeit, dann sind ihre Energie und ihr Impuls nur ungenau bestimmt; oder man operiert mit streng kausal festgelegter Relation: Energie-Impuls, dann wird die raumzeitliche Anordnung der Elektronen unbestimmt. Bloß das durchschnittliche Schicksal vieler Partikel ist, nach Heisenberg, wenigstens statistisch festgelegt, das Schicksal eines einzelnen Partikels dagegen bleibt völlig undeterminiert, es kann nur unter gleich wahrscheinlichen Orten wählen, ja unter Umständen sogar gegen die Wahrscheinlichkeit seinen Ort beziehen. Zur Unsicherheitsrelation kommt überdies, als akausales Moment, noch die Vieldimensioniertheit des Atomraums, besonders in Schrödingers Fassung. Bereits die Ausbreitung des Lichts verlangt, damit sie geschehen kann, eine bestimmte Dimensionenzahl, nämlich eine ungerade (nur in einem Raum ungerader Dimensionenzahl tritt beim Auslöschen einer Kerze in deren Umkreis Dunkelheit ein). Gilt das, gemäß der n-dimensional übertragenen Wellengleichung des Lichts, freilich für sämtliche ungerade Dimensionszahlen, für 5 oder 111 so gut wie für 3, und ist der Kausalnexus an diesem sonderbaren Gesetz der Wirkungsausbreitung nur erst von ferne beteiligt, so ist doch, wo immer Wirkung als eine lückenlos kausale auftritt, die dreidimensionale Welt besonders ausgezeichnet, ja »Bedingung« der Kausalität schlechthin. Wie auch Reichenbach unzweideutig anmerkt, ist die Dimensionszahl 3 objektiv die einzige, welche eine stetige Kausalordnung des Geschehens ermöglicht. Nun sind aber die meisten subatomaren Vorgänge nicht in den dreidimensionalen Koordinatenraum eingebettet, sondern in den höherdimensionierten Parameterraum; folglich lockert sich auch von hier aus der kausale Determinismus der einzelnen Massenpunkte. Ausnahmsloser kausaler Determinismus in allen Teilen der Welt war der Grundglaube der klassischen Physik; Laplace, von der klassischen Voraussetzung her, hatte sogar gelehrt: »Ein Geist, der für einen Augenblick alle Kräfte kennte, welche die Natur beleben, und die gegenseitige Lage aller Wesenheiten, aus denen sie besteht, müßte, wenn er umfassend genug wäre, um alle diese Daten der mathematischen Analyse unterwerfen zu können, in der selben Formel die Bewegung der größten Himmelskörper und des leichtesten Atoms begreifen, nichts wäre ungewiß für ihn, und Zukunft wie Vergangenheit lägen seinem Auge offen.« Die Allwissenheit dieses Laplaceschen Geistes, die Erhöhung des mechanistischen Naturforschers zum Rang des (geleugneten) Gottes, wenigstens der Allwissenheit nach, – das resultiert aus dem Schicksalsglauben der klassischen Physik, aus dem Glauben an den streng notwendigen Kausalablauf des Weltgeschehens. Solchen Glaubens ungeachtet war dem physikalischen Determinismus allerdings schon früher der unaufhebbare Rest »Zufall« entgegengehalten worden. Man hatte die Beschränkung auf bloße Wahrscheinlichkeit aus der Unendlichkeit des Weltalls begründet, aus der Unmöglichkeit, den Einfluß des gesamten unendlichen Universums in irgendeinem Teilsystem mit zu fixieren. Wichtiger aber noch als diese Offenheit gegen das Unendlich-Ferne ist die Unendlichkeit nach innen geworden, die gegen die Atome und ihre Quantenrätsel hin. Daher dekretiert Heisenberg (mit ihm Born, teilweise auch Schrödinger) kraft der Unbestimmtheitsrelation: »Weil alle Experimente den Gesetzen der Quantenmechanik unterworfen sind, so wird durch die Quantenmechanik die Ungültigkeit des Kausalgesetzes definitiv festgestellt.« (Der Laplacesche Geist könnte also seine Rechenarbeit gar nicht beginnen, da er nicht einmal für einen einzigen Massenpunkt, geschweige denn für alle, die anfängliche Lage und Geschwindigkeit genau wüßte). Allerdings blieb diese radikale Leistung des Kausalgesetzes für den Quantenbereich nicht unbestritten; Laue und, nach einigem Schwanken, Schrödinger wollen statt dessen nur theoretisch die Restbegriffe der klassischen Physik ausmerzen. »Die heutige Quantenmechanik«, bemerkt Schrödinger entscheidend (»Die Naturwissenschaften«, 1934, Heft 31), »begeht den Fehler, daß sie die Begriffe der klassischen Punktmechanik, wie Energie, Impuls, Ort... aufrechterhält«. Damit sei in der Quantenmechanik der Verzicht auf Kausalität arbeitshypothetisch wohl ratsam, darüber hinaus brauche man aber das Kausalprinzip selber nicht aufzugeben, das heißt: die Schwierigkeiten der Messungen, die Probleme der Wechselwirkungen zwischen dem Beobachter (Mikroskop plus Lichtquant) und dem Objekt (Elektron) dürfen nicht dahin ausgedehnt werden, daß die Unsicherheits-Relation nun für alle Ewigkeit in den Dingen selbst liege und gar noch auf den Makrokosmos ausdehnbar sei. Über die Physik hinaus ist zu sagen, die bisherige physikalische Fassung der Kausalität ist nicht deren Einzige; lückenloser Zwang ist nicht dasselbe wie durchgehende Verursachung. Denn wenn dem Kausalgesetz die lückenlose Determinierung aller Zukunft wesentlich wäre, dann gäbe es in historischen Wissenschaften schon längst keine Kausalität. Hier genügt vielmehr, daß jeder Wirkung eine Ursache vorhergehe; es ist weder »denknotwendig«, daß diese Ursache – im ganzen Umfang ihrer Bewegungsgröße, gar ihres Inhalts – selber als durch frühere Ursachen bestimmt nachgewiesen sei, lückenlos stetig, noch daß die ihr folgende Wirkung nichts enthalte, als was schon in der Ursache war. Freiheit des Willens, in begrenzten Maßen, besteht historisch schon längst, ebenso geschieht und entwickelt sich in der Geschichte Neues, das heißt Wirkung mit einem Inhalt, der in der Ursache nur keimartig enthalten war. Trotzdem gibt es in der Geschichte Kausalität, ja gerade die ökonomisch determinierende Geschichtsauffassung vereint Kausalerklärung mit dialektisch sprunghafter, dialektisch vermehrender Entwicklung. Und was die Mikrophysik angeht, so ist auch hier Kausalität lange nicht in dem Maße aufgehoben, wie Heisenberg das zuerst annahm. Sie besteht gerade als weniger indeterministisches Gegenstück zur historischen Kausalität weiter, sie gestattet aus einem mit gewisser Unschärfe bekannten Zustand wenigstens eine Wahrscheinlichkeitsvorhersage der Zukunft, ohne deshalb, wie in der Geschichte, das Risiko eines mißlich prophetischen Geschäfts zu übernehmen. Immerhin sind durch die Heisenbergsche Berichtigung (sie steckte in nuce schon im relativ freien Fall der Atome bei Epikur) die Zeiten des Laplace vorüber, die Rechenansätze über einer total mechanisierten Natur. Die Atomphysik gehorcht dem nicht, ihre quantentheoretische Gesetzlichkeit ist eine statistische und eine der Intermittenz.

Am andern ungewohnten Saum treten nun nicht die kleinsten, sondern die größten Maße vor. Bezüge zur atomaren Schicht fehlen dort, weit draußen nun im Makrokosmischen, zwar gewiß nicht, vierdimensionale Ordnungen raumzeitlicher

Einheit verbinden beide. Auch hat Dirac durch die relativistische Wellengleichung des Elektrons eine erste festere Brücke zwischen der Quantentheorie und Relativitätstheorie geschlagen. Auch hat Eddington, beim Problem der Abwanderung der Spiralnebel, ein Grenzland zwischen beiden Theorien betreten, Formeln der Wellenmechanik und der Relativitätstheorie kombinierend. Doch eine Vereinigung der beiden großen Strukturlehren ist bisher noch nicht ganz gelungen, auch deshalb nicht, weil sich die Relativitätstheorie durch weit größere Klarheit und Geschlossenheit, durch eine ganz neue Art kosmischer Harmonie von der Quantentheorie unterscheidet. Bekannt wurde, daß es nicht mehr möglich ist, einen Vorgang in den Augenblick seiner Wahrnehmung zu setzen, als sei die Zeit des Beobachters eine allgemeine und überall gleiche. Bekannt ist ferner, daß Einstein den nichteuklidischen Raum, die Riemannsche Mannigfaltigkeit als Schauplatz der kosmischen Vorgänge ausgezeichnet hat; diesem unstetigen, unhomogenen und gekrümmten Raum fügte er die Zeit (Vergangenheit – Zukunft) als vierte Dimension hinzu. Die Welt der klassischen Physik war eine in Raum und Zeit getrennte und eine euklidische, die für alle Beobachter in den gleichen anschaulichen Raum und dieselbe gleichmäßig ablaufende Zeit zerfiel. Die Welt der relativitätstheoretischen Physik dagegen ist eine der Raumzeitunion und eine nichteuklidische, die bei Aufspaltung durch verschiedene Beobachter verschiedene Raum- und Zeitperspektiven liefert; die Ganzheit von Raum und Zeit ist die Konstanz der Lichtgeschwindigkeit, der größten, die eine Geschwindigkeit überhaupt haben kann. Absolute Bewegung, absoluter Raum verschwinden als Unbegriffe; der Maßschnitt verläuft nicht mehr zwischen Ruhe und Bewegung, sondern zwischen gleichförmiger Translation und Bewegung. Weit konkreter als diese spezielle Relativitätstheorie ist die allgemeine geworden, obwohl sie noch viel weniger durch Daten gesichert ist als die spezielle. Während erstere rein das Phänomen der Bewegung berücksichtigt (unter Absehung von Masse, Schwerfeld), führte letztere, indem sie die Schwerkraft in ein vierdimensionales Kontinuum eintrug, zu einer bis in alle Einzelheiten ausgebildeten Theorie der Gravitation. Riemann hatte seinen nichteuklidischen (unhomogenen) Raum als ein wechselvoll Physisches gesetzt, auf das materielle Kräfte wirken. Dieser Raum gehört nicht zur ruhevollen, homogenen Form der Erscheinungen, sondern zum wechselvollen materiellen Geschehen; er liegt nicht in »geometrischer« Starre den Kräften der Materie zugrunde oder thront über ihnen, sondern steht in kausaler Abhängigkeit von den materiellen Bewegungen, wird von ihren Kräften hervorgebracht und wirkt auf sie zurück. Die eigentlich physikalische Fruchtbarkeit dieses Raumgedankens erwies sich, als Einstein aus der Gleichheit von schwerer und träger Masse ableitete, daß die Gravitation auf die Seite der Trägheit gehört, diese selbst aber keine starre Beschaffenheit der Welt darstellt. In den Erscheinungen der Gravitation bekundet das »Trägheitsfeld« vielmehr seine Veränderungsfähigkeit und zugleich seine Abhängigkeit von der Verteilung der Materie. Die Einsteinwelt ist zwar in ihrem Ganzen statisch, doch das nur aufgrund eines labilen Gleichgewichts; so wird geradezu involviert, daß dieses Universum zugleich vollkommen labil ist. Es ist so haargenau ausgewogen, daß es bei der geringsten Störung umkippt in einen Zustand immer wachsender Zusammenziehung oder immer wachsender Ausdehnung (letzterer Zustand ist – sofern die Abwanderung der Spiralnebel sich bestätigt – offenbar jetzt im Schwange). In summa aber: die Gesetzmäßigkeiten makrokosmischen Ausmaßes sind durchaus andere als die mesokosmischen auf der Erde und bis jetzt auch andere als die mikrokosmischen in der Atomwelt. Wenigstens nach den Lehren der jetzigen dreigeteilten Physik wie verwirrend erst, werden in den *Mesokosmos* (zwischen dem Unteren, dem Atomaren und dem Oberen, dem astronomisch-Makrokosmischen) noch die organischen und sozialen Gesetze hereingenommen. Der Raum ist zu einer den Kräften der Materie gegenüber nachgiebigen Wesenheit geworden; und die Kräfte der Materie – als ob sie selber eine dreifache wäre – schaffen den drei Welten ganz verschiedene »Verhältnisse«. Die mittlere Welt blüht als Blume (oder auch Anti-Blume) zwischen zwei Abgründen; die untere Welt ist undurchsichtigste Intermittenz, die obere Projektion einer außermenschlichen Raum-Zeit-Union. Reflexe spätbürgerlicher Auflösung gibt es im bloß formalistisch Bleibenden hier genug, und viele bedeutende neue Physiker sind naturphilosophisch ins Inhaltsproblem von alldem leider nicht gleich weit vorgedrungen, aber ihr Thema blieb: wachsende »Elektrisierung« der Materie in nicht mehr euklidisch gebannter *Energetik*. Dazu Heisenberg zuletzt: »Vielleicht die wichtigste Folge des Relativitätsprinzips ist die Äquivalenz von Masse und Energie ... Jede Energie bringt also Masse mit sich; aber selbst eine nach normalen Begriffen sehr große Energie trägt nur sehr wenig zur Masse bei, und das ist der Grund, warum die Verbindung zwischen Masse und Energie nicht früher beobachtet worden ist. Die zwei Gesetze von der Erhaltung der Masse und der Erhaltung der Energie verlieren ihre getrennte Gültigkeit und werden zu einem einzigen Gesetz vereinigt, das man das Gesetz von der Erhaltung der Energie oder Masse nennen kann ... Heutzutage kann man an vielen Experimenten unmittelbar sehen, wie Elementarteilchen aus kinetischer Energie gezeugt werden und wie solche Teilchen wieder verschwinden können, indem sie sich in Strahlungen umwandeln.« Weiter: »In der ganzen Periode von den Mathematikern der Antike bis zum 19. Jahrhundert war die Euklidische Geometrie als selbstverständlich angesehen worden ... Die Geometrie, die in der allgemeinen Relativitätstheorie erörtert wurde, bezog sich nicht auf den dreidimensionalen Raum allein, sondern auf die vierdimensionale Gesamtheit von Raum und Zeit.« (Heisenberg, Physik und Philosophie, 1959, S. 94 ff.) Die Zeit allerdings, die die nichteuklidische Physik mit dem Raum in Union bringt, ist nicht eben die schöpferische Zeit der Geschichte und ihres Prozesses, doch: sowohl die Gleichung Masse = Energie, wie auch die Erklärung des Lichts aus der stoßweisen Abgabe von Strahlungsquanten könnten sich einmal energetisch-dialektischen Folgerungen wohl öffnen – ein Panta rhei und ein Ex interruptione lux, auch in der neuen Physik.

Fazit 1: Bürgerliche Krise und physikalische Erfahrung

Mancher Blick hier ist noch ebenso ungewiß wie neu. Zusammen eben mit unserer schwankenden Zeit, auch mit dem elastischen Sinn für Ungewohntes. Zunächst freilich scheint bürgerliche Gesellschaft nicht einzuwirken, weder als einstürzende noch als zwischenraumhafte, weder als eine der Fäulnis noch des möglichen Übergangs. Der Anlaß der physikalischen Umwälzung, sagen einige, ist nicht Denkkrise, sondern lediglich neu gewonnene Beobachtung; und das stimmt weithin – *unmittelbar* betrachtet sieht manches in der Tat danach aus. Am 14. Dezember 1900, das Wasser der bürgerlichen Zukunft hatte damals noch Balken, veröffentliche Planck eine gewiß rein sachlich, vom Objekt bestimmte Rechnung über die Energie, die ein erhitzter Körper aussendet. Es zeigte sich: die ausgesandte Energie ist veränderlich mit der Temperatur, und jede Lichtsorte liefert einen anderen Beitrag zur Gesamtintensität der ausgesandten Strahlung. Es gelang nun nicht, die dabei angestellten Messungen auch richtig zu berechnen, das heißt, sie mit den Voraussetzungen zu diesen Berechnungen, der Wärmetheorie, der elektromagnetischen Lichttheorie, in Einklang zu bringen. Nur das infrarote Licht, mit kleiner Frequenz, verhielt sich wie zu erwarten war, die höher frequenten Lichtarten dagegen verhielten sich ganz anders, bestätigten die bisherige Strahlungstheorie nicht. Rein aufgrund solcher experimenteller Beobachtung war also Planck veranlaßt, die bisherige Theorie zu verändern: Licht wird nicht stetig gesendet und absorbiert, sondern unstetig, brockenweise, in Quanten. Beobachtung und nicht irgendein ideologischer Reflex gaben den unmittelbaren Anstoß zur Quantentheorie. Nicht anders gewann Einstein seine Physik – physikalisch; überflüssig zu sagen: ihr nachkriegshafter, allzu vulgärer »Erfolg«, das heißt ihr banales Mißverständnis, als ob alles eben, wie der Geldwert, nur relativ sei, im Sinn der Inflation, das selbstredend war an der Wiege, in statu nascendi der Relativitätstheorie nicht gesungen worden. Plancks, Einsteins Physik entsprangen, wie selbstverständlich, ihrer Sache selbst: objektiv neuen Daten des Fernrohrs und Mikroskops, einzelnen, kleinen, sozusagen zufällig beobachteten Tatsachen der Natur. Und zu diesen wieder kehrt die Theorie, um sich bestätigt zu sehen, zurück, »soziologisch« gewiß erst allgemein möglich gemacht, aber keineswegs damit erschöpft. Da ist die objektive Rotverschiebung der Spektrallinien im Schwerfeld der Himmelskörper, da ist die objektive Drehung der Planeten-Ellipsen selber um die Sonne: das Licht strahlte jederzeit quantenhaft, unterlag jederzeit der Rotverschiebung, wenn es sich der Anziehung der Sonne entzog, lange vor dem ökonomisch bestimmten Zeitpunkt dieser Entdeckungen. Genauso sind die Körper lange vor Galilei, lange vor dem Nivellierungsinteresse der frühbürgerlichen Gesellschaft gleich schnell gefallen. Der Anteil der objektiven Welt an ihren Erkenntnissen ist gerade Materialisten so selbstverständlich, daß von hier aus keine Natur in die Naturwissenschaften eingebracht zu werden braucht. Nur die Idealisten (gerade diejenigen also, die ökonomische Ideologieforschung bekämpfen) sind geneigt, das Sein totaliter aus dem Denken abzuleiten (vorausgesetzt freilich, daß das Denken nicht selber wieder aus einem – ökonomischen – Sein abgeleitet werde). Dasjenige an der naturwissenschaftlichen Erfahrung, was die Erfahrungs-*Inhalte* ausmacht, fällt mit der Zeitlage gewiß nicht zusammen, es liegt so gut wie gänzlich auf der physisch objekthaften, nicht auf der historisch-soziologisch subjekthaften Seite. *Ein Anderes* freilich ist die Frage: weshalb denn physikalische Erfahrungen und die Theorien, die ihnen entsprechen, etwa erst um 1900 oder, was Galilei anlangt, um 1600 gemacht worden sind. Auch die Instrumente zu den Beobachtungen der atomaren Feinstruktur, der Einsteineffekte waren vorhanden; doch diese photographischen Platten, Prismen, Mikroskope, Fernrohre und so fort wurden nicht im heutigen Sinn dirigiert. Also kommen zur Erfahrung, als der unmittelbaren Quelle physikalischer Umwälzungen, noch ganz andere, *mittelbare* Bedingungen hinzu, sie gehören zur *historischen Vermittlung*. Bedingungen ökonomisch-historischer Art, das heißt einer veränderten Beziehung vom Menschen zum Menschen und zur Natur. Den Primat der Erfahrung oder, wie man auch sagt, des Gegebenen zugestanden, so ist das Erfahrene doch allemal von Menschen erfahren, das Gegebene wird doch allemal Subjekten gegeben, ja es muß von ihnen angenommen werden, damit es ein Gegebenes sei. Zweifellos tritt Erfahrung nicht nur isoliert, nicht nur von der Objektseite her auf, es kommt ihr vielmehr ein Organ entgegen, und dieses Organ ist historisch veränderlich. Es ist, je nach seiner ideologischen Bereitschaft, für bestimmte Erfahrungen empfindlich, für andere nicht; es versperrt sich gewisse Erfahrbarkeiten oder es sucht sie, mit der Wünschelrute einer geneigten Theorie, eigens auf. Galileis Mechanik, der Blick auf den schwingenden Kronleuchter im Dom von Pisa, die kopernikanische Theorie, die Welt Newtons – das alles konnte erst mit einem kapitalistisch nahegelegten Funktions-, nicht mit einem ständischen Gattungsbegriff dargestellt werden. Die Bewegung lief aus der Wirtschaft in die Physik; der alles quantifizierende Kalkül spiegelte die Art der kapitalistischen Ratio wider, die mathematische Dynamik gelang erst, als, wie Marx sagt, alles Ständische und Stehende verdampfte. Die gleiche Abhängigkeit mit Erschütterung besteht erst recht heute: bestimmte Erfahrungen werden nur gemacht, beobachtet und theoretisch ausgewertet, nachdem ideologisch soviel Festes, das im Wege war, sich verunsichert sieht; gleiches gilt für die jähen Denkmodelle, jenseits euklidischer Gewohnheit und auch noch aus der bisherigen Zahlreihe ausscherend. Bestimmte Schwierigkeiten, die nachdem zur Relativitätstheorie führten, waren schon der klassischen Mechanik bekannt, wo es sich um sehr große Geschwindigkeiten handelte. Doch der sprengende Erfahrungsinhalt blieb damals unbeachtet, führte jedenfalls zu keiner Erschütterung in der Physik, wirkte höchstens wie Außenseiter im Weltbild der damaligen bürgerlichen Gesellschaft. Am Beginn ihrer stand der Kalkül einer homogenen Bewegung, die infinitesimale Berechenbarkeit aller Bahnen, die Gleichsetzung der Materie mit träger und unveränderlicher Masse. Am Ende der bürgerlichen Gesellschaft, in ihrer alles relativierenden, völlig entfremdenden, inhaltslos machenden Krise springt trotz wie wegen des Leerlaufs ihrer wachsenden Dynamik eine Oberfläche des bisherigen Weltbilds. Dreiteilung der physischen Welt, Aufgabe der Stetigkeit und Unveränderlichkeit, hier sind Vorstöße, worin die bisherigen dreidimensionalen Fugen krachen. Allemal war die Beobachtung, gar das Experiment eine Frage an die Natur, ohne die Frage erging keine Antwort, und eben die Gesellschaft, die diese Fragen an die Natur stellt, hat sich geändert, mit ihr der Raum des Erfahrbaren, der hörbaren Antwort. Er ist ein Hohlraum geworden, nämlich ein eingestürztes Haus, durch dessen Spalten ungeahnt frische Außenwelt eindringt. Auch eine Lust ist gekommen, Antworten zu hören, die früher weder gefragt noch erwünscht, auch nur diskutierbar waren, man denke an den verschwundenen Baustein Atom, an das Paradox eines ebenso endlichen wie unendlichen, nämlich gekrümmten Weltalls. So eng ist der Zusammenhang der unstetigen Quantenwelt, der nichteuklidischen Relativitäts- und Feldtheorie mit der bürgerlichen Lockerung und Begriffskrise. So genau auch bleibt dieser Zusammenhang ein noch innerbürgerlicher, daß die neue Physik, als etablierte, trotz ihres »Umsturzes«, gerade die Fragen meidet, die in ihrer Energetik doch mitangelegt sind und die zu wirklichem Umsturz führen könnten, nämlich dialektischem. Auch dieses Minus bestätigt die Abhängigkeit der Erfahrung von der Zeit, die erfahren will oder auch nicht. Sehr gern dagegen mochte eine völlig kalkülhaft gewordene, inhaltsfremde Gesellschaft erfahren, daß die Materie überhaupt verschwunden sei; doch dieser Wunsch wird nicht erfüllt.

Fazit 2: Relativismus, Formalismus und das Etwas, das schwingt

Und nicht auch, als ob es den Forschern sonst sehr wohl zumute wäre. Viele ihrer, wenn nicht die meisten achten zwar die Beobachtungen über alles, kaum aber deren versuchte Zurechtlegung. Sie sind positivistisch, das heißt erschrocken vor dem Umsturz des alten Denkens und falsch bescheiden. So sagt Heisenberg: »Es handelt sich nur darum, zu unseren Empfindungen Zeichen zuzuordnen, die mit wechselnder Erfahrung selber wechseln.« Weiter: »Die moderne Atomphysik handelt nicht vom Wesen und Bau der Atome, sondern von den Vorgängen, die wir beim Beobachten der Atome wahrnehmen.« Wirklich beobachtet werden nur Frequenzen von Spektrallinien und ihre Intensitäten, nicht aber Bahnen und Umlaufzeiten von Elektronen. Wahrheit ist lediglich »Eindeutigkeit der Zuordnung«: mit dieser Formel des Neumachisten und Logistikers Schlick stimmen Heisenberg, auch Bohr völlig überein. Je höher die Unanschaulichkeit steigt, je komplizierter die mathematische Sprache gerät, mittels derer das Beobachtete zurechtgelegt wird, je unvorstellbarer Atomkern und n-dimensionaler Raum aussehen (das heißt eben: nicht aussehen), desto skeptischer entwertet sich die Theorie dieser Unanschaulichkeit zum bloßen »Bild«, »Symbol«, »Denkmodell«, »Gedankending«. Bohr spricht von einem »tiefgehenden Versagen der raumzeitlichen Bilder, mittels welcher man bisher die Naturerscheinungen zu beschreiben versuchte«, und setzt die Forderung anders angepaßter »Bilder«, die später auch weggelegt werden können. Heisenberg hat zur mathematischen Darstellung von Atomvorgängen eine »Matrizenmechanik« ausgebildet, die die Bohrsche Forderung erfüllt. Das Unanschauliche geht hierbei immer weiter, von Weyl, Eddington und anderen werden die kompliziertesten Instrumente der Analyse: Variationsrechnung und Invariantentheorie in physikalisch-astronomischen Dienst gestellt. Dergleichen bringt eine solche Unruhe in die Theoriebildung selber, daß deren nicht mehr ganz Ernstzunehmendes, also die positivistisch nur zurechtlegende Abwertung auch wie rettende Zuflucht erscheinen mag. Immer neue Denkverbesserungen werden nötig, immer neue Schwierigkeiten tauchen auf, die ehedem so einfach erscheinende atomistische Unterwelt zeigt Rätsel an Kompliziertheit, ganz unten beim sozusagen einfachsten Mann aus diesem Volk, daß Shakespeare dagegen noch wie eine Klippschule dreinsieht, während dem puren Atomforscher der Kopf brummt, der realistische, der abbildliche Ehrgeiz leicht vergeht. Auch der kritische, das heißt ideologie-kritisch geschulte Realist stellt die Frage: ist hier Jugendlichkeit unter der Maske späten Wusts oder Wust einer vergehenden Welt unter der Maske der Jugendlichkeit; ist hier überwiegend Ausdruck gesellschaftlicher Kompliziertheit, wie im vorigen Fazit gesagt wurde, oder aber ist auch die physische Welt an sich selbst dermaßen schwierig diffus und kompliziert? Ein spanischer König aus dem 15. Jahrhundert verlor fast den Thron, als er nach Kenntnisnahme des immer schwieriger sich darbietenden ptolemäischen Systems bekundete: er hätte, an Stelle des lieben Gottes, die Welt einfacher eingerichtet: – gilt diese Reserve, mutatis mutandis, nicht auch nach Kenntnisnahme der verschiedenen Atommodelle? Steht die neue Physik nicht genauso am Ende der bürgerlichen Gesellschaft wie das ptolemäische System am Ende der feudalständischen, und haben die kühn-komplizierten »Epizyk-

len« (Schleifen) der damaligen Planetenbahnen nicht manche
Ähnlichkeit mit den Flicken und Neuheiten auf dem alten reißenden Rock von heute? Heisenbergs Matrizenmechanik wie
Schrödingers Wellenmechanik haben beide das Gute, daß sie
ohne die klassischen Grundbegriffe, ohne räumliche Lagerung
und den Impuls von Körpern auskommen: aber um welchen
Preis doch ist die sogenannte neue »Einfachheit«, die neue
»Eleganz« der Rechnungen erkauft. Ist es also nicht möglich,
daß auch hier durch eine neue kopernikanische Wendung sui
generis die vielen theoretischen Epizyklen mindestens einmal
reduziert werden können, indem sie überdies von möglichen
Reflexen bloß spätbürgerlich-gesellschaftlicher Kompliziertheit
befreit? Und ist die Frage nicht berechtigt, welche Kategorien
eben für Shakespeare oder Michelangelo übrigbleiben oder nötig werden, wenn bereits die atomistische Grundlage Matrizen
oder n-dimensionale »Konfigurationsräume« in Anspruch
nimmt? Oder gilt die umgekehrte Annahme, daß gerade die
Anfänge und Grundlagen der Welt noch objektiv zu alogisch,
gleichsam zu dumm sind, um konkret verstehbar zu sein; daß
ebendeshalb maßlose, nichts-betreffende Kompliziertheit am
unerwachten Objekt sich abmüht? Der positivistisch abstrakte
Idealismus wäre dann hier, allerdings nur hier, gar keiner, sondern sozusagen realistischer Ausdruck eines konkreten FastNichts; mit anderen Worten: das Etwas, das in Atomen
schwingt, wäre dann an sich selber noch zu viel Sub-Sein, um
adäquat erkannt zu werden. Daher die Kompliziertheiten bodenloser Umschreibungen, daher ein Agnostizismus, aber aus
Schwäche des Objekts, der erst biologisch, soziologisch und gar
an Objekten wie Michelangelo sich hebt. Jedenfalls ist das neue
physikalische Sein nicht dieses, worin der Mensch lebt und woran
sich ihm seine Kategorien gebildet haben. Die neu andrängende Materie ist aus einer verschobenen, einer verrückten
Welt, aus einer außerhalb des bisher mesokosmischen menschlichen Arbeitsradius gerückten und total unmenschlichen, so daß
dann, paradoxester Weise, ein Stück physikalischer Idealismus
gerade – realistisch diskutierbar wäre, nicht nur aus Gründen
der Gesellschaftskritik, sondern der »Randnatur« selbst. Seltsame Folgerungen und große Seltsamkeiten insgesamt; doch eben

durch sie fände der positivistische Rekurs auf bloße Denkmodelle, obwohl er grundsätzlich falsch ist, auch objekthaft streckenweise und vorläufig eine Erklärung. Nicht verständlich aber wird durch sie die Bescheidenheit, wenn sie in total gemeinte Anmaßung übergeht, wenn sie die alten Ladenhüter Machs in toto mobilisiert. Dann entsteht der Positivismus als letztes Wort schlechthin, als Geisteshaltung for ever; er macht den Kompliziertheiten der neuesten Physik ein gutes Gewissen, nämlich gar keines. Er verwertet ihnen gegenüber gleichsam ein Faustwort, die Absage Fausts an seine Instrumente: »Zwar euer Bart ist kraus, doch hebt ihr nicht die Riegel«; indes er verwertet die visionäre Absage auf mephistophelische Weise. Aus der Selbstverständlichkeit, daß die Denkformen einer bestimmten Epoche der Physik auf neu erschienene Phänomene unanwendbar sind, aus temporärem Modellwechsel machen die Positivisten absoluten. Der Schöpfer der Quantentheorie lehnt immerhin einen rein denkökonomischen Inzest, einen ab ovo anschauungsfremden, usque ad finem realitätslosen Formalismus in der Physik ab, Planck verlangt in seiner Wissenschaft Setzung und Bestimmung von Realität (am deutlichsten in der Schrift: Positivismus und reale Außenwelt, 1931). Es kann diese Realität – abgesehen natürlich vom Wust spätbürgerlicher Faltenwürfe oder Altersfalten des Begriffs – es kann diese Realität auch deshalb so kompliziert sich darstellen, weil sie, wie bemerkt, an sich selbst noch schwach oder unbestimmt kategorisiert ist und deshalb besonders schwieriger Denkanstrengungen, besonders verwickelter oder outrierter Abbildungsmühen bedarf. Erst eine Physik, deren gesellschaftliche Grundlage in Ordnung ist, wird auch hier nach dem Rechten sehen; ganz andere als bloß die gewohnten »raumzeitlichen Bilder« werden zur Erforschung der dialektischen Anfänge aufgegeben werden müssen. Planck blieb heute schon dem Mut der realistischen Erkenntnis treu; er entwertet eine Denkarbeit nicht, die so viele bisherige physikalische Begriffe von Raum und Zeit, Materie und Kausalität, Struktur und Größe des Universums über den Haufen geworfen hat. Heisenberg reduzierte die physikalische Erkenntnis auf Zuordnung von Zeichen zu Empfindungen, Planck dagegen fordert: »Die Physik hat nicht Erlebnisse zu beschreiben, sondern die Außenwelt zu erkennen«, und weiter, ganz im Sinne eines kritischen Realismus: »Die beiden Sätze: ›es gibt eine reale, von uns unabhängige Außenwelt‹ und: ›die reale Außenwelt ist nicht unmittelbar erkennbar‹ bilden zusammen den Angelpunkt der ganzen physikalischen Wissenschaft«. Die Außenwelt ist freilich auch für Planck zentral inhaltlich nicht erkennbar, denn nur das Meßbare existiert ihm. Hier freilich wieder ist die alte Schranke der quantitativen Wissenschaft, das Erbe von dreihundert Jahren Kalkül. Auch in realistischer Vertretung zeigt die innerhalb ihres Sektors geltende, gültige Physik, zeigt ihr immer abstrakterer mathematischer Apparat das rein formale Verhalten ihres völlig entqualifizierten Inhalts, noch weit über das subatomare X hinaus. Wobei auch bei realistischer Setzung deren Stoff, gerade die physische Materie also bis zur Unkenntlichkeit formalisiert und nicht nur, wie rechtens, energetisiert worden ist.

Wie ungewiß diese Setzung, ergibt sich immer wieder, sobald nach ihrem Etwas gefragt wird. Es ist dieses, was in Wellen schwingt, vielmehr: auf das Gleichungen und Denkbilder von Art einer Welle angewandt werden. Das Etwas selbst ist nicht findbar, Stoff ist es nicht, denn gerade die Stoffteilchen, die Elektronen, sollen ja aus Wellen bestehen. Und nicht einmal die Welle ist letzthin eine, sondern ein bloßes Bild für die gehobene oder gesenkte Wahrscheinlichkeit, an einem Ort Elektronen zu treffen oder nicht. Auch die *Masse* im alt-materiellen Sinn ist erledigt, sie »zerstrahlt«, sie geht bei der Umwandlung einfacher Atome in höhere zum Teil verloren, wird als Energie frei. Materielle Masse kann sich in Strahlung verwandeln, entweder durch den Prozeß der Bildung komplexer Atome (zum Beispiel der Entstehung von Helium aus Wasserstoff) oder bei der gegenseitigen Vernichtung von Elektronen und Protonen. Eddington sagt unverhohlen: »Wenn die gesamte Konstitutionsenergie der Materie frei wird, muß die Materie verschwinden«. Andererseits hat der Einsteinbezug der Masse zur Geschwindigkeit (Energie) die Masse immerhin zu einem dynamischen Verhältnis gemacht, wonach ein helles und warmes Zimmer auch mehr wiegt als ein dunkles und kaltes. Anders gesagt: wird der Energieinhalt eines Körpers durch Erwärmung oder Licht erhöht, so steigt proportional seine träge und schwere Masse. Galilei bereits hatte die Masse durch das Impulsgesetz als dynamischen Koeffizienten eingeführt (die Masse ist der dynamische Koeffizient, gemäß welchem die Trägheit der ablenkenden Kraft widersteht); freilich galt die Masse hier noch als unveränderlich und als ein Quantum der Materie. Dies Substanzielle eben hat sich seit Einsteins Massenformel geändert: die Masse m ist gleich $\frac{m_0}{\sqrt{1-v^2/c^2}}$ (m_0 ist der »Massenfaktor«, der nicht von der Geschwindigkeit abhängt, c die Lichtgeschwindigkeit, v der Betrag der vorliegenden Geschwindigkeit). Auch der sogenannte Äther, dies alte materielle Immobile, wurde, wie oben auf Seite 322 bereits mitgeteilt, zuletzt für die allgemeine Relativitätstheorie ein bloßes Synonym des Felds. Er hat zwar so etwas wie physischen Charakter nicht ganz eingestandenerweise zurückgewonnen, Elektronen werden sogar als »Zuckungen« eines »Feldäthers« verbildlicht, indes gerade dieses Feld wird nun wieder als bloßes Begriffswesen verdächtigt, als bloßes ideales Schema der Wechselwirkung. »Das wird illustriert«, sagt Eddington (in freilich anderem Zusammenhang) »durch die Theorie der Elektrizität, in welcher wir die Wechselwirkung ersetzen durch die Wechselwirkung eines elektrischen Feldes, das einzig durch sechs Zahlenangaben charakterisiert wird. Auf dieselbe Art ist ein anderer Teil der Wechselwirkung zwischen dem Atom und der übrigen Welt idealisiert zur Wechselwirkung eines metrischen Feldes oder – um ihm seinen gewöhnlichen Namen zu geben – des Raums« (Dehnt sich das Weltall aus?, S. 156). Das Feld jedenfalls, auch wo es als real gedacht wird und dem Äther synonym geworden ist, stellt für die gesamte neue Physik ein massefreies, materiefreies Wesen dar, das nicht mit materiellem Sein zusammenfällt; allein schon deshalb nicht, weil das Feld der Wahrscheinlichkeitswellen diesen als mit Lichtgeschwindigkeit vorauseilend, nicht etwa als tragend gedacht wird. Das ist freilich die Gefahr einer selber sich nur formalistisch verstehen wollenden Energetik, wohlverstanden als einer nur sich und sonst nichts bewegenden Bewegung, womit auch noch das Energetische abstrakt gefaßt wird, was der spätbürgerlichen Ideologie zuletzt noch gut entspräche, sich vom Materialismus abzulösen. »Die energetische Physik«, sagt deshalb Lenin, »ist die Quelle neuer idealistischer Versuche, die Bewegung ohne Materie zu denken, – veranlaßt durch die Zerlegung von bis dahin unzerlegbar gehaltenen Partikeln der Materie und durch die Entdeckung von bis dahin unbekannten Formen der materiellen Bewegung« (Materialismus und Empiriokritizismus, 1927, S. 276). Die »Tätigkeit an sich« wurde transzendental-idealistisch begrüßt bei Hermann Cohen, metaphysisch-voluntaristisch bei E. v. Hartmann; einen besonders banalen Empfang gab ihr Ostwald, um die Jahrhundertwende, mit seiner »konfusen Energetik« (Lenin). »Die Elektrizität«, so resümiert Lenin diesen Nebeneffekt, »wird zum Gehilfen des Idealismus proklamiert, denn sie hat die alte Theorie von der Struktur der Materie zerstört, neue Formen der materiellen Bewegung entdeckt, die den alten so unähnlich ... und ›wundersam‹ sind, daß sich eine Möglichkeit ergibt, eine Interpretation der Natur als einer *immateriellen* (also geistigen, gedanklichen, psychischen) Bewegung einzuschmuggeln« (l. c., S. 286). Der actus purus, der bei Aristoteles und in der Scholastik nur dem lieben Gott zukam, hier ist er aufs Atom gekommen (und nicht einmal mehr auf soviel). Russell interpretiert Heisenbergs und anderer Atomphysik nicht unrichtig, wenn er sagt: »Nach dieser Auffassung besteht die Materie ... lediglich aus Gesetzen über Vorgänge im ›leeren‹ Raum«; und er stimmt ihr zu, indem er zusammenfaßt: »Elektronen und Protonen sind ... nicht der Stoff der physischen Welt; sie sind verwickelte logische Strukturen, die aus Ereignissen ... zusammengesetzt sind« (Russell, Philosophie der Materie, 1929, S. 406). Undurchdringlichkeit und Unzerstörbarkeit haben nur noch formale Geltung, ja sie sind eine Tautologie ex definitione: »Materie an einem Ort ist die Gesamtheit der an diesem Ort befindlichen Ereignisse; folglich kann sich dort kein anderes Ereignis oder Stück Materie befinden ... Man könnte mit dem selben Recht behaupten, daß London undurchdringlich ist, weil niemand außer seinen Einwohnern in dieser Stadt leben kann.« Hat ein anderer Engländer gesagt, Schmutz sei Materie an Stellen, wo sie nicht hingehört, so ist nach Russell Materie, wie ersichtlich, eine Art logisch-energetischer Schaum an Stellen, wo er durchaus hingehört. Materie selbst aber geht völlig in Formeln auf, sie wird eine bloße mathematische Invariante. Eddington drückt derart die Unzerstörbarkeit nicht nur mathematisch aus, sondern er identifiziert sie mit einer mathematischen Größe, mit einem bestimmten Tensor, das heißt einem Begriff aus der Vektoranalysis, durch den Spannungen in einem festen Körper durch 9 Zahlenangaben festgelegt sind. Er identifiziert sie mit einer Größe, die die Eigenschaft hat, erhalten zu bleiben, das heißt, wenn der Tensorbetrag innerhalb eines begrenzten Gebiets sich ändert, so muß ein Zu- oder Abfluß über die Grenzen des Gebiets stattgefunden haben. Eddingtons Materie hat derart nur dieses mit ihr »identische« Gesicht: $G_\mu^{\ \nu} - \frac{1}{2} g_\mu^{\ \nu} G$; – ein letzter »Sachinhalt des Materialismus«, wie Russell sagt (l. c., S. 140). Welch ein Hiatus zwischen dieser Identifikationsformel der Materie und etwa der Aristotelischen Inhaltsbestimmung: Materie sei, als Mutterschoß aller Gestalten, das δυνάμει ὄν, das objektiv-reale In-Möglichkeit-Sein und sein Substrat. Kein Wort selbstverständlich über Eddingtons Definition, sofern sie eine Zahlbestimmung, auch eine innere Angelegenheit mathematischer Naturwissenschaft darstellt. Doch eben, sie will die Natur für uns erschöpfen; Eddington nennt diesen Materie-Zahlbegriff, verständlicherweise, ein rechnerisches »Symbol«, indes die Welt besteht dem Neu-Berkeleyaner aus lauter solchem »Gedankenstoff«. Und: spiritualistische Deutungen dieser immateriellen Materie bleiben nicht aus, womit man bei der letzten Phase angelangt wäre, dem Etwas auszuweichen: beim *Spiritualismus des Feldes*. Die aus Massenpunkten aufgebaute Welt der klassischen Physik, diese große Maschine ist damit ganz abgebrochen, an ihrer Stelle erscheint das formale Verhalten eines formalen und sonst unbekannten, wo nicht inexistenten Inhalts; das »wahrhaft Existierende« ist bei Heisenberg, Eddington, fast auch bei Schrödinger, das »zugrunde liegende Mathematische«. Selbst wo reale Außenwelt gesetzt wird, wie bei Planck, ist das Existierende doch eben das Meßbare; der extra-symbolic der Setzung des Inhalts schließt sich auch hier keine extra-symbolic seiner Bestimmung an. Es überrascht nicht, bei minderen Geistern, gar bei Spiritualisten aus theologisch-philosophischer

Tradition noch viel erstaunlichere Umwege ums Etwas zu finden. Dazu dient, bei A. Wenzl etwa, sowohl die Quanten- wie die Relativitätstheorie, erstere wegen ihrer sonderbaren Wellenlehre, letztere wegen ihres Raum-Zeit-Kontinuums. Beide Male aber wird Metaphysierung dazu benutzt, um gerade dialektisch-materialistischen Konsequenzen auszuweichen: »Die sogenannte Doppelnatur«, sagt Wenzl, »besteht ... nicht darin, daß Licht und Materieteilchen gleichzeitig Korpuskeln und Wellen sind, das widerspräche dem Satz vom Widerspruch, der auch für den Physiker letzte Instanz ist (!)«. Statt dessen erneuert Wenzl für diesen Tatbestand, in freilich unbrauchbarer Weise, das alte scholastische Begriffspaar potentia – actus und zwar im Sinne eines Nacheinander: das Wellenfeld ist ein »Potenzfeld«, das Korpuskel ist seine »Aktualisierung« oder »energetische Inkarnation«. Bedeutend spiritualistischer geht es bei der Deutung des relativitätstheoretischen Kontinuums und des Gravitationsfeldes her: hier wird ein Mathematicum gar »physiognomisch« gedeutet. »Mit dieser materiellen Welt kann man nicht mehr die Vorstellung von etwas Totem verbinden, sie ist ... viel eher eine Welt von Elementargeistern, die in ihren Beziehungen und Ganzheitsbildungen an gewisse Regeln des Geisterreiches gebunden sind, die mathematisch faßbar sind, oder, anders gewendet, eine Welt von niedrigen Geistern, deren wechselseitige Beziehungen sich in mathematischer Form ausdrücken lassen« (Wenzl, Metaphysik der Physik von heute, S. 24 ff.). Überhaupt also kann sich denn die gesamte neuere Physik mit ihrem immer arrivierteren ἀριθμητίζειν τοῦ ἀριθμητίζειν trotz Suchens nach einer umfassenden Weltformel vor veritablem Akosmismus nicht schützen, bestenfalls mit einem Weltgeist, der nur mit sich selber rechnet. Trotzdem aber, zum Schluß, war das *materiell Reale*, das dynamisch »zerstrahlt«, das Körperbewegungen durchs Feld überträgt, doch nicht ganz auszuschalten. Derart greift Weyl, ungeachtet seiner reinen Feldtheorie, zuletzt zu einer »Agenstheorie der Materie«; denn aus der Quantentheorie gewinnt er »immer mehr den Eindruck, daß es aussichtslos ist, die da sich enthüllenden, weitgehend von der ganzen Zahl beherrschten Tatsachen von der reinen Feldtheorie aus zu verstehen. Und die Erfahrung spricht mit großer Deutlichkeit für eine andere Form der Kausalität, als sie in den Rahmen der Feldtheorie paßt, nämlich dafür, daß das Feld sich selbst überlassen in einem homogenen Ruhezustand verharrt und nur durch ein Anderes, die Materie, den ›Geist der Unruh‹, erregt wird«. So erkennt Weyl an: »den tatsächlichen Betrieb der physikalischen Forschung beherrscht nach wie vor der *Dualismus zwischen Materie und Feld*. Ihre Verbindung ist dynamisch: die Materie *erregt* das Feld, das Feld *wirkt* auf die Materie« (l. c., S. 132). Die Materie ist hier also »das felderregende Agens; das Feld, weit davon entfernt, bloße aktive Umgebung ohne materiellen Kern zu sein, ist »ein extensives Medium, das vermöge seiner in den Feldgesetzen zum Ausdruck kommenden Struktur die Wirkung von Körper zu Körper überträgt« (l. c., S. 133). Die »Energieknoten« (Elektronen) in diesem Feld bleiben dauernd erhalten, das Feld ist und bleibt »körnig«. Weyl genügt es derart nicht, das Elektron zu einem bloßen »ideellen, aus dem Feldverlauf konstruierten Energiemittelpunkt« zu machen; vielmehr: das Partikel bleibt, das materielle Etwas und sein Feld sind zugleich wirklich, Dialektik besteht zwischen dem unscharfen »Körnchen« und dem Feldäther. »Es ist«, sagt derart Weyl an anderer Stelle, »es ist die Aufgabe der Feldtheorie zu erklären, warum das Feld eine derart körnige Struktur besitzt, und jene Energieknoten sich im Hin- und Herströmen von Energie und Impuls dauernd erhalten (wenn auch natürlich nicht unveränderlich, so doch mit einem außerordentlich hohen Grad von Genauigkeit), darin besteht das *Problem der Materie*« (Weyl, Raum, Zeit, Materie, 1918, S. 162). Gewiß, der »materielle Punkt« ist verschwunden, »die bisherige zentrale Bedeutung dieses Begriffs muß grundsätzlich geopfert werden« (Planck); das an seiner Stelle physikalisch Existierende sind Wirkungsquanten. Aber damit ist Materie nicht verschwunden, nur eine neue Bewegungsform der Materie ist entdeckt, eine andere als die mechanistische früherer Etappen. Eine Bewegung als Prozeß, bis zum Elementarteilchen herab, bis zum »Wellikel« und seinem beständig fließenden Wechselbezug zwischen Korpuskel- und Feldmaterie. Energetik nicht als Auflösung der Materie, sondern als ein neues Panta rhei, als ihre sich immer wieder umgestaltende Daseinsweise auch außerhalb der menschlichen Geschichte, auch in den bisher so unveränderlich erschienenen Atomelementen der Natur.

Fazit 3: Relativismus und dialektische Materie

Man versteht die Umwege, die der bürgerliche Forscher hier nehmen muß. Sie entstehen aus dem Unwillen, dialektisch zu denken, wie aus der dadurch so bequemen Unwissenheit. Allzu lang auch waren die philosophischen und physikalischen Begriffsbildungen voneinander getrennt. Gar positivistisch erschien Widerspruch ja keineswegs als Zeichen des Wahren, ganz im Gegenteil. Trotz der mannigfachen Übergänge, welche *relativistische* Begriffe, welche vor allem die in der Sache selbst erscheinenden »Widersprüche« nahelegen. Dabei wäre mindestens der Relativismus geeignet, in das starre Denken eine Bresche zu schlagen; trotz seiner agnostischen, seiner erzidealistischen Form. Gewiß, in dieser hat er das Machsche bloße Annahme-Wesen sogar bestärkt, er gab der Mathematisierung einen flachen Hintergrund. Doch das ist nur die eine Funktion dieser Art Erkenntnistheorie, ihre andere ist, wie Lenin richtig ausführt, der Tribut des Lasters an die Tugend, der Relativität an die Dialektik. Wie es »bei Kenntnis der Dialektik« mit dem Relativismus sich verhalte, darüber äußert sich Lenin folgendermaßen: »Die materialistische Dialektik von Marx und Engels schließt unbedingt den Relativismus ein, ... im Sinne der geschichtlichen Bedingtheit der Grenzen der Annäherung unserer Kenntnisse an die Wahrheit« (Materialismus und Empiriokritizismus, 1927, S. 125). Das Gleiche aber gilt auch im Sinn der allemal flüssigen Sach-Wahrheit selber: es gibt nicht nur Relativität der geschichtlichen Erkenntnis, sondern ebenso Erkenntnis der naturdialektischen Relativität. Soll dieser Fortgang vom Relativismus zum Verständnis der Dialektik geschehen, dann muß freilich das subjektiv-idealistische Wesen (diese falsche Bescheidenheit der Theorie) verlassen werden und nicht minder die Annahme eines Fixum, eines Absolutum der physikalischen Wahrheit. Letztere Annahme scheint in der neuen Physik, als einer *dynamischen,* ohnehin eliminiert; sodaß hier wenigstens dem Übergang zur Dialektik nichts im Wege stehen dürfte. Aber die Physik vollzieht ihn nicht oder nur äußerst fragwürdig oder äußerst verklausuliert; trotz der doppelt günstigen Prämissen, des Relativismus hier, der Dynamik-Energetik dort. Zum Teil möglich ist hier freilich auch, wie angegeben, daß die Schwierigkeiten im *derzeitigen Objekt selber* liegen, sowohl indem die subatomaren Agentien sich noch hart an der Grenze zu einem Fast-Nichts befinden, wie indem sie noch kein sich dialektisch so herausmachendes Objekt bilden wie Vorgänge in der organischen Welt, von der historischen ganz zu schweigen. Auch diese Schwierigkeit muß beachtet werden, rebus sic fluentibus; sie unterstützt die Lust bürgerlicher Idealisten, der materialistischen Dialektik auszuweichen. Sie unterstützt den leider immer noch vorhandenen Trieb der bürgerlichen Physik nach geschlossener »Einheitlichkeit« und »Vollkommenheit«, nach »Harmonie« im Sinn Keplers und sprungloser Kalkulierbarkeit im Sinn von Laplace. Bezeichnend, meint zwar Weyl, sei für die neuere Physik das überschwengliche Lob der Veränderlichkeit, das Galilei wider die kristallene Vollkommenheit der antiken Kugelwelt angestrebt habe. Aber stärker als die Beweglichkeit der bürgerlichen Gesellschaft wirkt deren immer noch halbstatisches Kalkulationsinteresse, auch in der Physik, das heißt das Interesse an einem geschlossenen System, das keine Widersprüche aufweist und aus möglichst wenigen einfachen, untereinander verbundenen Prinzipien sich entwickelt. Dagegen kommen die unstetigen Vorgänge der Quantentheorie, die Funktionalisierungen der Relativitätstheorie nicht so leicht auf, sie runden vielmehr aufs neue, die Physik gibt das »Ideal« nicht auf, Kontinuität zu werden. Ihr Geschehen wird Nicht-Geschichte, die Zeit ist völlig mathematisiert, wird lediglich eine Komponente im Raum-Zeit-Kontinuum, die »Richtung« verliert völlig den Sinn von »Tendenz« und abstrahiert sich zu einer Dimension des Kontinuums. So überrascht nicht, daß auch die Erfahrung, welche an Hand der modernen Physik uns zugeführt wird, der Dialektik noch kein einwandfreies Material liefert. Zwar ist wahr, genug und übergenug Vorgänge um uns drängen sich unglatt auf. Aber nicht nur desto freudiger, sondern – aus angegebenen Gründen – desto vorsichtiger müssen sie dialektisch erfaßt und erläutert werden. Widersprüche zwischen Begriffen, zwischen bloßen physikalischen Hilfsbegriffen sind noch nicht, ohne weiteres, Widersprüche in der Sache. Lehrreich ist hier, an die nur reflexiven Unstimmigkeiten zu erinnern, wozu der alte Ätherbegriff Anlaß gegeben hatte. Es waren Unstimmigkeiten (Widersprüche) nicht im Äther selber, sondern zwischen dem Ätherbegriff, wie ihn die Physiker, und dem völlig konträren, wie die Astronomen ihn brauchten. Wie oben (im Abschnitt: Sieg der Elektrodynamik, S. 317 ff.) festgestellt wurde, mußte der physikalische Äther so dicht sein wie Stahl (um Wellen von Lichtgeschwindigkeit fortpflanzen zu können); der astronomische Ätherbegriff dagegen verlangte das feinste Medium (sonst könnten die Himmelskörper nicht ohne Reibung rotieren). Niemand hat verlangt, daß zwischen solchen Widersprüchen jeweiliger Zurechtlegung irgendein dialektisches Vermittlungsverhältnis statthaben soll. Viel weniger methodische, viel sachlicher anmutende Widersprüche sind uns nachher im Verhältnis Welle–Photon, Welle–Elektronpartikel begegnet; Eddington schlichtete vergebens mit dem bloßen Wortverband »Wellikel«. Zweifellos bezeichnet dieses Wort eine sachliche Verlegenheit (die in der sprachlichen sich spiegelt): aber überbringt der Kentauros Wellikel bereits Kunde von *objektiver* Dialektik, unzweideutige Kunde? Kaum; denn sein Erzeuger ist ein Idealist, und der physikalische Idealismus erlaubt seit Mach, Duhem, Poincaré nicht nur ein, sondern zwei, ja gegebenenfalls noch mehr »Modelle« zur Erklärung eines Tatbestands. Zur Erklärung verschiedener Seiten desselben Tatbestands, selbst auf die Gefahr hin, daß die Modelle sich widersprechen. Daher eben ist – trotz aller Übergänge – Vorsicht am Platz, wo immer Ergebnisse der derzeitigen Physik zur dialektischen Verwertung herangezogen werden. Ein Übergang besteht zweifellos, denn aus der Dialektik fällt nichts im Prozeß qua Prozeß heraus, also auch nicht der der Natur. Doch Hauptvorsicht eben, bei dialektischem Gebrauch, steht gar angesichts des modernen physikalischen Zeitbegriffs ins Haus, als eines ganz prozeßfremd gewordenen. Denn wie ist Dialektik überhaupt möglich, wenn – statt der historischen Zeit, statt des eigenständigen, mit dem Zugleich-Raum unverwechselbaren »Felds« des historischen Geschehens – Zeit nur als eine Komponente des Raum-Zeit-Kontinuums gesetzt wird? Worin Vergehen in Vergangenheit, vorab Heraufkommen von Zukunft überhaupt nicht den historischen Variationstopos für Dialektik zur Verfügung haben. Echte, materialistische Dialektik wird nicht in adjecto oder gar mit vorgeschriebenem lip-service aufgetragen, sondern ist wesenhaft Bewegungsform der Sache selbst, der allemal prozessierenden Materie. Nur unter dieser Reserve also kann aus der bis jetzt verwalteten Relativität und Dynamik Naturdialektik weiter ausgeführt werden. Ist diese Reserve bewußt, dann freilich liefert die physikalische Forschung – cum grano salis – dialektisches Beobachtungsmaterial, von dem Hegelianer kaum zu träumen wagten. Es ist ein ganz anderes Material, als es Engels in seiner Naturdialektik zur Verfügung stand; ein durchaus nicht mehr mechanisches. Natura facit saltus – die Quantentheorie sagt es jetzt selbst; das ist Physik des immerhin fortgeschrittensten Bewußtseins. Hört man Weyls philosophierende Beleuchtungen des derzeitigen Theorien-Bestandes, so steht Dialektik tatsächlich vor der Tür. Das heißt: in den – gegebenenfalls ephemeren – Hilfsbegriffen gegenwärtiger Physik und ihren »Widersprüchen« meldet sich ein Widerspruch ohne Anführungszeichen, einer in der Sache. Er steht vor der Tür und ist infolgedessen noch undeutlich, doch er steht im Haus oder vor ihm, und das Tohuwabohu der Hilfsbegriffe kann nicht umhin, auf den zwiespältigen Gast sich vorzubereiten und dialektisch sich zu sammeln. Weyl – nicht eigentlich ein Positivist, sondern er steht mehr Husserl nahe, der Begriffs-Phänomenologie (mit ausgelassener Existenz) – Weyl zeichnet in die »formale Verfassung« seiner Gegenstände immerhin einen Abglanz von Prozessen ein. Sogar in die »reine Feldtheorie«: da sind die Atome und Elektronen »keine letzten unveränderlichen Elemente, an welchen die Naturkräfte nur von außen anpacken, sie hin- und herschiebend; sondern sie selbst sind ... in ihren feinsten Teilen feinen fließenden Veränderungen unterworfen« (Weyl, Raum, Zeit, Materie, S. 162). Die strenge Grenze zwischen der diffusen Feldenergie und derjenigen der Elektronen und Atome ist aufgehoben; es besteht Wechselwirkung zwischen Elektron und

Feld. Ebenso ist das Alternieren zwischen Welle und Partikel (falls diese beiden Begriffe bleiben sollten) dialektisch durchaus kein Rätsel, wie im starren Denken der bürgerlichen Physik, sondern ein Teil der Lösung. Welle und Partikel erscheinen dann nicht als starre Gegensätze, sondern als Wechselmomente, die einander bedingen, ineinander umschlagen. Oder wie Rudas das formuliert: »Die Grenzen des Elektrons ›zerfließen‹, weil es ein Prozeß ist, der mit anderen verwickelten Prozessen in enger Wechselwirkung steht. An Stelle der mechanischen Erklärung treten dialektisch-dynamische Gesetze vom Umschlagen einer Art Bewegung in andere Arten der Bewegung« (Unter dem Banner des Marxismus, 1929, S. 541). Die Partikel sind bei Schrödinger eine Wellengruppe, ein Wellenpaket, und eben dasselbe sind die größeren Körper der klassischen Mechanik, diese halten ihre Wellengruppe wegen der größeren Masse bei der Fortbewegung nur besser zusammen; vielleicht sogar schlägt diese größere Quantität zu einer neuen Qualität um, eben zu der des mesokosmischen Körpers. Sodaß also Wirkungsquantum und Ungenauigkeitsrelation makrophysisch nicht nur wegen ihrer Kleinheit vernachlässigt werden können, sondern real verschwinden; das Wirkungsquantum $h = 6{,}625 \cdot 10^{-27}\ erg\ s$ wird dann nicht nur im Großen, Ganzen, sondern haargenau zu $h = 0$. Die Dialektik hört damit aber nicht auf, sie geht nur zur spezifischen Dialektik auch der klassischen Mechanik über; wie sie bei Hegel und – materialistisch – in Engels' Arbeit »Dialektik der Natur« versucht worden ist. Bis die Materie zu immer entwickelteren Bewegungsformen aufsteigt, zu organischen, ökonomisch-historischen, mit immer qualifizierteren »starting points« einsetzend (Atom, Zelle, homo oeconomicus, homo liber bis hin zum Marx-Chiasmus: Naturalisierung des Menschen – Humanisierung der Natur), und ihre Dialektik eine des Grunds wird, der sich herausmacht, zum Menschen wird.

Fazit 4: Materie der Physik und philosophische

Zweifellos unterbricht das neueste Denken des Stoffs alles bisherige. Es ist von anderer Art, auch deshalb weil die Physiker in keiner philosophischen Überlieferung mehr stehen. Simmel sagte einmal, er verhalte sich zu den neuen physikalischen Ereignissen wie zu Dienstboten, sie seien ihm gleichgültig, aber sie regten ihn auf. Eben diese Reaktion drückt hier, auch bei weggelassenem Vergleich mit Dienstboten, eine gewisse verlegene Verhältnislosigkeit vieler moderner Philosophiebeflissener zu dem aus, was man physikalischen Umsturz nennt. Das hat unter Umständen sogar seinen vertretbaren Grund, sofern man gegen den Formalismus ins Feld führen kann, Begriffe ohne Anschauung seien leer. Sagt doch auch Hermann Weyl von den physikalischen Gesetzen, sc. als den überwiegend formalisierten: »Über das Wesenhafte dieser Wirklichkeit machen sie nichts aus, der Grund der Wirklichkeit wird in ihnen nicht erfaßt« (Raum, Zeit, Materie, S. 227). Der Formalismus einerseits, die riesige Arbeitsteilung der Wissenschaften mit Verlust interdisziplinären Bewußtseins andererseits haben den »Grund der Wirklichkeit« zu einem Schattenbereich werden lassen, worin selbst ein hier und dort physikalisch ausgedrückter Inhalt den philosophisch befragten kaum mehr erkennt. Zwischen der Materie als Energie-Impuls-Tensor und der Materie des mechanischen Materialismus, gar Kants, gar Hegels besteht keine diplomatische Beziehung. Diese Beziehung kann aber interdisziplinär nicht reich genug sein, ja die Frage könnte aufgeworfen werden, ob den verschiedenen Naturwissenschaften (besser: Naturkategorien und Natursphären) der einzelnen Gesellschaften nicht jenseits der Ideologie doch auch ein objektives Korrelat entspräche. Ein Korrelat in verschiedenen »Sektoren« der Gesamtnatur, zuweilen sogar der animistischen Gesellschaft zugänglich, dann der orientalisch-magischen, der antikstatuarischen, der feudal hierarchischen und ihrer »Natur«. Zuletzt erschien die kapitalistisch-mechanische Natur und allerletzt eben die Welt als Relativismus und Labilität als möglicher Objektzustand. Wie immer es sich mit diesem schwierigen Problem verhalte: der »Sektor«, worauf die neueste Physik sich beziehen mag, diese »neueste Schwankungswelt und ihre Krypto-Dialektik«, hat noch keine Gesellschaft hinter sich, außer der zusammenbrechenden alten. Es fehlt ihm auch deshalb der Zusammenhang mit der philosophischen Tradition des *künftigen*, dialektischen Naturbegriffs; es fehlt ihm erst recht die Möglichkeit der *Totalität* eines wahrhaft *konkreten* Naturbegriffs. Obwohl das alles im künftigen »Sektor« Platz haben mag, weil Dialektik der Natur keinen bloßen Sektor mehr bezeichnet und die Materie dieser Dialektik keine mechanische bleibt. Das Elektron als »Zuckung« eines Ätherfelds, die unaufhörliche »Systole und Diastole« eines Feldfluidums – alle diese Bilder umschreiben vielleicht ein Verhalten der physischen Materie, das noch nicht in konkreten Gesichtskreis getreten ist. Hier ist noch nicht die Materie, welche dem gegebenenfalls Positiven ihrer bisherigen philosophischen Umkreisungen gerecht wird. Am wenigsten wird sie der bedeutungsvollsten dieser Umkreisungen gerecht: dem bis heute noch nicht abgegoltenen Begriff der »objektiven Möglichkeit«. Die nur physikalisch separierte Materie ist eine berechnete, eine rein außermenschliche, eine vom unteren und oberen Saum der Wirklichkeit, eine am Saum gehaltene. Es fehlt die aktive Gegenerleuchtung durch die andere, die weitaus konkretere Materie des historischen Materialismus; es fehlt das blühende Stück unseres Mesokosmos (der bezeichnenderweise nur als grober Durchschnittsfall der »klassischen Mechanik« erscheint). Es fehlt in der »anfangenden Materie« selber, als dem Atom, der Begriff einer Keimlage zu den Weiterungen unserer Welt; es fehlt in den riesigen Umschließungen der astronomischen Komplexe das Problem des Aufhörens unserer Welt in der makrokosmischen, das Problem des möglichen Ding-für-uns auch »am Himmel«. An dem ehemals, mythologisch, so stark belasteten; er ist aber, durch die entdeckte »Leere« oder »Unmenschlichkeit«, nicht weniger unheimlich geworden. Selbst noch und gerade eine dialektisch geklärte Materie der Physik wird nicht umhin können, sich mikrokosmisch mit den Tendenzbezügen, makrokosmisch mit den Latenzbezügen der *historischen Materie* zu vermitteln. Dann, wenn »Natur« nicht mehr nur als technisch auszubeutende Umwelt in der Geschichte erscheint, sondern – objektiv – als atomares Alpha wie noch ausstehendes, sozusagen apokalyptisches Omega unserer allemal materiellen Geschichte.

EXKURS ÜBER ENGELS' VERSUCH
»DIALEKTIK DER NATUR«

> Der Unsinn, welchen Hegel in seiner Naturphilosophie auftischt, ist so haarsträubend, daß er einen Schrei allgemeiner Empörung unter den Naturforschern hervorgerufen haben würde, wenn sich überhaupt noch irgendeiner derselben um die Verrücktheiten dieser philosophischen Karikaturen bekümmert hätte. *Schleiden, 1863*

Hier nimmt ein Kopf die Dinge nicht so, wie sie ihm unparteilich vorkommen. Engels verlangt Bruch mit dem ruhigen gesunden Menschenverstand des Bürgertums und seinen Weiterungen. Hegel war darin sein Lehrer, so fordert er statt des festen, unflüssigen Denkens ein dialektisches, wie in der Geschichte so in der Natur. Engels betont überraschend stark die Bedeutung einer philosophischen »Vernunft«, die sich von den arbeitsteiligen und betriebshaften Daten des empirischen »Verstands« nicht abhandeln läßt. Dieser echte Materialist nimmt das analytisch-induktive Denken auf, aber zeigt geradezu Verachtung für bürgerliche Empirie, wo sie sich philosophisch, gar anti-philosophisch macht. Die Materialien von Engels' »Dialektik der Natur« sind teilweise veraltet, waren auch damals nicht ganz auf der Höhe des naturwissenschaftlichen Standes, trotzdem ist sein umfassender, gleichsam interdisziplinärer Gesichtspunkt höchst modern und fruchtbar. Engels hält in neuer und konkreter Weise den Anspruch der Hegelschen »Vernunft« gegen den common sense der gemeinen, abstrakten, verdinglichten Welt, zustimmend zitiert er aus Hegels' Enzyklopädie: »Bei der Erfahrung kommt es darauf an, mit welchem Sinn man an die Wirklichkeit geht. Ein großer Sinn macht große Erfahrungen und erblickt in dem bunten Spiel der Erscheinungen das, worauf es ankommt.« Das bloße fixierte Beharren bei Tatsachen dagegen und ihren bloß kausalhaft, also äußerlich erfaßten Gesetzen erscheint Engels als Zeichen des kleinen Sinnes, des »wissenschaftlichen Kleinhandels und Hausgebrauchs«; empirisch-kausale Erkenntnis und dialektisch-konkrete »verhalten sich wie niedere und höhere Mathematik«. Ja, Engels'

philosophischen Sinn will so tüchtig unterwegs sein, daß er
selbst bei den verrufensten »Naturphantasten«, so bei Oken
und seiner entwicklungsgeschichtlichen Vision, einen rationellen Kern findet, der noch nicht ausgeblüht hat. Er dreht sogar,
was Phantasterei angeht, den Spieß um und bemerkt, mit Blick
auf die Moleschotts, Vogts, Du Bois-Reymonds seiner Zeit,
man werde sich schwerlich irren, wenn man die äußersten
Grade von Phantasterei, Leichtgläubigkeit und Aberglauben
nicht etwa bei derjenigen naturwissenschaftlichen Richtung
suche, die, wie die deutsche Naturphilosophie, die objektive
Welt in den Rahmen ihres subjektiven Denkens einzuzwingen
suchte, sondern vielmehr bei der entgegengesetzten Richtung,
die, auf die bloße Erfahrung pochend, das Denken mit souveräner Verachtung behandele und es wirklich in der Gedankenlosigkeit auch am weitesten gebracht habe. Das Beharren auf
starrer Empirie nennt Engels, mit nun völlig umgedrehtem
Spieß, gar noch »metaphysisch«. Freilich ist der Sinn, der hier
dem »Metaphysischen« unterlegt wird, höchst überraschend
und ganz ungewohnt; während Engels das Wort »mystisch«
gern allzu populär gebraucht, nämlich als vernebelten Blödsinn
schlechthin, tauft er das Wort »Metaphysik« reichlich paradox
um. Metaphysisch ist ihm nicht so sehr »Okkultes, Theosophisches und Verwandtes« als vielmehr jedes Verdinglichte, Statische, auch schon die hard and fast line der niedrigen Mathematik zum Unterschied von den variablen Größen der höheren,
kurz: Metaphysik soll hier der Gegensatz zur Dialektik sein.
Das allerdings hat insofern einen leichten Vorangang bei Hegel
selber, als dieser das statische Denken wenigstens mit der »vormaligen« Metaphysik, der des siebzehnten und achtzehnten
Jahrhunderts, gleichsetzte (Enzyklopädie § 27). Für Hegel jedoch ist dies bloße, hart abtrennende »Verstandesdenken«, zum
Unterschied vom dialektisch schwingenden der »Vernunft«,
trotz seines populär überall gängigen Vorkommens, selbstredend nicht die Metaphysik schlechthin und diese als Wort und
Begriff gerade auch durch Dialektik nicht abgetan. Sonst würde
die Vorrede zu Hegels Logik nicht »das sonderbare Schauspiel«
beklagen, »ein gebildetes Volk ohne Metaphysik zu sehen«.
Folglich will der Dialektiker gerade sie in seiner »logischen

Wissenschaft« betreiben, »welche die eigentliche Metaphysik oder rein spekulative Philosophie ausmacht.« Doch dem sei, wie ihm sein wolle: bei Engels jedenfalls wird, infolge der völligen terminologischen Umtaufe, nun der empiristische Lamettrie ein Metaphysiker, der theosophische Böhme, der spekulative Hegel dagegen sind keine. Bei aller Umstülpung plus Verengerung eines überlieferten Begriffs hat diese Retourkutsche doch zweifellos ihr Gutes. Betont werden so bei Engels gerade wahrhaft große, wirkliche Metaphysiker, indem sie als solche gerade wirkliche Dialektiker waren, gegenüber dem verdinglichten, empiristischen, gar positivistischen »Verstandesdenken«. Genau dieses steht nun als abstrakt und so die wirkliche Erfahrung vergewaltigend da, während das dialektische Denken mit ihr geht, das heißt mit der Selbstbewegung ihres Inhalts. So mitschwingend will der Versuch bei Engels anheben, geht weit zu alten Denkern hinter die Verdinglichung zurück. Die Ludwig Büchner, Moleschott, Vogt seiner Zeit nennt er von daher »Karrikaturen«, »ein Losplatzen der platt materialistischen Popularisation, deren Materialismus den Mangel an Wissenschaft ersetzen sollte« (MEW 20, S. 472). Das und noch Stärkeres ist die Polemik des dialektischen Materialisten gegen die veralteten und verplatteten Affen des längst abgelaufenen, bloß mechanischen Materialismus, auf den sie immer wieder mit ihren Füßen fallen, wenn sie ihn auf die Füße stellen wollen. Ihre Plattheit diskreditiert dadurch das wirkliche Anliegen des Materialismus, nämlich »die Erklärung der Welt durch sich selbst«, aber als »historisch reich bewegter«, zu immer »qualifizierteren Organisationsformen« aufsteigender. Dergleichen ist – wiederum nach einem Hegelschen Ausdruck, jetzt mit neuer Anwendung – nur in einer Nacht, wo alle Katzen grau sind, auf rein mechanisch-physische Stofflichkeit nivellierbar und auch dazu verarmt. Ja, Engels geht – unbeschadet der durchgängigen Materialität der Welt – noch weiter, gerade gegen eine scheinbar materialistische, in Wahrheit begriffsrealistische Gleichmacherei geht er weiter. Denn es gibt bei Engels, wie schon oben (vgl. Kap. 18) gesagt, »Materie überhaupt« überhaupt nicht, es gibt diese so wenig wie es, statt Birnen, Pflaumen, Äpfel und so fort, »Obst überhaupt« gibt oder statt Quecksilber, Eisen, Gold und so fort »Metall überhaupt«. Sie ist vielmehr eben allemal, mit immer frisch einsetzenden »starting points«, »materiellen Bewegungsarten« (die bisher letzte ist der arbeitende Mensch), eine kontinuierliche Diskontinuität, eine dialektisch diskontinuierliche Kontinuität qualitativ verschiedener Materien, aufsteigend von mechanischen, chemischen, organischen zu ökonomisch-historischen. Das also ist der philosophische Tenor in Engels' auch mechanischem, doch nicht mechanisch bleibendem Naturbegriff, in seiner auch quantitativen, doch zu Qualitäten umschlagenden Naturdialektik. Kaum überraschend übrigens, auch von hier aus, daß der alte Engels mit dieser seiner Schrift lange ungedruckter Nachlaß blieb und erst in den zwanziger Jahren herausgegeben wurde (mit einem übrigens von Einstein verfaßten Vorwort). Nicht anders verspätet freilich als der junge Marx mit seinen anders unschematischen »Ökonomisch-philosophischen Manuskripten«; am »Ungereiften« beim frühen Marx, am »Rückfälligen« beim späten Engels liegt es also kaum, eher am »gedankenlosen Volgus à la Vogt«, wie Engels sagt, wenn Jugendschriften wie Alterswerke der marxistischen Klassiker so lange Zeit apokryph blieben, unnützlich zu lesen. Item, Engels' Naturdialektik hat die Bedeutung eines übermechanistischen Feldzugs um des Materialismus willen, eines Feldzugs gegen die bis heute nicht unbeliebte Gleichung: reelles Seifenwasser = Materie, ideelle Seifenblase = Bewußtsein. Waren damals selbst für Virchow Leben und Mechanik völlig eins, so für Engels nicht; wie groß war gar der Mut, Hegel in einer Zeit wichtig zu nehmen, die ihn nur noch als toten Hund behandelte, kein einziges seiner Probleme und Theoreme mehr begriff. Der Engelssche Versuch hat aber auch noch die Mechanik durch den seit Aristoteles größten Theoretiker der Entwicklung gelesen und den Demokrit erst recht.

Dieser Art wurde hier auch das einzelne des Plans entwickelt, vielmehr angedeutet. Sobald sich das Denken überhaupt auf Bewegtes richtet, trifft es Widersprüche leibhaft an. Der platte, fixe Begriff hat sie nicht, weil er unwirklich ist, aber sie sind schon dort, sagt Engels, wo Gerade und Krumm im Unendlichkleinen als gleich gesetzt werden. »Das dialektische Verhältnis« ist »schon in der Differentialrechnung, wo dx unendlich klein, aber doch wirksam und alles macht« (l. c., S. 528). Wie erst, sobald man die Dinge, in ihrer konkreten Bewegung, ihrer Veränderung, ihrem Leben, ihrer wechselseitigen Einwirkung aufeinander beachtet. Der »Anti-Dühring« lehrt die einfachste mechanische Ortsveränderung schon als Widerspruch; denn sie »kann sich nur dadurch vollziehen, daß ein Körper in einem und demselben Zeitmoment an einem Ort und zugleich an einem andern Ort ist«. Machte es die Differenzialrechnung »der Naturwissenschaft erst möglich, Prozesse, nicht nur Zustände mathematisch darzustellen« (l. c., S. 534), so ist die Grundform jeder Bewegung Entzweiung, nämlich »Attraktion und Repulsion«, wie »schon Kant die Materie aufgefaßt hat« (l. c., S. 356). Dies Wechselspiel von Anziehung und Abstoßung (hier verbindet sich bei Engels nicht nur Kant, sondern die Polaritätslehre der romantischen Naturphilosophie mit Physik, übrigens auf noch problematische Weise) – die Wechselwirkung also ist bereits Durchdringung der Gegensätze in der Mechanik. Aber ebenso ist nach Engels von der Bewegung ihr durchgängiger Gegensatz unabtrennbar, nämlich das Gleichgewicht, der Einstand in relativer Ruhe. »Die Möglichkeit temporärer Gleichgewichtszustände ist wesentliche Bedingung der Differenzierung der Materie und damit des Lebens« (l. c., S. 511 f.); am ausgewogensten erscheint der Wechsel zwischen Actio und Ruhe im organischen Haushalt. Aber all diese Durchdringung von Gegensätzen wäre noch keine dialektische, wäre in ihr nicht vor allem der *qualitative Umschlag* quantitativer Verhältnisse, von einem bestimmten Maß ab, wirksam. Der entscheidende Satz lautet hier: »Bewegung ist nicht bloß Ortsveränderung, sie ist auf den übermechanischen Gebieten auch Qualitätsänderung« (l. c., S. 517). Zeigt sich doch bereits innerhalb der Mechanik solcher Umschlag, nicht nur als der von Wasser zu Eis oder Dampf, sondern – viel qualitativer – als Übergang von Reibung in Wärme, in Licht, je nach Zahl und Form der Schwingungen. Engels geht dabei, stellenweise, sogar so weit, Wärme, Licht und dergleichen noch außerhalb ihrer mechanischen Bewegungsgrundlage als »qualitativ-real« zu setzen; denn das mechanische Äquivalent der Wärme enthalte außer der quantitativen »Einheit der Naturkräfte« auch den Nachweis »qualitativer Besonderung dieser Einheit«. Hier eben spezifiziert sich die Aporie, das schwierig Wegsame, ohne Dialektik sogar Unwegsame, vom Sein zum Bewußtsein, es meldet sich im Quantum-Qualitätssprung als besondere Aporie die Antinomie Newton – Goethe (Schwingung – Farbe) mit ungeheurer Ausdehnung auf die Natur und ihre Entwicklung. Auch deshalb ist die Natur noch kein Vorbei, sondern gibt uns auf sie Blickenden und vor allem sich selber zu raten auf. In ihrem noch so unerledigten Riesenfundus von Quantitäten, mit ungeahntem, noch nicht vereiteltem Umschlag in neue vollendende Qualitäten, über deren schon vorhandene Chiffren (Naturschönheit, Naturerhabenheit) weit hinaus. Engels, mit seinem letzthin zirkulär bleibenden Ganzheitsbegriff von Natur (als immerwährendem, immer wiederholtem Kreislauf von Dunstball – Weltentstehung – wiederkehrendem Dunstball) ist solchem apokalyptisch wirkenden Letzt-Umschlag selbstverständlich fern. Doch offensichtlich ist den starting points Licht und Leben (φῶς καὶ ζωή) mit bloßer Wiederkehr der alten Mechanik noch nicht ihre evolutionäre, gar dialektische Grenze gesetzt. Völlig zweifelsfrei aber und sozusagen naturwissenschaftlich geheuer wird nach Engels die Realität von Qualitäten und die Geburt ihrer aus veränderter Quantität in der Chemie. »Man kann die Chemie bezeichnen als die Wissenschaft von den qualitativen Veränderungen der Körper infolge veränderter quantitativer Zusammensetzung« (l. c., S. 351). Die chemischen Eigenschaften der Elemente sind eine periodische Funktion der Atomgewichte, das periodische System der Elemente gewinnt den Ort der Elemente geradezu aus diesen quantitativen Bestimmungen und läßt, genau nach der Hegelschen Umschlagslehre, die spezifische Qualität der Elemente an den »Knotenpunkten des reinen Maßverhältnisses« entspringen. Wie immer es sich – in der Physik – mit »Attraktion und Repulsion« verhalten möge: in der Chemie allerdings, genauer im Mendelejewschen periodischen System schien für Engels Hegel gesiegt zu haben, sie legte ihm so, streckenweise, einen dialektischen Zugang eigens nahe. Noch wichtiger, ja als eigentlicher Anti-Mechanismus erscheint das Umschlagsprinzip in der *Biologie*: Engels zeichnet sie nachdrücklich als »übermechanisches Gebiet« aus. Der starting point ist hier die

Zelle, ein eigenes Gebilde, dessen qualitativer Sprung nicht wieder zurückführbar und quantifizierbar sei, als wäre er ungeschehen. Bewegung eben ist nicht nur mechanische Bewegung, vielmehr: »dies ist aus dem ... 18. Jahrhundert überkommen und erschwert sehr die klare Auffassung der Vorgänge ... Aus dem gleichen Mißverständnis auch die Wut, alles auf mechanische Vorgänge zu reduzieren ..., wodurch der spezifische Charakter der andren Bewegungsformen verwischt wird. Womit nicht gesagt sein soll, daß nicht jede der höheren Bewegungsformen ... mit einer wirklich mechanischen Bewegung verknüpft sein mag ... Aber die Anwesenheit dieser Nebenformen erschöpft nicht das Wesen der jedesmaligen Hauptform. Wir werden sicher das Denken einmal experimentell auf molekulare und chemische Bewegungen im Gehirn ›reduzieren‹; ist aber damit das Wesen des Denkens erschöpft?« (l. c., S. 513). Mit solch erstaunlichen Worten bringt Engels also nicht nur die aufklärerische Kategorie des Nichts-als auf ihr Maß und ihre spezifische Haltepunkte, er entreißt auch organoides, wo nicht vitalistisches Denken, das einem eigen bleibenden Problem des Lebens immerhin gerecht zu werden versucht, dem Mißbrauch der Reaktion. Das Neue des organischen Daseins läßt sich nicht wegleugnen, der lebende Stoff, die beständige Selbsterneuerung der chemischen Bestandteile im Körper, gar sein Sichbewegenkönnen, ohne von außen gestoßen zu sein (ein auch heute bleibender biochemischer Rest). Atom, Molekül, Zelle, steigend ineinander »aufgehoben«, sind ebenso in ihrem Wesen irreduzible Einheiten; obwohl noch so mechanisch, schließlich chemisch vermittelt, sind sie doch neu entspringender Art, sind verwirklichte materielle Möglichkeiten, und zwar in ihren eigenen Folgen noch unabgeschlossene. So kräftig sind die dialektischen Knotenpunkte, an denen auch die alte Gesetzmäßigkeit in eine neue umschlägt, weg von der mechanischen. Engels wird sogar noch deutlicher: »Mechanismus aufs Leben angewandt ist eine hülflose Kategorie, wir können höchstens von Chemismus sprechen, wenn wir nicht allen Verstand der Namen aufgeben wollen« (l. c., S. 479). Ja, er zitiert, ohne Kommentar, doch offenbar mit Bedeutung, folgenden seltsamen Satz aus Hegels Geschichte der Philosophie: »Es ist besser, der Magnet habe eine

Seele, als er habe die Kraft, anzuziehen; Kraft ist eine Art von Eigenschaft, die, von der Materie trennbar, als ein Prädikat vorgestellt wird – Seele hingegen, dies Bewegen seiner, mit der Natur der Materie dasselbe« (l. c., S. 541). Sehr wichtig, eine *Tendenz* der Materie, also das Fundament des *dialektischen* Materialismus betreffend, ist dazu auch folgende, nicht gerade »die Natur und ihre Seelen«, doch die Natur und ihre sozusagen innere, Leibniz bemühende Stelle: »Der Witz aber der, daß der Mechanismus (auch der Materialismus des 18. Jahrhunderts) nicht aus der abstrakten Notwendigkeit und daher auch nicht aus der Zufälligkeit herauskommt. Daß die Materie das denkende Menschenhirn aus sich entwickelt, ist ihm ein purer Zufall, obwohl, wo es geschieht, von Schritt zu Schritt notwendig bedingt. In Wahrheit aber ist es die Natur der Materie, zur Entwicklung denkender Wesen fortzuschreiten, und dies geschieht daher auch notwendig immer, wo die Bedingungen (nicht notwendig überall und immer dieselben) dazu vorhanden« (l. c., S. 479). Kurz, ist »Bewegung die Existenzweise der Materie«, ist Dialektik der Natur »die Selbstbewegung der Materie und die Spaltung des Einheitlichen«: so ist »der Menschengeist, als höchste Blüte der organischen Materie«, zugleich »die höchste Bewegungsform der Materie« – nicht als eines dicken, toten Stoffs, sondern als des *immer entwickelteren Bewegungsinhalts*. Um nun wieder von Cassie zu beginnen, wie es bei Shakespeare im Othello heißt, hier also wieder mit dem Irritierenden zu beginnen: so ist bei Engels schon die ominöse Zelle irreduzibel, ist in ihrer Sphäre »das Hegelsche Ansichsein und geht in ihrer Entwicklung genau den Hegelschen Prozeß durch, bis sich schließlich die ›Idee‹, der jedesmalige vollendete Organismus daraus entwickelt« (Brief an Marx, 14. Juli 1858). Freilich spricht Engels nicht nur vom qualitativen Sprung in der quantitativen Reihe, sondern auch vom Umschlag der Qualität in Quantität; gemäß der beständigen dialektischen *Wechselwirkung*, gemäß dem reziproken Verhältnis der Kategorien. Aber die Quantität ist im Ganzen des Prozesses jedesmal ein untergeordnetes, ein aufgehobenes Moment; entwicklungsgeschichtlich setzt sich überwiegend, geradezu weltentscheidend die dialektische *Qualifizierung* durch. Darum: »wenn ich von der

Wärme weiter nichts zu sagen weiß, als daß sie eine gewisse Ortsveränderung der Moleküle ist, so schweige ich am besten still« (l. c., S. 517). Zusammengefaßt sagt Engels: »Die Bewegung der Materie aber, das ist *nicht bloß* die grobe mechanische Bewegung, ... das ist *Wärme und Licht,* elektrische und magnetische *Spannung,* chemisches *Zusammengehen* und *Auseinandergehen, Leben* und schließlich *Bewußtsein«* (l. c., S. 325). So lautet das naturphilosophische Testament von Engels, ein nicht allzu sehr ad notam genommenes. Indem es auch das Bewußtsein materiell nennt (nicht etwa einen grauen Dunst der Rindentätigkeit), sollte man denken, er hätte den Begriff Materie hinreichend erweitert, ohne sie jedoch zu verlassen.

Ein Anderes noch entsteht durch den Umschlag, wie es vorher so nicht da war. Davon wollte Engels gar keine Ausnahme gelten lassen, auch nicht in den untersten Spuren. Die damals als unveränderlich geltenden chemischen Elemente machten ihm zu schaffen; heute könnte er zufrieden sein. Hochbegrüßt wurde von Marx und Engels die Darwinsche natürliche Zuchtwahl, dieser bis dahin stärkste Vorstoß gegen die Unveränderlichkeit organischer Arten. Das trotz scharfsinniger Einsicht, daß Darwin allzu oft »das Tierreich als bürgerliche Gesellschaft« darstelle und gar noch Malthusschen Unsinn hineintrage. Das Panta rhei aber, durch Widersprüche, durch qualifizierende Umschlagspunkte hindurch, hat immer recht; es gibt die Welt nur als Strom der Welt. Nun aber betont Engels, trotz aller Übergänge dazwischen, auch Schichten eigener, großer Art im Strom: so eben mechanische, chemische, organische, ökonomisch-historische. Und das nicht trotz des dialektischen durchgängigen Flusses, sondern kraft seiner: der starting point eines *sehr großen, wesenhaft umqualifizierenden* Umschlags selber setzt das Andere, als *entschieden-Anderes* einer neuen Schicht. Diese also hat mit einer »Unveränderlichkeit der Arten«, auf höherer Ebene etwa, selbstredend gar nichts gemein; schon deshalb nicht, weil diese Schichten sich keineswegs unveränderlich und starr gegeneinander halten. Doch ist eine gewisse Diskontinuität hier unverkennbar, und zwar eine andere, obgleich verwandte, als die innerhalb der Schichten geschehende des dialektischen Flusses ohne neue starting points. Um das klar zu halten, ist es vielleicht besser, den Begriff der Schicht hier zu verstärken, ja zu ersetzen durch den freilich ominösen einer Sphäre. Denn Schichten im schwächeren Sinn, als die eines ebenfalls großen, jedoch das Gesamtgebiet nicht verlassenden Umschlags, gibt es auch innermechanisch, innerchemisch und so fort, auf wachsende Weise. Die menschliche Geschichte ist so besonders scharf gegliedert, nach Klassengesellschaften, mit charakteristisch verschiedenen dialektischen Gesetzen, je nach der Entwicklungshöhe der jeweiligen Produktion. Das jedoch macht nicht eine eigene Sphäre aus; die aufeinanderfolgenden Produktionsweisen und ihre Gesellschaften verlassen das »Soziale« nicht, während die Zelle das »Chemische« verläßt, unter sich bringt. Und Engels eben betont – vor allem gegen das stereotype Nivellement des alten, nur mechanischen Materialismus – starting-point-Sphären, bei allem durchgehenden dialektischen Weltzusammenhang, wegen seiner. »Wenn ich die Physik die Mechanik der Moleküle, die Chemie die Physik der Atome und dann weiterhin die Biologie die Chemie der Eiweiße nenne, so will ich damit den Übergang der einen dieser Wissenschaften, in die andre, also sowohl den Zusammenhang, die Kontinuität, wie den Unterschied, die Diskretion beider ausdrücken« (l. c., S. 516f.). Weit hat hier der Begriff Sphäre den ihm anhaftenden bloß ideologischen Reflex gesellschaftlicher Verhältnisse hinter sich gelassen. Gewiß, dieser Begriff reflektierte von Haus aus einesteils das arbeitsteilige Sein der bürgerlichen Gesellschaft und demgemäß Zerreißung des Weltbilds in »Disziplinen«, in immer schottendichter voneinander abgeschlossene. Andererseits reflektiert er in Resten ein verhältnismäßig ruhig gegliedertes vorkapitalistisches Sein, vorzugsweise das der feudalen Gestalt des ständischen Stufenbaus; worin die Ordnung Steinreich, Pflanzenreich, Tierreich, Menschenreich noch hierarchisch wirkte und diese Reiche wie Stände übereinandergeordnet waren. Engels aber – mehr vom überwiegenden Zeitpathos der Hegelschen Phänomenologie her als vom restaurierenden Raumpathos des Hegelschen Systems – entgiftet all diese ideologischen Reflexe, nimmt das sachlichste Erbe aus ihnen. Er bewegt den Begriff Sphäre aus der Statik in den materiellen Prozeß, betont die Sphären gleichsam als Garanten einer auch übermechanischen materiellen Dialektik. Und immer wieder ist zu pointieren: eben deshalb, weil es noch Geschichte gibt, keinen Stillstand, auch keine Identität im Sinn eines »Verweile doch, du bist so schön«, eben deshalb gibt es realiter auch Sphären, als solche des prozessualen Aufgebautseins, eines Nachhers, Nacheinanderseins. Das aber hat auch auf die systematische *Reihenfolge der Sphären* Einfluß, wohlverstanden als eines Sachproblems, nicht als eines Einordnungsproblems; so etwa, daß die Natursphäre selber nicht nur am Anfang steht, sondern auch am Ende der Weltgeschichte. Daß die anorganische Natur also nicht nur ein Vorbei ist, über dem sich dann, als einem völlig abgegoltenen, einzig die Menschenwelt und ihre Sphären erheben, wie bei Hegel, sondern die physische Natur uns weiter umgibt, in Sonne, Sternen uns sozusagen überwölbt und durchaus Neues enthalten kann, in ihrem Riesenfundus noch nicht umgeschlagener Quantitäten, in ihrer das All ausmachenden Menge anorganischer Materie, die einen möglichen Qualitätstag noch nicht gehabt hat. Engels hat am Schluß seiner Naturdialektik, auf ihrer letzten Seite (die freilich in der Natur am wenigsten geschrieben ist) zwei buchstäblich welthistorische Perspektiven, obzwar auf merkwürdige Art, zusammengepackt. Er wird selber mechanistisch, überraschenderweise, in der einen Perspektive, worin nichts erscheint als der bekannte »ewige Kreislauf, in dem die Materie sich bewegt«, mit Dunstball, und immer wieder, ad infinitum, dahin zurück. Mitten in der Versicherung, »daß die Materie in all ihren Wandlungen ewig dieselbe bleibt«, erscheint aber eine andere, ebensowenig ausgemachte, doch fruchtzeigende Perspektive, die erbhaltige Aussicht nämlich, Materie betreffend, »daß keins ihrer Attribute je verlorengehn kann« (l. c., S. 327). Solche Attribute sind Leben, Bewußtsein, Licht der Kultur, all das mithin, was die menschliche Geschichtszeit, Geschichtssphäre, mit ihren eigenen starting points und dialektischen Qualifizierungen, in die ebenfalls unabgeschlossene Natursphäre eingebracht haben. Dies nicht Verlorengehende – nach Engels ja selber ein Werk der Menschen und ein Werk der Natur und ein Werk an der Natur zugleich – deckt sich nicht mit dem veritablen Sisyphusbild in der ersten Perspektive, wonach die Welt immer wieder auf die Höhe des Bewußtseins (gerade auch einer menschlich erlangten Weltanschauung) gelangt, doch immer wieder entropisch den Berg hinunterrollt. Auch daß »die Materie mit derselben eisernen Notwendigkeit, womit sie auf der Erde ihre höchste Blüte, den denkenden Geist, wieder ausrotten wird, ihn anderswo und in anderer Zeit wieder erzeugen muß«: auch diese sich immer wieder anderswohin verlegende Deutung der »unverlierbaren Attribute« wird der mit ihnen doch deutlich bekundeten Erb-Utopie, Frucht-Utopie nicht gerecht. Darum wendet sich Engels selber in seiner zweiten oder Fruchtperspektive gegen die Entropie oder den sogenannten Kältetod der Welt; er wendet sich gegen sie als die einzige *Zeit-Tendenz*, welche die Natur-Mechanistik seiner Zeit kennen möchte, nämlich die Tendenz nach abwärts. Physikalisch läßt sich nur sagen: die Entropie, der zweite Hauptsatz der mechanischen Wärmelehre, bezeichnet den einzigen nicht umkehrbaren Vorgang in der Natur, ausgedrückt in einer Nicht-Gleichung; vulgärphilosophisch aber wurde daraus eine Art nihilistische Apokalypse gemacht. Und diese soll nun gerade in der Natur höchstselbst vollführen, was die Mechanistik nur in ihrem schlechten geschichtslosen Begriff von der Natur angestellt hat: nämlich das totale Nivellement aller Erscheinungen am Ende auf Physis des Urdunsts – c'est tout, auch kosmo-historisch. Es würde also das Licht der Menschengeschichte gerade gegenüber dem Omega-Effekt des historisch-materialistischen Ausgangs null und nichtig: Kältetod, als Produkt im zweiten Hauptsatz der mechanischen Wärmelehre, verschlingt dermaßen total, als wäre nie anderes gewesen. Obwohl Engels mit seiner Vorstellung vom immer wiederkehrenden Dunstball dem sehr nahekommt, witterte er von seiner zweiten, der Erb-Perspektive her in solcher Verabsolutierung der Entropie den Klassengeruch einer untergehenden Gesellschaft, welche in einem »regungslos entspannten Universum«, mit totalem Umsonst des menschlichen Strebens, der »Kulturperiode«, sich finalisierte. »Sagen, daß die Materie während ihrer ganzen zeitlos unbegrenzten Existenz nur ein einziges Mal und für eine ihrer Ewigkeit gegenüber verschwindend kurze Zeit in der Möglichkeit sich befindet, ihre Bewegung zu differenzieren und dadurch den ganzen Reichtum dieser Bewegung zu entfalten, und daß sie vor- und nachher in Ewigkeit auf bloße Ortsveränderung beschränkt bleibt« (auf Endtrumpf der Mechanistik also) – »das heißt behaupten, daß die Materie sterblich und die Bewegung vergänglich ist« (l. c., S. 325). Und weiter: »Mit dieser Art Notwendigkeit« (der des äußerlichen, mechanistischen Determinismus von Anfang bis Ende) »kommen wir auch nicht aus der theologischen Naturauffassung heraus. Ob wir das den ewigen Ratschluß Gottes mit Augustin und Calvin, oder mit den Türken das Kismet oder aber die Notwendigkeit nennen, bleibt sich ziemlich gleich für die Wissenschaft« (l. c., S. 488) – eben bis hin zu dem absoluten Endzufall des sogenannten Kältetods. Aber Engels impliziert in seiner Ablehnung der bloß äußeren mechanischen Notwendigkeit auch noch ein anderes als bloß innere Notwendigkeit, er deutet an, daß die Materie, als bewegte und unsterbliche, »*in der Möglichkeit sich befindet*... ihren ganzen Reichtum zu entfalten«. Kurz, ist der Mensch die höchste Blüte der bisher so geringen Menge von organischer Materie, so ist die mögliche Blüte der großen Masse von anorganischer Materie (»Ressurektion der Natur« nennt Marx nicht Unverwandtes, an anderer Stelle) überhaupt noch nicht befindbar. Ebensowenig sind die Einflüsse entschieden, welche, wie Engels an anderer Stelle sagt, die technisch kulturelle Verwandlung der »Dinge an sich« in »Dinge für uns« auf den »ewigen Kreislauf« ausübt. So daß er von Leben, Bewußtsein und sogar dem Reich der Freiheit nicht immer wieder zum Dunstball zurückfließen muß. Indem Engels die ständige Wiederkehr des Dunstballs trotzdem behauptet, wenn auch mit dem dunklen Trost eines immer wiederkehrenden, immer wieder vernichteten Lebens, ist er inkonsequent, doch so, daß ihm die Inkonsequenz zur Ehre gereicht; denn bei Mechanisten wäre das nicht inkonsequent gewesen. Und er behauptet mit einem unausgeschöpften dialektischen Reichtum der Materie ja ebenso wieder das Gegenteil eines Dunstballs als mechanischer Frucht. Die Fähigkeit zum Novum, eben ein Hauptunterschied zwischen Dialektik und Mechanistik, bestimmt auch das Ende der Naturdialektik, damit nicht ausgemacht eine ungeheure, total entspannte Weltdunstleiche der einzige Effekt sei.

KÄLTESTROM UND WÄRMESTROM,
DOCH BEIDE ZUGLEICH

Nun gibt es zwei Arten, sich stoffgemäß zu verhalten. Die eine ist kühl und entzaubernd, die andere voller Vertrauen. Die eine kann nicht kühl genug den Schein der Dinge zerreißen, die andere nicht lebhaft genug den Pudel wahrnehmen, der gegebenenfalls außer dem Kern des Pudels übrigbleibt. Beide Haltungen sind gleich wichtig, sind in jedem echten Marxisten, wechselwirkend, vereinigt. Setzt doch der Jubel, wenn er etwas taugen soll, unbetrügbare Kälte eines diesseitigen Blicks voraus; und der ist von vornherein pünktlich, zählend, sachlich. Seine Säure löst Fett auf, der entzaubernde Materialist ist immer wieder der Klärende. Er verachtet die schönen Redensarten, durchschaut die Faulheit, die hinter ihnen sich versteckt, die Faulheit des Schlendrians wie erst recht die ideologische des faulen Zaubers, extra muros et intra. »Weniger schwülstige Phrasen« verlangt Lenin auch für das Wissensklima, »und mehr einfache alltägliche Arbeit«. Der Idealismus, sagt Marx, kalt und entzaubernd, »sieht nicht in der grob-materiellen Produktion, sondern in der dunstigen Wolkenbildung am Himmel die Geburtsstätte der Geschichte«; der Materialismus hält es genau umgekehrt. Doch schließt eben diese Kühle die zweite, lebhafte Haltung nicht aus, die des Vertrauens und Glaubens ans entgötterte Diesseits. Das Vertrauen hält sich vielmehr auch in der Kühle, ja diese prüft und entzaubert doch gerade dazu, dem Rechten statt des Falschen, gar Betrügenden Platz zu schaffen. Hier ist der Sprung von der Analyse zur Fülle, von der Entzauberung zum Eingedenken des seienden, ja alles enthaltenden Rests. Diderots blühender »Abriß des Gesetzes der Natur« macht schon vor dem dialektischen Materialismus diesen Sprung. Lukrez enthielt ihn bereits, Bruno wurde der Minnesänger des materiellen Universums, Goethes Spinozismus ist über und über gesättigt vom Trieb und Vertrauen zur Immanenz. All das bezieht sich gewiß nicht oder selten auf den rein mechanisch bleibenden Materialismus (der auch Goethe als »kimmerisch« erschien). Die Zurücksetzung des bloß mechanischen Materialismus darf allerdings nicht soweit gehen, daß sie vergißt, es hier immerhin mit Materialismus zu tun zu haben, generell also mit der Erklärung der Welt aus sich selbst. So wirkten noch die allzu verengten Reduktionen in Lamettries »L'homme machine« als Brechstange gegen Adel und Klerus und dessen Geschäfte in Jenseiterei. So bezeichnet außergesellschaftlich, in und für die Natursache selber gesehen, zwar nicht die Mechanistik, wohl aber die nur quantitativ untersuchende Mechanik (und letztere auch ist in der modernen revolutionierten Physik ein Hauptteil geblieben) zweifellos einen gewaltigen Sektor in der Natur, ob auch einen, der den sehr viel reicheren Qualitätenbestand in ihr durch bloße Auskreisung nicht erledigt, sondern in nichts als Quantifizierung, Formalisierung lediglich heimatlos macht. Das bürgerliche Kalküldenken seit Galilei griff zwar, wenn es das Buch der Natur in Zahlen geschrieben sein ließ, hierin auf Pythagoras zurück, um so nun mehr zu treffen als eine Seite der Natur. Doch es gelang dem bloßen Kalküldenken, nur den halben Pythagoras an sich zu bringen, eben nur das Quantitative und nicht auch das Qualitative, das gerade Qualitäten betreffen Wollende in der pythagoreischen Zahlenphilosophie. Demungeachtet kam durch den quantitativen approach an die Welt und seine analytische Aufsuchung einfacher oder sozusagen niedriger Elemente die Entzauberung von Jenseiterei, von Komplexen und Ideen als bloßer Ideologie auch außerhalb der Physik zu großem, zu entscheidendem Effekt und Durchschauung. Nämlich in der vom bürgerlichen Kalkül befreienden, aber auch auf quantifizierbare Elemente der Gesellschaft bezogenen ökonomischen Analyse des Marxismus. Gerade in ihr sieht die materielle Wurzel besonders nüchtern drein, dadurch gelang es dem nun ökonomisch-dialektisch gewordenen Materialismus qua Materialismus, etwas mehr als nur Adel, Klerus der Feudalgesellschaft zu entzaubern. Er analysierte die gesamte bisherige Gesellschaft und genau auch den bürgerlich gekommenen Staat als eine bloße Verhältnisform von Herr und Knecht und den weit überwiegenden Bestand der Kultur als ideologisch verhüllenden Überbau über dem ökonomischen Unterbau aus ausbeutendem Herrn und arbeitendem Knecht. Andererseits hat jedoch der ökonomisch-historische Materialismus, als entwicklungsgeschichtlicher, zum Unterschied vom mechanischen, nicht nur den Weg nach abwärts, sondern gerade auch den nach aufwärts; er hat nicht nur den kalten Sinn der Analyse, sondern ebenso den qualitativ-lebendigen konkreter, konkret gewordener Utopie. Folglich geht die Analyse des ökonomischen Materialismus von vornherein nur auf menschliche Tätigkeit; auf undurchschaut verdinglichte in der Klassengesellschaft, auf bewußt gewordene und in ihren Wirkungen beherrschte in der Kommune. Bei alledem sind die ökonomisch-quantitative und die human-qualitative Analyse miteinander verbunden, der Kältestrom hier, der Wärmestrom dort, derart, daß im Marxismus das Wahre am Wärmestrom erst feststellbar wird durch den Kältestrom. Sonst, wenn sie nicht als verbunden gezeigt werden, als eine ökonomische Quantität, Unterbau hier, als eine pur kulturelle Qualität, Überbau dort, wächst vor allem die schon angegebene Antinomie von Quantität und Qualität. Ohnehin verkommt dann ein bloß ökonomistischer Aspekt, mit Entwertung des Überbaus, vulgärmarxistischer Banalität, zur Wohnungsnot für alles Qualitative auch hier. Während der nicht nur idealistische, sondern geradezu spiritualistische Aspekt reiner Kultur, abgetrennt von der jeweiligen materiellen Produktions- und Austauschweise und ihrem ideologischen Reflex, zu objektiver wie auch oft subjektiver Lüge führt, zu schwülstiger Phrase und dunstiger Wolkenbildung am Himmel, bestenfalls zu einem abstrakten Wolkenkuckucksheim. Eine Oszillation zwischen Kälte- und Wärmestrom verhindert dagegen beides, Isolation sowohl von nichts als quantitativem Unten als auch von nichts als qualitativem Oben; historisch-dialektischer Materialismus, gerade weil er detektivisch gegen übersehenen und dadurch oft verharmlosten Unterbau, gegen freischwebenden und dadurch nochmals idealisierten Überbau besonders empfindlich ist, versteht sich auf die Höhe wirklicher Tiefe.

Das Vertrauen auf den Stoff hält diesen also weder unten noch oben fest. Es scheidet nur den Schein von ihm ab, der oben darüberliegt, den Nebel, als etwas, das nicht zur Sache gehört, wenn es auch vorübergehend aus ihr kommt. Doch nicht alles Komplexe wird aufgelöst; denn auch das Wachstum ist ein Komplex, und Neues entsteht darin, das dem Stoff nicht an seiner Wurzel gesungen wurde. So bezieht sich das Vertrauen auf die Materie in der Geschichte der Philosophie meist auf die Materie als Stamm oder als Schoß. Sie ist dann nicht nur Unterbau (mit relativ wesenlosem Überbau), sondern weiterhin weithin ein Weltbaum, wie Bruno sagt. Sie ist der gärende Schoß einer Substanz, die sich gleichsam selbst erst gebiert, das heißt entwickelt, verdeutlicht und gerade qualifiziert. Das Gärende ist das Subjekt in der Materie, die entstehende Blüte oder Frucht (auf dem dunkel-schweren, vielfach durchkreuzten Weg des Prozesses) ist die Substanz dieses Subjekts. Als gebärender Schoß war die Materie bei Avicenna, Averroës, Avicebron definiert worden, vor allem auch bei Bruno. Die passive »Möglichkeit« (δύναμις), als die Aristoteles die Materie definiert hatte, wurde bei diesen Philosophen zum Muttergrund aller Dinge; und der Stoff trug den Reichtum seiner »Formen« nicht mehr als etwas von außen Hinzukommendes, sondern als angelegt und sich entwickelnd in der Materie selbst. Das also ist der nicht-mechanistische Aspekt der Materie; kein Zweifel auch, daß er dem dialektischen Materialismus etwas zu bedeuten hat. Er ist sinnlos für den rein quantitativ isolierten; denn die Fixierung der Anfänge, die ausschließliche Realitätsverteilung auf das Nichts – als mechanischer Anfänge – pointiert die Materie letzthin als starr, ja als prinzipiell anorganisch. Dagegen der dialektische Materialismus kommt mit dem Nichts-Als bloßer Anfänge nicht aus; seine Materie entwickelt sich, sie schlägt zu immer neuen Gestalten aus, aus ihnen zu immer neuen Auszugsgestalten. Daß den Quantitäten an bestimmten »Knotenpunkten« Qualitäten entspringen, und überdies nie dagewesene: genau diese dialektische Einsicht sprengt den mechanischen Materialismus, als einen elementaren und quantitativen, unwiderruflich. Nicht aber als wäre die Materie, an der dialektisch-neue Bewegung geschieht, nun bereits völlig durchdacht, theoretisch zureichend abgebildet, von der mechanischen Materie zureichend unterschieden. Es gibt eben außer der *Aporie:* Sein-Bewußtsein nach wie vor auch die damit nicht unverwandte *Antinomie:* Quantität–Qualität; diese fängt erkenntnistheoretisch an mit der Newton-Goethe-Frage, ob objektiv nur Lichtschwingung oder auch Farbe vorkommt, systematisch setzt sie sich fort am Problem der heimatlos gewordenen Qualitäten ästhetischer und weiterer Art in nur quantumhaft gefaßter Natur wie selbst Gesellschaft. Ohne Bereinigung dieser Antinomie wie auch der Aporie ist der dialektische Materialismus sehr oft noch ein uneigentlicher; das Dialektische daran bleibt zuweilen bloßes Adjektiv. Selbst wo die dialektische Bewegung in ihrer einzelnen materiellen Wirklichkeit vortrefflich dargestellt und gehandhabt wird, erscheint die Materie insgesamt noch als mechanische, als das alte hoffnungslose Blei; die »Wahrheit des Diesseits«, id est die Essenz der Materie, ist noch nicht im Gespräch. Nötig auf jeden Fall sind beide Blicke, der unbetrügliche, der dem ökonomischen Sein vor dem Bewußtsein den Vorrang gibt in der »Vorgeschichte« (wie Marx die ganze bisherige Geschichte nennt) und sogleich damit der erst recht unbetrügliche, eingedenkende Blick auf die echten Angelegenheiten des Überbaus, die keine falsche Ideologie mehr enthalten, sondern Überschuß darüber. Vorausgesetzt stets, daß früherer Unterbau wie Überbau in ihrem Interesse wie ihrer Idee zusammenhängend gekannt und durchschaut worden sind. Dann könnte die Beziehung des Menschen zum Menschen und zur Natur selber weniger Kältestrom nötig machen und den Wärmestrom einfacher.

edition suhrkamp

579 Hans-Jürgen Schmitt, Streit mit Lukács
749 Rudolf zur Lippe, Bürgerliche Subjektivität
751 Brechts Modell der Lehrstücke. Herausgegeben von Rainer Steinweg
752 Hans Bosse, Verwaltete Unterentwicklung
754 Zur Wissenschaftslogik einer kritischen Soziologie. Herausgegeben von Jürgen Ritsert
756 Hannelore u. Heinz Schlaffer, Studien zum ästhetischen Historismus
758 Brecht-Jahrbuch 1974. Herausgegeben von J. Fuegi, R. Grimm, J. Hermand
759 Der Weg ins Freie. Fünf Lebensläufe überliefert von H. M. Enzensberger
760 Lodewijk de Boer, The Family
761 Claus Offe, Berufsbildungsreform
762 Petr Kropotkin, Ideale und Wirklichkeit in der russischen Literatur
764 Gesellschaft, Beiträge zur Marxschen Theorie 4
765 Maurice Dobb, Wert- und Verteilungstheorien seit Adam Smith
766 Laermann/Piechotta/Japp/Wuthenow u.a., Reise und Utopie
767 Monique Piton, Anders Leben
768 Félix Guattari, Psychotherapie, Politik und die Aufgaben der institutionellen Analyse
769 Jahoda/Lazarsfeld/Zeisel, Die Arbeitslosen von Marienthal
770 Herbert Marcuse, Zeit-Messungen
771 Brecht im Gespräch. Herausgegeben von Werner Hecht
772 Th. W. Adorno, Gesellschaftstheorie u. Kulturkritik
773 Kurt Eisner, Sozialismus als Aktion
775 Horn, Luhmann, Narr, Rammstedt, Röttgers, Gewaltverhältnisse und die Ohnmacht der Kritik
776 Reichert/Senn, Materialien zu Joyce »Ein Porträt des Künstlers«
777 Caspar David Friedrich und die deutsche Nachwelt. Herausgegeben von Werner Hofman
778 Klaus Fritzsche, Politische Romantik und Gegenrevolution
779 Literatur und Literaturtheorie. Hrsg. von Peter U. Hohendahl und Patricia Herminghouse
780 Piero Sraffa, Warenproduktion mittels Waren
782 Helmut Brackert, Bauernkrieg und Literatur
784 Friedensanalysen 1
787 Gesellschaft, Beiträge zur Marxschen Theorie 5
790 Gustav W. Heinemann, Präsidiale Reden
791 Beate Klöckner, Anna oder leben heißt streben
792 Rainer Malkowski, Was für ein Morgen
793 Von deutscher Republik. Hrsg. von Jost Hermand
794 Döbert R./Nunner-Winkler, G., Adoleszenzkrise und Identitätsbildung

795 Dieter Kühn, Goldberg-Variationen
796 Kristeva/Eco/Bachtin u. a., Textsemiotik als Ideologiekritik
797 Brecht Jahrbuch 1975
798 Gespräche mit Ernst Bloch. Herausgegeben von Rainer Traub und Harald Wieser
799 Volker Braun, Es genügt nicht die einfache Wahrheit
800 Karl Marx, Die Ethnologischen Exzerpthefte
801 Wlodzimierz Brus, Sozialistisches Eigentum und politisches System
802 Johannes Gröll, Erziehung im gesellschaftlichen Reproduktionsprozeß
803 Rainer Werner Fassbinder, Stücke 3
804 James K. Lyon, Bertolt Brecht und Rudyard Kipling
805 Agnes Heller, Das Alltagsleben. Herausgegeben von Hans Joas
806 Gesellschaft, Beiträge zur Marxschen Theorie 6
807 Gilles Deleuze/Félix Guattari, Kafka. Für eine kleine Literatur
808 Ulrike Prokop, Weiblicher Lebenszusammenhang
809 G. Heinsohn / B. M. C. Knieper, Spielpädagogik
810 Mario Cogoy, Wertstruktur und Preisstruktur
811 Ror Wolf, Auf der Suche nach Doktor Q.
812 Oskar Negt, Keine Demokratie ohne Sozialismus
813 Bachrach/Baratz, Macht und Armut
814 Bloch/Braudel/L. Febvre u. a., Schrift und Materie der Geschichte
815 Giselher Rüpke, Schwangerschaftsabbruch und Grundgesetz
816 Rainer Zoll, Der Doppelcharakter der Gewerkschaften
817 Bertolt Brecht, Drei Lehrstücke: Badener Lehrstück, Rundköpfe, Ausnahme und Regel
818 Gustav Landauer, Erkenntnis und Befreiung
819 Alexander Kluge, Neue Geschichten. Hefte 1-18
820 Wolfgang Abendroth, Ein Leben in der Arbeiterbewegung
821 Otto Kirchheimer, Von der Weimarer Demokratie zum Faschismus
822 Verfassung, Verfassungsgerichtsbarkeit, Politik. Herausgegeben von Mehdi Tohidipur
823 Rossana Rossanda / Lucio Magri u. a., Der lange Marsch durch die Krise
824 Altvater/Basso/Mattick/Offe u. a., Rahmenbedingungen und Schranken staatlichen Handelns
825 Diskussion der ›Theorie der Avantgarde‹. Herausgegeben von W. Martin Lüdke
826 Fischer-Seidel, James Joyces »Ulysses«
827 Gesellschaft, Beiträge zur Marxschen Theorie 7
828 Rolf Knieper, Weltmarkt, Wirtschaftsrecht und Nationalstaat
829 Michael Müller, Die Verdrängung des Ornaments
830 Manuela du Bois-Reymond, Verkehrsformen zwischen Elternhaus und Schule
831 Henri Lefebvre, Einführung in die Modernität
832 Herbert Claas, Die politische Ästhetik Bertolt Brechts vom Baal zum Caesar
833 Peter Weiss, Dramen I
834 Friedensanalysen 2

835-838 Bertolt Brecht, Gedichte in 4 Bänden
839 Géza Róheim, Psychoanalyse und Anthropologie
840 Aus der Zeit der Verzweiflung. Beiträge von Becker/Bovenschen/Brackert u. a.
841 Fernando H. Cardoso/Enzo Faletto, Abhängigkeit und Entwicklung in Lateinamerika
842 Alexander Herzen, Die gescheiterte Revolution
844 Otthein Rammstedt, Soziale Bewegung
845 Ror Wolf, Die Gefährlichkeit der großen Ebene
847 Friedensanalysen 3
848 Dieter Wellershoff, Die Auflösung des Kunstbegriffs
849 Samuel Beckett, Glückliche Tage
850 Basil Bernstein, Beiträge zu einer Theorie
851 Hobsbawm/Napolitano, Auf dem Weg zum ›historischen Kompromiß‹
852 Über Max Frisch II
853 Brecht-Jahrbuch 1976
854 Julius Fučík, Reportage unter dem Strang geschrieben
856 Dieter Senghaas, Weltwirtschaftsordnung und Entwicklung
857 Peter V. Zima, Kritik der Literatursoziologie
858 Silvio Blatter, Genormte Tage, verschüttete Zeit
859 Russell Jacoby, Soziale Amnesie
860 Gombrich/Hochberg/Black, Kunst, Wahrnehmung, Wirklichkeit
861 Blanke/Offe/Ronge u.a., Bürgerlicher Staat und politische Legitimation. Herausgegeben von Rolf Ebbighausen
863 Gesellschaft, Beiträge zur Marxschen Theorie 8/9
864 Über Wolfgang Koeppen. Herausgegeben von Ulrich Greiner
866 Fichant/Pêcheux, Überlegungen zur Wissenschaftsgeschichte
867 Ernst Kris, Die ästhetische Illusion
868 Brede/Dietrich/Kohaupt, Politische Ökonomie des Bodens
870 Umwälzung einer Gesellschaft. Herausgegeben von Richard Lorenz
871 Friedensanalysen 4
872 Piven/Cloward, Regulierung der Armut
873 Produktion, Arbeit, Sozialisation. Herausgegeben von Th. Leithäuser und W. R. Heinz
874 Max Frisch/Hartmut von Hentig, Zwei Reden zum Friedenspreis des Deutschen Buchhandels 1976
875 Eike Hennig, Bürgerliche Gesellschaft und Faschismus in Deutschland
877 Starnberger Studien 1
878 Leithäuser/Volmerg/Wutka, Entwurf zu einer Empirie
879 Peter Bürger, Aktualität und Geschichtlichkeit
880 Tilmann Moser, Verstehen, Urteilen, Verurteilen
881 Loch/Kernberg u. a., Psychoanalyse im Wandel
882 Michael T. Siegert, Strukturbedingungen von Familienkonflikten
883 Erwin Piscator, Theater der Auseinandersetzung
884 Politik der Subjektivität. Texte der italienischen Frauenbewegung, Herausgegeben von Michaela Wunderle

885 Hans Dieter Zimmermann, Vom Nutzen der Literatur
886 Gesellschaft, Beiträge zur Marxschen Theorie 10
887 Über Hans Mayer, Herausgegeben von Inge Jens
888 Nicos Poulantzas, Die Krise der Diktaturen
889 Alexander Weiß, Bericht aus der Klinik
890 Bergk/Ewald/Fichte u. a., Aufklärung und Gedankenfreiheit. Herausgegeben und eingeleitet von Zwi Batscha
891 Friedensanalysen 5
892 Franz L. Neumann, Wirtschaft, Staat, Demokratie
893 Georges Politzer, Kritik der Grundlagen der Psychologie
895 Umberto Eco, Zeichen. Einführung in einen Begriff und seine Geschichte
897 Ralph-Rainer Wuthenow, Muse, Maske, Meduse
898 Cohen/Taylor, Ausbruchversuche. Identität und Widerstand
902 Ernest Borneman, Psychoanalyse des Geldes
904 Alfred Sohn-Rethel, Warenform und Denkform
906 Brecht-Jahrbuch 1977
907 Horst Kern, Michael Schumann, Industriearbeit und Arbeiterbewußtsein
908 Julian Przyboś, Werkzeug aus Licht
910 Peter Weiss, Stücke II
913 Martin Walser, Das Sauspiel mit Materialien. Herausgegeben von Werner Brändle
916 Dürkop/Hardtmann (Hrsg.), Frauen im Gefängnis
918 Klaus-Martin Groth, Die Krise der Staatsfinanzen
920 Tagträume vom aufrechten Gang. Sechs Interviews mit Ernst Bloch, Herausgegeben von Arno Münster
925 Friedensanalysen 6
927 Ausgewählte Gedichte Brechts, Herausgegeben von Walter Hinck
928 Betty Nance Weber, Brechts ›Kreidekreis‹
929 Auf Anregung Bertolt Brechts: Lehrstücke. Herausgegeben von Reiner Steinweg
930 Walter Benjamin, Briefe 1 und 2. Herausgegeben von Gershom Scholem und Theodor W. Adorno
933 Ute Gerhard, Verhältnisse und Verhinderungen
935 Literatur ist Utopie. Herausgegeben von Gert Ueding
938 Habermas, Bovenschen u. a., Gespräche mit Marcuse
939 Thomas Brasch, Rotter Und weiter
954 Elias/Lepenies, Zwei Reden. Theodor W. Adorno-Preis 1977
955 Friedensanalysen 7
956 Brecht-Jahrbuch 1978. Hrsg. Fuegi/Grimm/Hermand
957 Gesellschaft, Beiträge zur Marxschen Theorie 11
958 Friedensanalysen 8
969 Ernst Bloch, Die Lehren von der Materie
971 Siegfried Kracauer, Jacques Offenbach
979 Bertolt Brecht, Tagebücher 1920-1922